HZ BOOKS

华章图书

一本打开的书，
一扇开启的门，
通向科学殿堂的阶梯，
托起一流人才的基石。

云计算与虚拟化技术丛书

Hands-On Microservices
with Kubernetes

Kubernetes
微服务实战

［印度］ 吉吉·赛凡（Gigi Sayfan） 著

史天 张媛 楼炜 肖力 译

机械工业出版社
China Machine Press

图书在版编目（CIP）数据

Kubernetes 微服务实战 /（印）吉吉·赛凡（Gigi Sayfan）著；史天等译 . —北京：机械工业出版社，2020.6

（云计算与虚拟化技术丛书）

书名原文：Hands-On Microservices with Kubernetes

ISBN 978-7-111-65576-3

I. K…　II.①吉…　②史…　III. Linux 操作系统 – 程序设计　IV. TP316.85

中国版本图书馆 CIP 数据核字（2020）第 081214 号

本书版权登记号：图字　01-2019-7982

Kubernetes 微服务实战

出版发行：机械工业出版社（北京市西城区百万庄大街 22 号　邮政编码：100037）			
责任编辑：李忠明		责任校对：殷　虹	
印　　刷：北京瑞德印刷有限公司		版　　次：2020 年 6 月第 1 版第 1 次印刷	
开　　本：186mm×240mm　1/16		印　　张：23.25	
书　　号：ISBN 978-7-111-65576-3		定　　价：119.00 元	

客服电话：（010）88361066　88379833　68326294　　投稿热线：（010）88379604

华章网站：www.hzbook.com　　读者信箱：hzit@hzbook.com

版权所有·侵权必究

封底无防伪标均为盗版

本书法律顾问：北京大成律师事务所　韩光 / 邹晓东

绝大多数企业的软件架构都是从一个单体架构开始的，而不是微服务架构。因为单体架构足够简单、容易上手，不需要复杂的流程就可以快速开发应用程序。但是伴随着企业的成长，单体架构的风险就会逐渐凸显出来。在需求量激增的情况下，整个应用程序会因为某一部分或者某一进程遇到瓶颈而受到限制。此外，因为单体架构的紧耦合设计，应用程序也面临着可用性上的挑战，面对日益复杂的事务处理几乎无法持续扩展，并且在构建、部署和测试等流程上都变得非常困难。然而，对企业来说影响更大的一点是，单体架构严重阻碍了创新发展。

因此，企业会在发展过程中逐渐转向微服务架构，将应用程序拆分成多个"微"小的服务运行。这些微服务都是面向业务功能或者某个子领域进行构建的，每个微服务实现一个单独的功能。微服务的理念也提倡每个服务分别由小型的、独立的团队进行开发并负责管理（可以参考亚马逊的两个比萨团队原则），所以说这不仅是技术管理上的更新，更是企业组织管理上的变革。

但是谈论微服务是一回事，能够真正地落地实施则是另一回事。本书旨在提供关于这方面的参考，全面地介绍了如何进行微服务的开发，并尽可能地从各个维度对其进行描述。从微服务的架构设计、构建、配置、测试、监控、安全，到持续集成/持续交付（CI/CD）流水线，本书都进行了积极的探索，并提供了详细的 Go 示例代码进行说明。

另一方面，所有上述内容的实现都是结合 Kubernetes 完成的。众所周知，Kubernetes 是目前最流行的开源平台之一，主要用于在集群中自动化应用程序容器的编排，包括部署、扩展和维护等。Kubernetes 提供了一个以容器为中心的基础设施框架，如今你很难找到一项没有（或者没有打算）和 Kubernetes 进行集成的新技术。除此之外，本书也涉及无服务器计算和服务网格这些热门话题，探讨了它们是如何发挥各自的优势为基于微服务的系统提供帮助的，并分别通过开源项目 Nuclio 和 Istio 进行了具体的说明。

希望读完本书后，你可以获得基于 Kubernetes 与微服务的云原生系统的设计、开发及管理的知识和经验。

最后，感谢编辑们的悉心指导，他们对本书做了大量的编辑和校对工作，最终保证了本书的顺利出版。感谢爱人又一次共同投入到翻译工作。感谢家人们的鼓励和支持，他们经常会关心本书的出版进度。

因时间和能力所限，翻译中难免有不当之处，请各位读者给出宝贵的建议，我们将会不断努力完善，谢谢。

史天

2020 年 3 月

本书正是你一直期待的那本书。本书包罗万象，会介绍如何开发微服务并将其部署在Kubernetes 平台上，基于微服务的架构与 Kubernetes 的结合将会带来巨大影响。书中首先解释了微服务和 Kubernetes 背后的基本概念，讨论了一些现实世界中的关注点和权衡取舍，引导你完成基于微服务的系统开发，向你展示最佳实践并给出了大量建议。

接着，本书深入地探索了其中的核心技术，并提供了可操作的代码进行说明。你将学习如何进行基于微服务的架构设计、构建微服务、测试已构建的微服务，以及将它们打包为Docker 镜像。然后，你将学习如何将你的系统作为 Docker 镜像的集合部署到 Kubernetes 中并进行管理。

在此过程中，你将会看到当今流行的发展趋势，例如自动化的**持续集成 / 持续交付**（CI/CD）、基于 gRPC 的微服务、无服务器计算和服务网格等。

读完本书后，你将获得大量使用部署在 Kubernetes 上的基于微服务的架构来设计、开发和操作大型云原生系统的知识及实战经验。

本书的目标读者

本书面向希望了解大规模软件工程前沿知识的软件开发人员和 DevOps 工程师。如果你有使用大型容器化软件系统的经验，那么这些经验将对你有所帮助。

本书内容

第 1 章介绍了 Kubernetes 基础知识，你将会快速掌握 Kubernetes 的核心概念，并了解它是微服务的完美搭档。

第 2 章讨论了基于微服务的系统中常见问题的各个维度、模式和方法，以及与其他通用架构（如单体架构和大型服务）的比较。

第 3 章探讨了为什么我们应该选择 Go 作为示例应用程序 Delinkcious 的编程语言，并简要介绍了 Go 语言开发。

第 4 章指导你如何通过 CI/CD 流水线解决一些问题，包括 Kubernetes 中 CI/CD 流水线的多种选项，以及如何为示例应用程序 Delinkcious 构建 CI/CD 流水线。

第 5 章带你进入微服务配置的实战领域。此外，该章还讨论了 Kubernetes 的特定组件，如 ConfigMap。

第 6 章深入探讨了如何在 Kubernetes 上保护微服务，以及 Kubernetes 上作为微服务安全基础的支柱。

第 7 章使我们可以开放示例应用程序 Delinkcious 的访问，并允许用户从集群外部与其进行交互。此外，我们还添加了基于 gRPC 的新闻服务，用户可以访问该服务以获取其关注的其他用户的新闻。最后，我们再添加一个消息队列，使服务以松耦合的方式进行通信。

第 8 章深入研究了 Kubernetes 存储模型。我们还将扩展示例应用程序 Delinkcious 的消息服务，将其数据存储在 Redis 中。

第 9 章深入探讨了云原生系统中最热门的趋势之一：无服务器计算（也称为函数即服务（Function as a Service，FaaS））。此外，还介绍了在 Kubernetes 中进行无服务器计算的各种方法。

第 10 章涵盖了多个测试相关的主题，包括单元测试、集成测试以及端到端测试等，该章还介绍了示例应用程序 Delinkcious 的测试结构。

第 11 章涉及两个相关但又独立的主题：生产环境的部署和开发环境的部署。

第 12 章着重介绍运行在 Kubernetes 上的大型分布式系统的维护，以及如何设计系统以确保系统稳定高效。

第 13 章回顾了服务网格（尤其是 Istio）这一热门话题，服务网格是目前真正改变游戏规则的角色。

第 14 章涵盖了 Kubernetes 和微服务的主题，将帮助我们学习如何确定何时是采用和投资新技术的恰当时机。

如何充分利用本书

任何软件方面的要求都会在每章开头的"技术需求"部分列出，如果安装某个特定软件是某章内容的一部分，那么该章会尽可能涵盖所需的全部说明，大多数软件都是安装在 Kubernetes 集群中的组件。这些内容是本书实战性质的重要组成部分。

下载示例代码及彩色图像

本书的示例代码及所有截图和样图，可以从 http://www.packtpub.com 通过个人账号下载，也可以访问华章图书官网 http://www.hzbook.com，通过注册并登录个人账号下载。

约定

本书中使用了许多排版约定。

代码体：表示正文中的代码、数据库表名称、文件夹名、文件名、文件扩展名、路径名、用户输入和 Twitter 的内容。例如："请注意我们需要确保它可以通过 chmod +x 执行。"

代码块如下：

```
version: 2
jobs:
  build:
    docker:
      - image: circleci/golang:1.11
      - image: circleci/postgres:9.6-alpine
```

命令行输入或输出如下：

```
$ tree -L 2
.
├── LICENSE
├── README.md
├── build.sh
```

黑体：表示新术语、重要单词或你在屏幕截图中看到的单词。例如，菜单或对话框中的单词会出现在这样的文本中。示例："我们可以通过从 ACTIONS 下拉菜单中选择 Sync 来对其进行同步。"

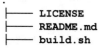 警告或重要提示。

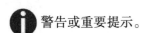 提示或小技巧。

关于评审者 *About the reviewers*

　　Guang Ya Liu 是 IBM 私有云的高级技术人员，目前专注于云计算、容器技术和分布式计算。他还是 IBM 技术学院的成员。从 2015 年到 2017 年，他是 OpenStack Magnum 项目的核心成员，现在是 Istio 维护人员、Kubernetes 成员、Kubernetes Federation V2 维护人员、Apache Mesos 提交人员和 PMC 成员。

　　Shashidhar Soppin 是一位高级软件架构师，拥有超过 18 年的 IT 经验。他致力于虚拟化、存储、云和云架构、OpenStack、机器学习、深度学习和 Docker 容器技术，主要专注于为企业客户构建新的方法和解决方案。他是开源技术（OSFY）的"狂热"作者，博客（LinuxTechi）的博主和专利持有人。他毕业于印度达文盖雷的 BIET。在业余时间，他喜欢旅行和读书。

Contents 目　　录

译者序

前言

关于评审者

第 1 章　面向开发人员的 Kubernetes 简介 ……………………………… 1

1.1　技术需求 ……………………… 1

　　1.1.1　安装 Docker ……………… 1

　　1.1.2　安装 kubectl ……………… 2

　　1.1.3　安装 Minikube …………… 2

　　1.1.4　本章代码 …………………… 2

1.2　Kubernetes 简介 ……………… 2

　　1.2.1　容器编排平台 ……………… 2

　　1.2.2　Kubernetes 发展历史 ……… 2

　　1.2.3　Kubernetes 现状 …………… 3

1.3　Kubernetes 架构 ……………… 3

　　1.3.1　控制平面 …………………… 4

　　1.3.2　数据平面 …………………… 5

1.4　微服务的完美搭档 …………… 6

　　1.4.1　微服务打包和部署 ………… 6

　　1.4.2　微服务公开和发现 ………… 8

　　1.4.3　微服务安全 ………………… 9

　　1.4.4　微服务验证和授权 ………… 11

　　1.4.5　微服务升级 ………………… 12

1.5　创建本地集群 ………………… 14

　　1.5.1　安装 Minikube …………… 14

　　1.5.2　探索集群 …………………… 16

　　1.5.3　安装 Helm ………………… 17

1.6　小结 …………………………… 19

1.7　扩展阅读 ……………………… 19

第 2 章　微服务入门 ………………… 20

2.1　技术需求 ……………………… 21

　　2.1.1　在 macOS 上通过 Homebrew 安装 Go ……………………… 21

　　2.1.2　在其他平台上安装 Go …… 21

　　2.1.3　本章代码 …………………… 21

2.2　微服务编程——少即是多 …… 21

2.3　微服务自治 …………………… 23

2.4　使用接口和契约 ……………… 23

2.5　通过 API 公开服务 …………… 24

2.6　使用客户端库 ………………… 24

2.7　管理依赖 ……………………… 25

2.8　协调微服务 …………………… 25

2.9 利用所有权 ……… 26

2.10 理解康威定律 ……… 27

   2.10.1 垂直组织 ……… 27

   2.10.2 水平组织 ……… 28

   2.10.3 矩阵组织 ……… 28

2.11 跨服务故障排除 ……… 28

2.12 利用共享服务库 ……… 29

2.13 选择源代码控制策略 ……… 29

   2.13.1 单体仓库 ……… 29

   2.13.2 多仓库 ……… 30

   2.13.3 混合模式 ……… 30

2.14 选择数据策略 ……… 30

   2.14.1 每个微服务对应一个数据

      存储 ……… 31

   2.14.2 运行分布式查询 ……… 31

   2.14.3 使用 Saga 模式管理跨服务

      事务 ……… 33

2.15 小结 ……… 35

2.16 扩展阅读 ……… 36

第 3 章 示例应用程序——

    Delinkcious ……… 37

3.1 技术需求 ……… 37

   3.1.1 Visual Studio Code ……… 38

   3.1.2 GoLand ……… 38

   3.1.3 LiteIDE ……… 38

   3.1.4 其他选项 ……… 38

   3.1.5 本章代码 ……… 38

3.2 为什么选择 Go ……… 39

3.3 认识 Go kit ……… 39

   3.3.1 使用 Go kit 构建微服务 ……… 40

3.3.2 理解传输 ……… 41

3.3.3 理解端点 ……… 41

3.3.4 理解服务 ……… 42

3.3.5 理解中间件 ……… 42

3.3.6 理解客户端 ……… 43

3.3.7 生成样板 ……… 43

3.4 Delinkcious 目录结构 ……… 43

   3.4.1 cmd 子目录 ……… 44

   3.4.2 pkg 子目录 ……… 44

   3.4.3 svc 子目录 ……… 45

3.5 Delinkcious 微服务 ……… 45

   3.5.1 对象模型 ……… 46

   3.5.2 服务实现 ……… 47

   3.5.3 支持函数实现 ……… 50

   3.5.4 通过客户端库调用 API ……… 53

3.6 数据存储 ……… 56

3.7 小结 ……… 58

3.8 扩展阅读 ……… 58

第 4 章 构建 CI/CD 流水线 ……… 59

4.1 技术需求 ……… 59

4.2 理解 CI/CD 流水线 ……… 60

4.3 选择 CI/CD 流水线工具 ……… 61

   4.4.1 Jenkins X ……… 61

   4.4.2 Spinnaker ……… 62

   4.4.3 Travis CI 和 CircleCI ……… 62

   4.4.4 Tekton ……… 62

   4.4.5 Argo CD ……… 63

   4.4.6 自研工具 ……… 63

4.4 GitOps ……… 63

4.5 使用 CircleCI 构建镜像 ……… 64

4.5.1 查看源代码树 ·········· 64

4.5.2 配置 CI 流水线 ·········· 65

4.5.3 理解构建脚本 ·········· 66

4.5.4 使用多阶段 Dockerfile 对 Go
服务容器化 ·········· 68

4.5.5 探索 CircleCI 界面 ·········· 68

4.5.6 未来的改进 ·········· 71

4.6 为 Delinkcious 设置持续交付 ·········· 71

4.6.1 部署 Delinkcious 微服务 ·········· 71

4.6.2 理解 Argo CD ·········· 72

4.6.3 Argo CD 入门 ·········· 73

4.6.4 配置 Argo CD ·········· 75

4.6.5 探索 Argo CD ·········· 77

4.7 小结 ·········· 80

4.8 扩展阅读 ·········· 81

第 5 章 使用 Kubernetes 配置
微服务 ·········· 82

5.1 技术需求 ·········· 82

5.2 配置包含的内容 ·········· 83

5.3 通过传统方式管理配置 ·········· 83

5.3.1 约定 ·········· 84

5.3.2 命令行标志 ·········· 85

5.3.3 环境变量 ·········· 85

5.3.4 配置文件 ·········· 86

5.3.5 混合配置和默认 ·········· 90

5.3.6 12-Factor 应用程序配置 ·········· 91

5.4 动态管理配置 ·········· 92

5.4.1 理解动态配置 ·········· 92

5.4.2 远程配置存储 ·········· 93

5.4.3 远程配置服务 ·········· 93

5.5 使用 Kubernetes 配置微服务 ·········· 93

5.5.1 使用 Kubernetes ConfigMaps ·········· 94

5.5.2 Kubernetes 自定义资源 ·········· 102

5.5.3 服务发现 ·········· 105

5.6 小结 ·········· 105

5.7 扩展阅读 ·········· 106

第 6 章 Kubernetes 与微服务安全 ·········· 107

6.1 技术需求 ·········· 107

6.2 应用完善的安全原则 ·········· 108

6.3 区分用户账户和服务账户 ·········· 110

6.3.1 用户账户 ·········· 110

6.3.2 服务账户 ·········· 111

6.4 使用 Kubernetes 管理密钥 ·········· 114

6.4.1 Kubernetes 密钥的三种
类型 ·········· 114

6.4.2 创造自己的密钥 ·········· 115

6.4.3 将密钥传递到容器 ·········· 116

6.4.4 构建一个安全的 Pod ·········· 117

6.5 使用 RBAC 管理权限 ·········· 118

6.6 通过认证、授权和准入控制
访问权限 ·········· 121

6.6.1 认证 ·········· 121

6.6.2 授权 ·········· 125

6.6.3 准入 ·········· 125

6.7 通过安全最佳实践增强
Kubernetes ·········· 126

6.7.1 镜像安全 ·········· 126

6.7.2 网络安全——分而治之 ·········· 127

6.7.3 镜像仓库安全 ·········· 129

6.7.4 按需授予访问权限 ·········· 129

6.7.5 使用配额最小化爆炸半径 …… 130

6.7.6 实施安全上下文 …… 132

6.7.7 使用安全策略强化 Pod …… 133

6.7.8 强化工具链 …… 134

6.8 小结 …… 135

6.9 扩展阅读 …… 136

第 7 章 API 与负载均衡器 …… 137

7.1 技术需求 …… 137

7.2 熟悉 Kubernetes 服务 …… 138

7.3 东西流量与南北流量 …… 140

7.4 理解 ingress 和负载均衡器 …… 141

7.5 提供和使用公有 REST API …… 141

7.5.1 构建基于 Python 的 API 网关服务 …… 141

7.5.2 添加 ingress …… 146

7.5.3 验证 API 网关 …… 147

7.6 提供和使用内部 gRPC API …… 150

7.6.1 定义 NewsManager 接口 …… 150

7.6.2 实现消息管理器 …… 151

7.6.3 将 NewsManager 公开为 gRPC 服务 …… 153

7.7 通过消息队列发送和接收事件 …… 158

7.7.1 NATS …… 159

7.7.2 在 Kubernetes 集群中部署 NATS …… 159

7.7.3 使用 NATS 发送链接事件 …… 160

7.7.4 订阅 NATS 链接事件 …… 162

7.7.5 处理链接事件 …… 164

7.8 服务网格 …… 166

7.9 小结 …… 166

7.10 扩展阅读 …… 166

第 8 章 有状态服务 …… 167

8.1 技术需求 …… 167

8.2 抽象存储 …… 168

8.2.1 Kubernetes 存储模型 …… 168

8.2.2 内置和外部存储插件 …… 172

8.2.3 理解 CSI …… 173

8.3 在 Kubernetes 集群外存储数据 …… 174

8.4 使用 StatefulSet 在 Kubernetes 集群内存储数据 …… 175

8.4.1 理解 StatefulSet …… 175

8.4.2 什么时候应该使用 StatefulSet …… 178

8.4.3 一个大型 StatefulSet 示例 …… 179

8.5 通过本地存储实现高性能 …… 183

8.5.1 将数据存储在内存中 …… 183

8.5.2 将数据存储在本地 SSD 硬盘上 …… 183

8.6 在 Kubernetes 中使用关系型数据库 …… 183

8.6.1 了解数据的存储位置 …… 184

8.6.2 使用部署和服务 …… 184

8.6.3 使用 StatefulSet …… 185

8.6.4 帮助用户服务找到 StatefulSet Pod …… 185

8.6.5 管理模式更改 …… 187

8.7 在 Kubernetes 中使用非关系型数据存储 …… 187

8.8 小结 …… 191

8.9 扩展阅读 …… 192

第9章 在 Kubernetes 上运行

Serverless 任务 ········· 193

9.1 技术需求 ············· 193

9.2 云中的 Serverless ········· 194

9.2.1 微服务与 Serverless 函数 ······· 195

9.2.2 在 Kubernetes 上的 Serverless
函数模型 ········· 195

9.2.3 构建、配置和部署 Serverless
函数 ············· 196

9.2.4 调用 Serverless 函数 ····· 196

9.3 Delinkcious 链接检查 ····· 196

9.3.1 设计链接检查 ········· 197

9.3.2 实现链接检查 ········· 199

9.4 使用 Nuclio 实现 Serverless 链接

检查 ················· 202

9.4.1 Nuclio 简介 ········· 202

9.4.2 创建一个链接检查 Serverless
函数 ············· 203

9.4.3 使用 nuctl 部署链接检查
函数 ············· 206

9.4.4 使用 Nuclio 仪表板部署
函数 ············· 207

9.4.5 直接调用链接检查函数 ····· 207

9.4.6 在 LinkManager 中触发链接
检查 ············· 208

9.5 其他 Kubernetes Serverless

框架 ················· 209

9.5.1 Kubernetes Job 和 CronJob ······ 210

9.5.2 KNative ············· 210

9.5.3 Fission ············· 211

9.5.4 Kubeless ············· 211

9.5.5 OpenFaas ············· 211

9.6 小结 ················· 212

9.7 扩展阅读 ············· 212

第10章 微服务测试 ········· 213

10.1 技术需求 ············· 214

10.2 单元测试 ············· 214

10.2.1 使用 Go 进行单元测试 ····· 214

10.2.2 使用 Ginkgo 和 Gomega
进行单元测试 ····· 216

10.2.3 Delinkcious 单元测试 ······· 217

10.2.4 模拟的艺术 ········· 217

10.2.5 你应该测试一切吗 ······· 221

10.3 集成测试 ············· 222

10.3.1 初始化测试数据库 ········· 222

10.3.2 运行服务 ············· 223

10.3.3 运行实际测试 ········· 223

10.3.4 实现数据库测试辅助
函数 ············· 225

10.3.5 实现服务测试辅助函数 ····· 227

10.4 使用 Kubernetes 进行本地

测试 ················· 229

10.4.1 编写冒烟测试 ········· 229

10.4.2 Telepresence ········· 232

10.5 隔离测试 ············· 235

10.5.1 隔离集群 ············· 236

10.5.2 隔离命名空间 ········· 236

10.5.3 跨集群 / 命名空间 ········· 237

10.6 端到端测试 ············· 237

10.6.1 验收测试 ············· 237

10.6.2 回归测试 ············· 238

10.6.3　性能测试 ················· 238

10.7　管理测试数据 ················· 239

10.7.1　合成数据 ················· 239

10.7.2　人工测试数据 ··········· 239

10.7.3　生产环境快照 ··········· 239

10.8　小结 ··························· 240

10.9　扩展阅读 ······················ 240

第11章　微服务部署 ············· 241

11.1　技术需求 ······················ 241

11.2　Kubernetes 部署 ············· 242

11.3　多环境部署 ···················· 243

11.4　理解部署策略 ················· 246

11.4.1　重新部署 ················· 247

11.4.2　滚动更新 ················· 247

11.4.3　蓝绿部署 ················· 248

11.4.4　金丝雀部署 ············· 255

11.5　回滚部署 ······················ 260

11.5.1　回滚标准部署 ··········· 260

11.5.2　回滚蓝绿部署 ··········· 261

11.5.3　回滚金丝雀部署 ········· 262

11.5.4　回滚模式、API 或负载的

更改 ····················· 262

11.6　管理版本和依赖 ·············· 263

11.6.1　管理公有 API 接口 ····· 263

11.6.2　管理跨服务依赖 ········· 264

11.6.3　管理第三方依赖 ········· 264

11.6.4　管理基础设施和工具链 ··· 265

11.7　本地开发部署 ················· 265

11.7.1　Ko ························· 266

11.7.2　Ksync ····················· 269

11.7.3　Draft ······················ 271

11.7.4　Skaffold ·················· 272

11.7.5　Tilt ························· 273

11.8　小结 ··························· 279

11.9　扩展阅读 ······················ 279

第12章　监控、日志和指标 ······ 280

12.1　技术需求 ······················ 281

12.2　Kubernetes 的自愈能力 ····· 281

12.2.1　容器故障 ················· 282

12.2.2　节点故障 ················· 282

12.2.3　系统故障 ················· 283

12.3　Kubernetes 集群自动伸缩 ··· 284

12.3.1　Pod 水平自动伸缩 ······ 284

12.3.2　集群自动伸缩 ··········· 286

12.3.3　Pod 垂直自动伸缩 ······ 287

12.4　使用 Kubernetes 供应资源 ·· 289

12.4.1　应该提供哪些资源 ······ 289

12.4.2　定义容器限制 ··········· 289

12.4.3　指定资源配额 ··········· 290

12.4.4　手动供应 ················· 291

12.4.5　利用自动伸缩 ··········· 292

12.4.6　自定义自动供应 ········· 292

12.5　正确地优化性能 ·············· 292

12.5.1　性能和用户体验 ········· 292

12.5.2　性能和高可用性 ········· 293

12.5.3　性能和成本 ············· 293

12.5.4　性能和安全性 ··········· 293

12.6　日志 ··························· 294

12.6.1　日志应该记录什么 ······ 294

12.6.2　日志与错误报告 ········· 294

12.6.3　Go 日志接口 ·············· 294

12.6.4　使用 Go-kit 日志 ·········· 295

12.6.5　使用 Kubernetes 集中管理

日志 ··················· 298

12.7　在 Kubernetes 上收集指标 ········ 299

12.7.1　Kubernetes 指标 API ······ 300

12.7.2　Kubernetes 指标服务器 ····· 301

12.7.3　使用 Prometheus ········· 302

12.8　警报 ························· 308

12.8.1　拥抱组件故障 ············ 309

12.8.2　接受系统故障 ············ 309

12.8.3　考虑人为因素 ············ 309

12.8.4　使用 Prometheus 警报

管理器 ················ 310

12.9　分布式跟踪 ·················· 312

12.9.1　安装 Jaeger ············· 312

12.9.2　将跟踪集成到服务中 ······· 313

12.10　小结 ······················ 315

12.11　扩展阅读 ··················· 315

第 13 章　服务网格与 Istio ··········· 317

13.1　技术需求 ···················· 317

13.2　服务网格 ···················· 318

13.2.1　单体架构与微服务架构 ······ 319

13.2.2　使用共享库管理微服务的

横切关注点 ············· 319

13.2.3　使用服务网格管理微服务的

横切关注点 ············· 320

13.2.4　理解 Kubernetes 与服务网格

之间的关系 ············· 320

13.3　Istio ······················· 321

13.3.1　了解 Istio 架构 ··········· 321

13.3.2　使用 Istio 管理流量 ········ 324

13.3.3　使用 Istio 保护集群 ········ 328

13.3.4　使用 Istio 实施策略 ········ 331

13.3.5　使用 Istio 收集指标 ········ 331

13.3.6　什么时候应该避免使用

Istio ·················· 332

13.4　基于 Istio 构建 Delinkcious ······· 333

13.4.1　简化服务间的认证 ········· 333

13.4.2　优化金丝雀部署 ·········· 335

13.4.3　自动化的日志管理和

错误报告 ··············· 336

13.4.4　兼容 NATS ·············· 338

13.4.5　查看 Istio 足迹 ··········· 338

13.5　Istio 的替代方案 ·············· 341

13.5.1　Linkerd 2.0 ·············· 341

13.5.2　Envoy ················· 341

13.5.3　HashiCorp Consul ········ 341

13.5.4　AWS App Mesh ········· 342

13.5.5　其他 ·················· 342

13.5.6　不使用服务网格 ·········· 342

13.6　小结 ························· 342

13.7　扩展阅读 ···················· 343

第 14 章　微服务和 Kubernetes 的

未来 ···················· 344

14.1　微服务的未来 ················· 345

14.1.1　微服务与无服务器函数 ······ 345

14.1.2　微服务、容器和编排 ······· 345

14.1.3　gRPC 和 gRPC-Web ······· 346

14.1.4　GraphQL ··············· 346

14.1.5　HTTP/3 ················· 346

14.2　Kubernetes 的未来 ············· 347

14.2.1　Kubernetes 的可扩展性 ······· 348

14.2.2　服务网格集成 ················· 349

14.2.3　Kubernetes 上的无服务器

计算 ················· 350

14.2.4　Kubernetes 和 VM ··········· 351

14.2.5　集群自动伸缩 ············· 352

14.2.6　使用 Operator ················· 353

14.2.7　集群联邦 ················· 354

14.3　小结 ························· 355

14.4　扩展阅读 ························· 355

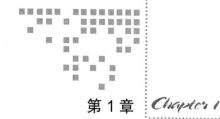

面向开发人员的 Kubernetes 简介

在本章中,我们将向你介绍 Kubernetes,它是一个非常强大的平台,很难用一章就把它讲清楚,幸运的是,本书会持续地对它进行探索。本章会简要介绍许多基本概念和功能,以及这些概念之间的联系和交互,在后面的章节中将会详细介绍更多的内容。为了给这些内容增添一些趣味并让你可以尽快动手操作,你将会通过 Minikube 创建一个本地 Kubernetes 集群。本章将涵盖以下主题:

❑ Kubernetes 简介。

❑ Kubernetes 架构。

❑ Kubernetes 与微服务。

❑ 创建本地集群。

1.1 技术需求

在本章中,你将会使用到以下几个工具:

❑ Docker

❑ kubectl

❑ Minikube

1.1.1 安装 Docker

按照链接 https://docs.docker.com/install#supported-platforms 中的说明安装 Docker,本章将在 macOS 上使用 Docker。

1.1.2　安装 kubectl

按照链接 https://kubernetes.io/docs/tasks/tools/install-kubectl/ 中的说明安装 kubectl。kubectl 是 Kubernetes 的命令行工具，我们将会在整本书中频繁地使用它。

1.1.3　安装 Minikube

按照链接 https://kubernetes.io/docs/tasks/tools/install-minikube/ 中的说明安装 Minikube，需要注意的是，你还需要安装一个虚拟化管理程序（hypervisor）。对于 macOS，推荐使用 VirtualBox，你也可以使用其他喜欢或者熟悉的 hypervisor（比如 HyperKit）。在后面使用 Minikube 的章节中，将会有更详细的说明。

1.1.4　本章代码

❑ 本章的示例代码可以参考以下链接：https://github.com/PacktPublishing/Hands-On-Microservices-with-Kubernetes/tree/master/Chapter01。

❑ 后续我们将共同构建一个示例应用程序 Delinkcious，可以参考以下链接：https://github.com/the-gigi/delinkcious。

1.2　Kubernetes 简介

在本节中，你将了解到什么是 Kubernetes、它的发展历史以及它是如何变得如此流行的。

1.2.1　容器编排平台

Kubernetes 的主要功能就是在一组服务器（物理机或者虚拟机）上部署和管理大量基于容器的工作负载，这意味着 Kubernetes 提供了将容器部署到集群的方法，确保在遵守各种调度约束下，可以将容器有效地打包到集群节点中。此外，Kubernetes 会自动监控容器，如果容器发生故障，则会重新启动它们。Kubernetes 还会把工作负载从有问题的节点转移到其他健康节点上。Kubernetes 是一个非常灵活的平台，通过有效地调配底层的计算、存储和网络基础设施资源，Kubernetes 将会发挥出它的魔力。

1.2.2　Kubernetes 发展历史

Kubernetes 和整个云原生场景正在以惊人的速度发展，让我们花点时间来回顾一下它们的历史。这其实是一个非常短的旅程，因为这些事情仅仅开始于几年前——Kubernetes 在 2014 年 6 月走出 Google。当 Docker 流行起来后，它改变了人们打包、分发和部署软件的方式。但是很明显，Docker 不能独立地针对大型分布式系统进行扩展。这时，一批容器编排解决方案涌现出来，比如 Apache Mesos 以及后来的 Docker Swarm。但是，它们都没有达到 Kubernetes 的水平。Kubernetes 的概念基于 Google 的 Borg 系统，它汇聚了 Google 十年来的工程设计和技术优势。作为一个新的开源项目，2015 年在 OSCON 上 Kubernetes 1.0 正式发布，从此为容器编排平台的快速发展拉开了序幕。Kubernetes 及其生态系统的演进，以及它背后的社区，都和它的技术优势一样令人印象深刻。

Kubernetes 在希腊语中的意思是舵手，在与 Kubernetes 相关的众多项目中，你将会看到很多航海术语。

1.2.3　Kubernetes 现状

Kubernetes 现在早已家喻户晓，而 DevOps 世界也几乎将容器编排与 Kubernetes 划上等号。所有主要的云服务提供商都提供托管的 Kubernetes 解决方案，它在企业和初创公司中无处不在。尽管 Kubernetes 还很年轻并且在不断创新，但这一切都在以一种非常健康的方式发展，其核心是相当坚固的，并且经过了无数的落地实践验证，在许多公司的生产环境中均有使用。同时，一些重量级社区参与者在协作推动 Kubernetes 向前发展，比如 Google、微软、亚马逊、IBM 和 VMware 等。

云原生云计算基金会（Cloud Native Computing Foundation，CNCF）开源组织为其提供认证。Kubernetes 每三个月就会发布新版本，这是数百名志愿者和工程师之间合作的结果。无论是商业还是开源项目，其背后都是一个大型的生态系统。稍后你将了解到 Kubernetes 灵活且可扩展的设计，以及通过这些设计 Kubernetes 如何支撑着这个生态系统并可以和所有的云平台进行集成。

1.3　Kubernetes 架构

Kubernetes 可以说是软件工程历史上非常成功的项目，其架构和设计是其成功的重要组成部分。每个集群都有一个控制平面和数据平面。控制平面由几个组件组成，例如 API 服务器、用于保持集群状态的元数据存储以及多个负责管理数据平面中的节点并向用户提供访问权限的控制器。生产环境中的控制平面一般会分布在多台服务器上，以实现高可用性和鲁棒性。数据平面由多个节点组成，控制平面将在这些节点上部署并运行 Pod（容器组），监控变更并做出响应。

图 1-1 是 Kubernetes 的整体架构图。

让我们详细讨论控制平台和数据平面，以及用于与 Kubernetes 集群交互的命令行工具 kubectl。

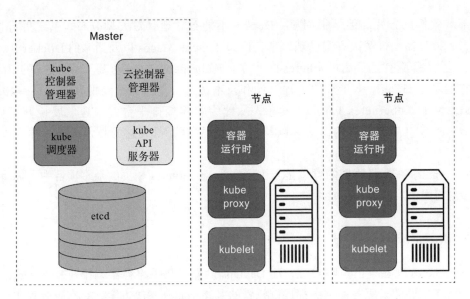

图 1-1 Kubernetes 的整体架构图

1.3.1 控制平面

控制平面由以下几个组件组成:

- ❑ API 服务器
- ❑ etcd 元数据存储
- ❑ 调度器
- ❑ 控制器管理器
- ❑ 云控制器管理器

让我们依次查看每个组件的角色和作用。

1. API 服务器

kube API 服务器是一个庞大的 REST 服务器,对外公开 Kubernetes API。你可以在控制平面中部署多个 API 服务器实例以实现高可用。API 服务器会将集群状态保留在 etcd 存储中。

2. etcd 存储

Kubernetes 集群信息都存储在 etcd(https://coreos.com/etcd/)中———个具有一致性和可靠性的分布式键值存储。**etcd 存储**是一个开源项目,最初由 CoreOS 开发。

为了保证冗余性,通常由三个或五个 etcd 实例组成一个集群。如果你丢失了 etcd 存储中的数据,那么你会丢掉整个集群。

3. 调度器

kube 调度器负责将 Pod 调度到工作节点。它实现了一种复杂的调度算法,该算法考虑到多个维度的信息，例如每个节点上的资源可用性、用户指定的各种约束、可用节点的类型、资源限制和配额以及其他因素，例如亲和性、反亲和性、容忍和污点等。

4. 控制器管理器

kube 控制器管理器是包含多个控制器的单个进程，这些控制器监控着集群事件和对集群的更改并做出响应。

- ❑ 节点控制器（node controller）：负责在节点出现故障时进行通知和响应。
- ❑ 副本控制器（replication controller）：确保每个副本集（replica set）或副本控制器（replication controller）对象中有正确数量的 Pod。
- ❑ 端点控制器（endpoints controller）：为每个服务分配一个列出该服务的 Pod 的端点对象。
- ❑ 服务账户（service account）和令牌控制器（token controller）：它们使用默认服务账户和相应的 API 访问令牌对新的命名空间进行初始化。

1.3.2　数据平面

数据平面是集群中将容器化工作负载转为 Pod 运行的节点的集合。数据平面和控制平面可以共享物理机或虚拟机资源，当你运行单节点集群（例如 Minikube）时，就会发生这种情况。然而，在生产就绪的部署中，数据平面通常是独立的节点。Kubernetes 会在每个节点上安装一些组件以进行 Pod 的通信、监控和调度，这些组件包括 kubelet、kube proxy 和容器运行时（例如 Docker 守护进程）。

1. kubelet

kubelet 是 Kubernetes 的代理，它负责与 API 服务器进行通信，并运行和管理在节点上的 Pod。以下是 kubelet 的一些作用：

- ❑ 从 API 服务器下载 Pod 密钥。
- ❑ 挂载存储卷。
- ❑ 通过容器运行时接口（Container Runtime Interface，CRI）运行 Pod 容器。
- ❑ 报告节点和 Pod 的状态。
- ❑ 探测容器的状态。

2. kube proxy

kube proxy 负责节点的网络连接，它充当服务的本地前端，并且可以转发 TCP 和 UDP 数据包。它通过 DNS 或环境变量来发现服务的 IP 地址。

3. 容器运行时

Kubernetes 最终还是运行容器，即使它们是按 Pod 进行组织的。Kubernetes 支持不同的容器运行时。最初，Kubernetes 仅支持 Docker，现在 Kubernetes 通过基于 gRPC 的 CRI 接口运行容器。图 1-2 所示为容器运行时。

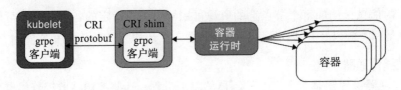

图 1-2　容器运行时

每个实现 CRI 的容器运行时都可以在由 kubelet 控制的节点上使用。

4. kubectl

kubectl 是使用 Kubernetes 过程中应该非常熟悉的工具。它是 Kubernetes 集群的**命令行界面（CLI）**。在本书中，我们将广泛使用 kubectl 来管理和操作 Kubernetes。以下是通过 kubectl 可以完成的部分功能：

- ❏ 集群管理
- ❏ 部署
- ❏ 故障排除和调试
- ❏ 资源管理（Kubernetes 对象）
- ❏ 配置和元数据

只需键入 `kubectl` 即可获取命令的完整列表，然后键入 `kubectl <command> --help` 可获取有关特定命令的更多详细信息。

1.4　微服务的完美搭档

Kubernetes 是一个优秀的平台，具有惊人的功能和出色的生态系统。Kubernetes 与微服务之间有很好的一致性，Kubernetes 的构建块（例如命名空间、Pod、部署和服务等）可以直接映射到对应的微服务核心概念以及敏捷的**软件开发生命周期**（Software Development Life Cycle，SDLC）。让我们一探究竟吧。

1.4.1　微服务打包和部署

当使用基于微服务的架构时，你将拥有许多微服务。通常，这些微服务可以独立开发、独立部署。打包机制就是封装成容器，每个微服务都会有一个 Dockerfile，生成的镜像表示该微服务的部署单元。在 Kubernetes 中，你的微服务镜像将在 Pod 内运行（可能与其他容器一起）。但是，在节点上隔离运行的 Pod 的弹性并不是很高。如果节点上的 kubelet 进程崩溃，它会重新启动 Pod 的容器，但是如果节点本身发生故障，那么 Pod 就会消失。Kubernetes 通过基于 Pod 实现的抽象和资源来解决这些问题。

ReplicaSet 是具有一定数量副本的 Pod 集合。创建 ReplicaSet 时，Kubernetes 将确保始终有指定数量的 Pod 在集群中运行。部署资源会进一步提供和你考虑微服务时的方式完全一

致的抽象。当你准备好新版本的微服务时，需要对其进行部署。如下是一个 Kubernetes 部署
清单：

```
apiVersion: apps/v1
kind: Deployment
metadata:
  name: nginx
  labels:
      app: nginx
spec:
  replicas: 3
  selector:
    matchLabels:
        app: nginx
  template:
    metadata:
        labels:
        app: nginx
spec:
  containers:
  - name: nginx
    image: nginx:1.15.4
    ports:
    - containerPort: 80
```

你可以访问 https://github.com/the-gigi/hands-on-microservices-with-kubernetes-code/blob/
master/ch1/nginx-deployment.yaml 查看该文件。

这是一个 YAML 文件（https://yaml.org/），其中包含一些 Kubernetes 资源的通用字段以
及某些特定于部署的字段，接下来让我们逐一查看。这里介绍的所有内容几乎都适用于其
他 Kubernetes 资源。

❑ `apiVersion` 字段标记 Kubernetes 资源版本。Kubernetes API 服务器的特定版本
（例如 V1.13.0）可以与不同资源的不同版本一起使用。资源版本包括两部分：API
组（在本例中为 `apps`）和版本号（`v1`），版本号可能包含 **alpha** 或 **beta** 字样：

```
apiVersion: apps/v1
```

❑ `kind` 字段指定我们要处理的资源或 API 对象，你将在本章及后面的章节中遇到许
多不同类型的资源：

```
kind: Deployment
```

❑ `metadata` 部分包含资源名称（`nginx`）和标签（字符串键值对）。该名称用于引用
此特定资源。标签允许 Kubernetes 对共享相同标签的一组资源进行操作，它非常有
用且可以灵活管理。在示例中只有一个标签（`app: nginx`）：

```
metadata:
  name: nginx
  labels:
      app: nginx
```

❑ 接下来是 spec 字段，这是一个 ReplicaSet 的 spec 规约。你可以直接创建一个 ReplicaSet，但那样的话它就变成了静态的，而使用部署的目的就是动态地管理副本集。ReplicaSet 规格中包含副本数（示例中是 3）、一个带有 matchLabels 的选择器（也是 app: nginx），以及一个 Pod 模板。ReplicaSet 将管理具有与 matchLabels 匹配的标签的容器：

```
spec:
  replicas: 3
  selector:
    matchLabels:
      app: nginx
  template:
    ...
```

❑ 最后看一下 Pod 模板。该模板分为两部分：metadata 和 spec，metadata 是你指定标签的地方，spec 描述了 Pod 中的容器 containers。Pod 中可能会有一个或多个容器，示例中的 Pod 仅包含一个容器。容器的关键字段是镜像（通常是 Docker 镜像），微服务一般就打包在该镜像中，也是我们要运行的代码。此外，还有一个名称（nginx）和一组端口：

```
metadata:
  labels:
    app: nginx
spec:
  containers:
  - name: nginx
    image: nginx:1.15.4
    ports:
    - containerPort: 80
```

Kubernetes 还提供更多可选字段。如果你想更深入地了解，请参考部署的 API 链接：https://kubernetes.io/docs/reference/generated/kubernetes-api/v1.13/#deployment-v1-apps。

1.4.2　微服务公开和发现

我们通过 Deployment 来部署微服务。首先，我们需要公开微服务，以便它可以被集群中的其他服务使用，并且还可能从集群外部被访问，Kubernetes 为此提供了 Service 服务资源。Kubernetes 服务后端由 Pod 支持，并通过标签进行标识：

```
apiVersion: v1
kind: Service
metadata:
  name: nginx
  labels:
    app: nginx
spec:
  ports:
  - port: 80
```

```
      protocol: TCP
    selector:
      app: nginx
```

　　服务使用 DNS 或环境变量在集群内部相互发现，这是 Kubernetes 的默认行为。但是，如果要使服务可被公开使用，通常需要设置一个访问入口或负载均衡，稍后我们会详细探讨该主题。

1.4.3　微服务安全

　　Kubernetes 被设计为用于运行大型关键系统，在这些系统中，安全性至关重要。微服务的安全性通常比单体系统更具挑战性，因为前者有很多跨边界的内部通信。同样，微服务鼓励敏捷开发，这会导致系统将持续不断地变化。你无法确保仅实施一次安全策略就使系统一直处于稳定状态，必须不断地使系统的安全性适应这些变化。Kubernetes 内置了一些了用于安全开发、部署和操作微服务的概念和机制，但仍然需要采用安全最佳实践，例如最小特权原则、深度安全以及最小化影响范围。下面会介绍 Kubernetes 的一些安全功能。

1. 命名空间

　　命名空间可以将集群的不同部分相互隔离，你可以根据需要创建任意数量的命名空间，并将资源和操作范围限定到命名空间，例如限制和配额。在命名空间中运行的 Pod 只能直接访问其所在的命名空间。要想访问其他命名空间，必须通过公有 API。

2. 服务账户

　　服务账户为你的微服务提供身份，每个服务账户将具有与其账户关联的某些特权和访问权限。服务账户使用起来非常简单：

```
apiVersion: v1
kind: ServiceAccount
metadata:
  name: custom-service-account
```

　　你可以将服务账户与 Pod 相关联（例如在部署的 Pod 的 spec 中），在 Pod 中运行的微服务将具有该身份以及与该账户相关联的所有特权和限制。如果你未分配服务账户，则 Pod 会使用其命名空间的默认服务账户。每个服务账户都与用于对其进行身份验证的密钥关联。

3. 密钥

　　Kubernetes 为所有微服务提供密钥管理功能。你可以在 etcd（自 Kubernetes 1.7 开始）中对密钥进行加密，并且始终在网络上对其进行加密传输（通过 HTTPS）。密钥是按命名空间管理的，并作为文件挂载（密钥卷）或环境变量保存在 Pod 中。创建密钥的方法有很多种。密钥包含两种映射：data 和 stringData。data 映射中的值类型可以是任意的，但必须是 base64 编码的，例如以下内容：

```
apiVersion: v1
kind: Secret
metadata:
  name: custom-secret
type: Opaque
data:
  username: YWRtaW4=
  password: MWYyZDFlMmU2N2Rm
```

以下是 Pod 如何将密钥作为卷进行加载：

```
apiVersion: v1
kind: Pod
metadata:
  name: db
spec:
  containers:
  - name: mypod
    image: postgres
    volumeMounts:
    - name: db_creds
      mountPath: "/etc/db_creds"
      readOnly: true
  volumes:
  - name: foo
    secret:
      secretName: custom-secret
```

最终结果是，由 Kubernetes 在 Pod 外部管理的数据库密钥将显示为 Pod 内部的普通文件，通过 /etc/db_creds 路径访问。

4. 通信安全

Kubernetes 利用客户端证书对任何外部通信（例如 kubectl）进行双向认证。从外部到 Kubernetes API 的所有通信都通过 HTTPS 进行。API 服务器与工作节点上的 kubelet 之间的集群内部通信也是通过 HTTPS（kubelet 端点）进行的。但是，默认情况下它不使用客户端证书（你可以启用它）。

默认情况下，API 服务器与节点、Pod 和服务之间的通信是通过 HTTP 进行的，并且未经身份验证。你可以将它们升级到 HTTPS，但是这会验证客户端证书，所以不要在公共网络上运行工作节点。

5. 网络策略

在分布式系统中，除了需要保护每个容器、Pod 和节点之外，控制网络上的通信也至关重要。Kubernetes 支持网络策略，它可以提供充分的灵活性来定义和调整集群中的网络流量和访问。

1.4.4　微服务验证和授权

身份验证和授权也与安全相关，通过限制受信任用户可访问有限的 Kubernetes 资源来保障。组织具有多种验证用户身份的方法。Kubernetes 也支持许多常见的身份验证方案，例如 X.509 证书和 HTTP 基本身份验证（不是很安全），以及通过 webhook 的外部身份验证服务器，可让你最终控制身份验证过程。身份验证过程仅将请求的凭据与身份（原始用户或模拟用户）进行匹配，而允许该用户执行哪些操作则由授权过程控制，接下来了解一下基于角色的访问控制。

基于角色的访问控制

基于角色的访问控制（Role-based Access Control，RBAC）不是必需的！你可以使用 Kubernetes 中的其他机制进行授权。但是，RBAC 是最佳实践，它有两个概念：角色和绑定。角色定义了一组特定权限的规则。角色有两种：Role 适用于单个命名空间，ClusterRole 适用于集群中的所有命名空间。

下面是默认命名空间中的一个角色，该角色允许获取、监控和列出所有 Pod。每个角色都有三部分——API 组、资源和动作：

```
kind: Role
apiVersion: rbac.authorization.k8s.io/v1
metadata:
  namespace: default
  name: pod-reader
rules:
- apiGroups: [""] # "" indicates the core API group
  resources: ["pods"]
  verbs: ["get", "watch", "list"]
```

集群角色也有类似的配置，除了没有命名空间字段，因为它适用于所有命名空间。

绑定会将一系列主题（用户、用户组或服务账户）与角色相关联。绑定有两种类型，RoleBinding 和 ClusterRoleBinding，它们分别对应于 Role 和 ClusterRole。

```
kind: RoleBinding
apiVersion: rbac.authorization.k8s.io/v1
metadata:
  name: pod-reader
  namespace: default
subjects:
- kind: User
  name: gigi # Name is case sensitive
  apiGroup: rbac.authorization.k8s.io
roleRef:
  kind: Role # must be Role or ClusterRole
  name: pod-reader # must match the name of the Role or ClusterRole you
bind to
  apiGroup: rbac.authorization.k8s.io
```

有趣的是，你可以将 ClusterRole 绑定到单个命名空间中的主题。这对于定义需要应用到多个命名空间的角色很方便，一旦创建了集群角色，你可以将它们绑定到特定命名空间中的特定主题。

集群角色绑定也是类似的配置，但是注意它必须绑定一个集群角色，并且始终应用于整个集群。

    注意，RBAC 用于授予对 Kubernetes 资源的访问权限。它可以管理对服务端点的访问，但是你可能仍需要微服务中的细粒度授权。

1.4.5　微服务升级

做好微服务的部署和保护仅仅是开始，在系统不断地开发和发展时，你也需要升级微服务。关于如何执行此操作，有许多重要的考虑因素，我们将在后面的章节中进行讨论（如版本控制、滚动更新、蓝绿部署和金丝雀部署）。Kubernetes 开箱即用地为其中许多概念提供了直接的功能支持，以及构建在其上的生态系统，进而可以为用户提供多种选项和定制化的解决方案。

系统升级的目标通常是零停机时间，并在出现问题时可以安全回滚。Kubernetes 部署提供了支持这个目标的基本原语，例如更新部署、暂停部署以及回滚部署。你可以在这些坚实的基础上构建特定的工作流程。服务升级的机制通常包括将其镜像升级到新版本，有时还需要更改其支持资源和访问权限，如存储卷、角色、配额、限制等。

1. 微服务扩展

使用 Kubernetes 扩展微服务有两个方面：第一个是扩展 Pod 的数量以支持特定的微服务，第二个是扩展集群的总容量。你可以通过更新部署的副本数轻松地显式扩展微服务，但这需要你时刻保持警惕。对于处理的请求数量在不同时间段存在较大差异的服务（例如，工作时间与下班时间，或工作日与周末），你可能需要花费大量精力进行应对。Kubernetes 提供了基于 CPU、内存或自定义指标的 Pod 水平自动扩展（Horizontal Pod Autoscaler，HPA）功能，可以自动扩展服务。

以下示例演示了如何将目前固定 3 个副本的 nginx 部署调整为在 2 到 5 之间弹性伸缩，其依据是实例的平均 CPU 利用率：

```
apiVersion: autoscaling/v1
kind: HorizontalPodAutoscaler
metadata:
    name: nginx
    namespace: default
spec:
    maxReplicas: 5
    minReplicas: 2
    targetCPUUtilizationPercentage: 90
    scaleTargetRef:
      apiVersion: v1
      kind: Deployment
      name: nginx
```

Kubernetes 会持续监控属于 nginx 部署的 Pod 的 CPU 利用率。当在特定时间段内（默认情况下为 5 分钟）的平均 CPU 使用率超过 90% 时，它将增加副本到最多 5 个，直到利用率下降到 90% 以下。HPA 也可以缩减资源，但是即使 CPU 利用率为 0，部署也将始终维持至少 2 个副本。

2. 微服务监控

现在，你的微服务已经在 Kubernetes 上部署并运行，并且在需要时更新微服务的版本。Kubernetes 会进行一些自动修复和扩展，但是，你仍然需要监控系统并跟踪错误和性能指标。这不仅对于解决问题很重要，而且对于发现系统潜在需要的改进、优化和成本削减也很重要。

有几类相关的监控信息需要特别关注：

❑ 第三方程序日志
❑ 应用程序日志
❑ 应用程序错误
❑ Kubernetes 事件
❑ 指标

当涉及由多个微服务和多个支持组件组成的系统时，其日志的数量往往是巨大的。解决方案是采用集中式日志管理，即将所有日志都存放在一个位置，然后根据需要再进行划分。此外，除了错误日志本身，通常将相关的元数据（例如栈跟踪）记录在特有的系统（例如 sentry或 rollbar）中也是非常有价值的。对于检测系统性能和运行状况或者变化趋势，很多指标都是有帮助的。

Kubernetes 提供了几种用于监控微服务的机制和抽象，其生态系统也提供了许多有用的项目。

3. 日志

以下几种方法可以实现 Kubernetes 的集中日志管理。

❑ 在每个节点上运行日志代理。
❑ 向每个应用程序 Pod 中注入日志边车（sidecar）容器。
❑ 让应用程序将其日志直接发送到集中的日志服务。

每种方法都各有利弊，最主要的是 Kubernetes 支持以上所有方法，使得容器和 Pod 的日志可以被充分利用。

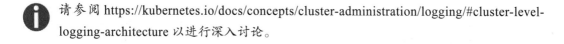 请参阅 https://kubernetes.io/docs/concepts/cluster-administration/logging/#cluster-level-logging-architecture 以进行深入讨论。

⊖　请参考 https://sentry.io/welcome/。——译者注

⊖　请参考 https://rollbar.com/。——译者注

4. 指标

Kubernetes 自带 cAdvisor（https://github.com/google/cadvisor）组件，这是一个集成在 kubelet 中用于收集容器指标的工具。Kubernetes 过去提供了一个称为 heapster 的指标服务器，该服务器需要额外的后端和 UI。目前，Prometheus 开源项目是指标服务器方面的翘楚。如果你使用 Google 的 GKE 运行 Kubernetes，那么 Google Cloud Monitoring 是一个不错的选择，它不需要在集群中安装其他组件。其他云提供商也提供集成好的监控解决方案，例如，Amazon EKS[⊖]和 Amazon CloudWatch[⊖]。

1.5 创建本地集群

Kubernetes 作为部署平台的优势之一在于，你可以非常方便地创建本地集群，只需花费很少的精力就可以拥有一个非常接近生产环境的本地集群。其主要好处是，开发人员可以在本地进行微服务测试，并与集群中的其余服务进行协作。当系统由许多微服务组成时，更重要的测试通常是集成测试，甚至是配置测试和基础设施测试，而不是单元测试。Kubernetes 使测试变得更加容易，并会减少 Mock 测试的使用。

在本节中，你将创建一个 Kubernetes 本地集群并安装一些其他项目，然后使用神奇的 kubectl 命令行工具来进行探索。

1.5.1 安装 Minikube

Minikube 是一个单节点 Kubernetes 集群，你可以在任何地方安装它，示例使用的操作系统是 macOS（之前，我们也在 Windows 上成功安装过）。在安装 Minikube 之前，你需要先安装一个虚拟机管理程序（hypervisor），我个人更喜欢 HyperKit。

```
$ curl -LO
https://storage.googleapis.com/minikube/releases/latest/docker-machine-driv
er-hyperkit \
  && chmod +x docker-machine-driver-hyperkit \
  && sudo mv docker-machine-driver-hyperkit /usr/local/bin/ \
  && sudo chown root:wheel /usr/local/bin/docker-machine-driver-hyperkit \
  && sudo chmod u+s /usr/local/bin/docker-machine-driver-hyperkit
```

有时安装 HyperKit 会遇到各种各样的问题，如果这些问题不是很好解决，建议改用 VirtualBox 作为虚拟机管理程序。你可以运行以下命令通过 Homebrew 安装 VirtualBox：

```
$ brew cask install virtualbox
```

现在，你可以安装 Minikube 了，依然可以使用 Homebrew 安装：

```
brew cask install minikube
```

⊖ 请参考 https://aws.amazon.com/eks/。——译者注
⊖ 请参考 https://aws.amazon.com/cloudwatch/。——译者注

如果不是在 macOS 上进行安装，请参考官方说明（https://kubernetes.io/docs/tasks/tools/install-minikube/）进行操作。

> 必须先关闭所有 VPN，然后才能使用 HyperKit 启动 Minikube。Minikube 启动后，你可以重新启动 VPN。

Minikube 支持 Kubernetes 的多个版本。目前，默认版本为 1.10.0，但 1.13.0 已经发布并被支持，所以接下来我们会使用这个版本：

```
$ minikube start --vm-driver=hyperkit --kubernetes-version=v1.13.0
```

如果使用 VirtualBox 作为虚拟机管理程序，那么无须指定 --vm-driver：

```
$ minikube start --kubernetes-version=v1.13.0
```

应该可以看到以下输出结果：

```
$ minikube start --kubernetes-version=v1.13.0
Starting local Kubernetes v1.13.0 cluster...
Starting VM...
Downloading Minikube ISO
 178.88 MB / 178.88 MB [=========================================]
100.00% 0s
Getting VM IP address...
E0111 07:47:46.013804   18969 start.go:211] Error parsing version semver:
Version string empty
Moving files into cluster...
Downloading kubeadm v1.13.0
Downloading kubelet v1.13.0
Finished Downloading kubeadm v1.13.0
Finished Downloading kubelet v1.13.0
Setting up certs...
Connecting to cluster...
Setting up kubeconfig...
Stopping extra container runtimes...
Starting cluster components...
Verifying kubelet health ...
Verifying apiserver health ...Kubectl is now configured to use the cluster.
Loading cached images from config file.


Everything looks great. Please enjoy minikube!
```

> 如果你是第一次启动 Minikube 集群，Minikube 将自动下载 Minikube VM（178.88MB）。

至此，你的 Minikube 集群已准备就绪。

1. 对 Minikube 进行故障排除

如果你在这个过程中遇到一些问题，例如忘记关闭 VPN，可以尝试卸载 Minikube，然后在重新安装时开启详细日志功能：

```
$ minikube delete
$ rm -rf ~/.minikube
$ minikube start --vm-driver=hyperkit --kubernetes-version=v1.13.0 --
logtostderr --v=3
```

如果 Minikube 安装被挂起（可能正在等待 SSH），则可能需要重新启动才能取消安装。如果这样没起作用，可以尝试以下操作：

```
sudo mv /var/db/dhcpd_leases /var/db/dhcpd_leases.old
sudo touch /var/db/dhcpd_leases
```

然后重新启动。

2. 验证集群

如果一切正常，可以检查下 Minikube 版本：

```
$ minikube version
minikube version: v0.31.0
```

Minikube 还有许多其他有用的命令，只需输入 minikube 即可查看命令和标志的列表。

1.5.2 探索集群

Minikube 已经在运行中，让我们进一步对它进行探索。这一部分将会持续使用 kubectl 命令行工具，让我们先从查看节点信息开始：

```
$ kubectl get nodes
NAME        STATUS   ROLES    AGE   VERSION
minikube    Ready    master   4m    v1.13.0
```

集群中已经有一些 Pod 和服务在运行。事实证明，Kubernetes 也是采用"吃自己的狗粮"（eat your own dog food）方式⊖，它自己的许多功能都是服务和 Pod。但是，这些 Pod 和服务在不同的命名空间中运行。以下是所有的命名空间：

```
$ kubectl get ns
NAME           STATUS   AGE
default        Active   18m
kube-public    Active   18m
kube-system    Active   18m
```

要查看所有命名空间中的所有服务，可以使用 --all-namespaces 标志：

```
$ kubectl get svc --all-namespaces
NAMESPACE     NAME         TYPE        CLUSTER-IP     EXTERNAL-IP   PORT(S)       AGE
default       kubernetes   ClusterIP   10.96.0.1      <none>        443/TCP       19m
kube-system   kube-dns     ClusterIP   10.96.0.10     <none>        53/UDP,53/TCP 19m
```

⊖ 请参考 https://en.wikipedia.org/wiki/Eating_your_own_dog_food。——译者注

```
kube-system kubernetes-dashboard  ClusterIP 10.111.39.46 <none>
80/TCP              18m
```

Kubernetes API 服务器本身在默认命名空间中作为服务运行，在 `kube-system` 命名空间中运行着 `kube-dns` 和 `kubernetes-dashboard` 服务。

要浏览仪表板，你可以运行 Minikube 特有的命令 `minikube dashboard`。推荐使用 `kubectl` 命令，因为它更通用，可以在任何 Kubernetes 集群上运行：

```
$ kubectl port-forward deployment/kubernetes-dashboard 9090
```

然后，你可以浏览 http://localhost:9090 查看仪表板，如图 1-3 所示。

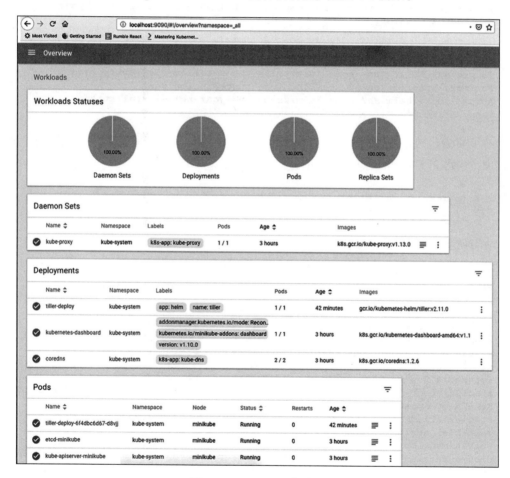

图 1-3 Kubernetes 仪表板

1.5.3 安装 Helm

Helm 是 Kubernetes 的软件包管理工具。它不是 Kubernetes 自带的工具，因此必须额外安装它。Helm 有两个组件：一个是服务器端组件称为 `tiller`，另一个是命令行工具称为 `helm`。

让我们首先使用 Homebrew 在本地安装 `helm`：

```
$ brew install kubernetes-helm
```

然后进行初始化：

```
$ helm init
$HELM_HOME has been configured at /Users/gigi.sayfan/.helm.

Tiller (the Helm server-side component) has been installed into your
Kubernetes Cluster.

Please note: by default, Tiller is deployed with an insecure 'allow
unauthenticated users' policy.
To prevent this, run `helm init` with the --tiller-tls-verify flag.
For more information on securing your installation see:
https://docs.helm.sh/using_helm/#securing-your-helm-installation
Happy Helming!
```

有了 Helm，你可以轻松地在 Kubernetes 集群中安装各种软件。目前，在稳定的 chart 存储库中包含 275 个 chart（Helm 术语，打包格式）：

```
$ helm search | wc -l
275
```

查看所有带有 `db` 类型标签的软件：

```
$ helm search db
NAME                               CHART VERSION   APP VERSION
DESCRIPTION
stable/cockroachdb                 2.0.6           2.1.1
CockroachDB is a scalable, survivable, strongly-consisten...
stable/hlf-couchdb                 1.0.5           0.4.9           CouchDB
instance for Hyperledger Fabric (these charts are...
stable/influxdb                    1.0.0           1.7             Scalable
datastore for metrics, events, and real-time ana...
stable/kubedb                      0.1.3           0.8.0-beta.2    DEPRECATED
KubeDB by AppsCode - Making running production...
stable/mariadb                     5.2.3           10.1.37         Fast,
reliable, scalable, and easy to use open-source rel...
stable/mongodb                     4.9.1           4.0.3           NoSQL
document-oriented database that stores JSON-like do...
stable/mongodb-replicaset          3.8.0           3.6             NoSQL
document-oriented database that stores JSON-like do...
stable/percona-xtradb-cluster      0.6.0           5.7.19          free,
fully compatible, enhanced, open source drop-in rep...
stable/prometheus-couchdb-exporter 0.1.0           1.0             A Helm
chart to export the metrics from couchdb in Promet...
```

```
stable/rethinkdb              0.2.0           0.1.0       The open-
source database for the realtime web
jenkins-x/cb-app-slack        0.0.1                       A Slack
App for CloudBees Core
stable/kapacitor              1.1.0           1.5.1       InfluxDB's
native data processing engine. It can process ...
stable/lamp                   0.1.5           5.7         Modular
and transparent LAMP stack chart supporting PHP-F...
stable/postgresql             2.7.6           10.6.0      Chart for
PostgreSQL, an object-relational database manag...
stable/phpmyadmin             2.0.0           4.8.3       phpMyAdmin
is an mysql administration frontend
stable/unifi                  0.2.1           5.9.29      Ubiquiti
Network's Unifi Controller
```

在本书中，我们将会大量使用 Helm。

1.6 小结

在本章中，我们带你进行了一番 Kubernetes 旋风之旅，并了解了它与微服务的融合。Kubernetes 的可扩展架构使得大型企业组织、初创公司和开源组织社区能够一起协作，围绕 Kubernetes 创建一个生态体系，从而扩大收益并确保可持续发展。Kubernetes 内置的概念和抽象非常适合基于微服务的系统，它们支持软件开发生命周期的每个阶段——从开发、测试、部署，一直到监控和故障排除。

Minikube 项目让每个开发人员都能够在本地运行 Kubernetes 集群，这非常适合了解 Kubernetes 自身的功能和特性，并且可以在与生产环境非常相似的环境中进行本地测试。

Helm 项目是 Kubernetes 的绝佳补充，作为软件包管理解决方案为用户提供了巨大价值。在下一章中，我们将深入研究微服务领域，并了解为什么微服务是在云中开发复杂、快速迭代的分布式系统的最佳方法。

1.7 扩展阅读

如果想了解更多有关 Kubernetes 的信息，推荐由 Packt 出版的书籍 *Mastering Kubernetes*（第 2 版），https://www.packtpub.com/application-development/mastering-kubernetes-second-edition。

Chapter 2 第 2 章

微服务入门

在上一章中，你了解了什么是 Kubernetes，它能够完成哪些事情，以及为什么它非常适合用作开发、部署和管理微服务的平台，并且对本地 Kubernetes 集群进行了初步的探索。在本章中，我们将进一步探讨微服务以及为什么它是构建复杂系统的最佳方法。本章还将讨论解决基于微服务的系统中常见问题的模式和方法，以及如何将它们与其他常见架构（例如单体架构和大型服务）进行比较。

本章将涵盖以下内容：

- ❏ 微服务编程——少即是多。
- ❏ 微服务自治。
- ❏ 使用接口和契约。
- ❏ 通过 API 公开服务。
- ❏ 使用客户端库。
- ❏ 管理依赖。
- ❏ 协调微服务。
- ❏ 利用所有权。
- ❏ 理解康威定律。
- ❏ 跨服务故障排除。
- ❏ 利用共享服务库。
- ❏ 选择源代码控制策略。
- ❏ 选择数据策略。

2.1　技术需求

在本章中，你将看到一些使用 Go 语言的代码示例。建议你安装 Go 并尝试自己构建和运行这些代码示例。

2.1.1　在 macOS 上通过 Homebrew 安装 Go

在 macOS 上，推荐使用 Homebrew 安装 Go：

```
$ brew install go
```

然后确保 go 命令可以正常使用：

```
$ ls -la `which go`
lrwxr-xr-x  1 gigi.sayfan  admin  26 Nov 17 09:03 /usr/local/bin/go ->
../Cellar/go/1.11.2/bin/go
```

要查看所有选项，只需输入 go。另外，请确保在 .bashrc 文件中定义 GOPATH 并将 $GOPATH/bin 添加到 PATH 环境变量中。

Go 自带了提供许多功能的 Go 命令行工具，但是你可能也需要一些其他工具，更多相关内容可以访问 https://awesome-go.com/ 查看。

2.1.2　在其他平台上安装 Go

在其他平台上，可按照官方说明（https://golang.org/doc/install）进行操作。

2.1.3　本章代码

本章的示例代码可以参考 https://github.com/PacktPublishing/Hands-On-Microservices-with-Kubernetes/tree/master/Chapter02。

2.2　微服务编程——少即是多

回想一下学习编程的过程，起初你编写了一些程序，这些程序接受简单的输入，进行处理并产生一些输出，你可以将整个程序放在脑海中。

你了解每一行代码。调试和故障排除很容易。例如，考虑一个在摄氏和华氏温度之间转换温度的程序：

```
package main

import (
        "fmt"
        "os"
        "strconv"
```

```
)

func celsius2fahrenheit(t float64) float64 {
        return 9.0/5.0*t + 32
}

func fahrenheit2celsius(t float64) float64 {
        return (t - 32) * 5.0 / 9.0
}

func usage() {
      fmt.Println("Usage: temperature_converter <mode> <temperature>")
      fmt.Println()
      fmt.Println("This program converts temperatures between Celsius and
Fahrenheit")
      fmt.Println("'mode' is either 'c2f' or 'f2c'")
      fmt.Println("'temperature' is a floating point number to be converted
according to mode")
      os.Exit(1)
}

func main() {
        if len(os.Args) != 3 {
                usage()
         }
         mode := os.Args[1]
         if mode != "f2c" && mode != "c2f" {
                usage()
         }

         t, err := strconv.ParseFloat(os.Args[2], 64)
         if err != nil {
                usage()
          }
         var converted float64
         if mode == "f2c" {
                converted = fahrenheit2celsius(t)
         } else {
                 converted = celsius2fahrenheit(t)
         }
         fmt.Println(converted)
}
```

　　这个程序很简单。如果出现问题，它可以很好地验证其输入并显示如何运行。该程序执行的实际计算仅是转换温度的两行代码，但它长达 45 行，还是在没有任何注释的情况下。这 45 行代码非常易读且易于测试。没有任何第三方依赖项，只有 Go 标准库。没有 IO（文件、数据库、网络）。无须身份验证或授权。无须限制调用速率。没有日志。没有指标。没有版本控制、运行状况检查或配置。没有部署到多个环境，也没有监控。

　　现在，考虑将这个简单的程序集成到一个大型企业系统中，如图 2-1 所示，你将不得不考虑许多方面。系统的其他部分将开始使用温度转换功能。突然间，最简单的操作也可能会产生连锁反应，对系统其他部分的更改可能会影响这个温度转换器。

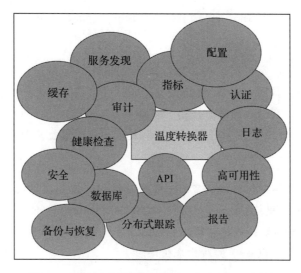

图 2-1　将温度转换器集成到一个大型企业系统

　　这种复杂性的跳跃是自然的，因为大型企业系统有许多要求。微服务的愿景是通过遵循正确的架构准则和已建立的模式，额外的复杂性可以被整齐地打包并用于许多小型的微服务，它们共同实现系统的目标。理想情况下，开发人员大多数时候都可以与周围的系统隔离。但是，需要付出很大的努力才能提供正确的隔离度，并且允许微服务可以在整个系统的上下文中进行测试和调试。

2.3　微服务自治

　　解决复杂性的最佳方法之一是使微服务实现自治，自治服务不依赖于系统中其他服务或第三方服务。自治服务管理其自身的状态，并且可能很大程度上不需要知晓系统的其余部分。

　　我喜欢将自治微服务比喻为不可变函数。自治服务永远不会改变系统中其他组件的状态。这样的服务的好处在于，无论系统的其余部分如何发展，以及它们是否被其他服务使用，它们的复杂性都保持不变。

2.4　使用接口和契约

　　接口是软件工程师可以使用的最佳工具之一。将某些内容公开为接口后，你可以自由地更改其背后的实现。接口是在单个进程中使用的结构，它们对于测试与其他组件的交互非常有用，而在基于微服务的系统中，这些组件会非常丰富。以下是示例应用程序的一个接口：

```
type UserManager interface {
    Register(user User) error
```

```
    Login(username string, authToken string) (session string, err error)
    Logout(username string, session string) error
}
```

UserManager 接口定义了一些方法、输入和输出。但是，它没有指定语义。例如，如果为已经登录的用户调用 Login() 方法会怎样？会报错吗？上一个会话是否会终止并创建新会话？是否返回现有会话而没有报错（幂等方法）？契约可以回答这类问题。契约很难完全指定，并且 Go 不为契约提供任何支持。但是，契约很重要，即使它们只是隐含的，契约也始终存在。

> 某些语言不支持接口作为该语言的一级语法结构，但是，实现相同的效果非常容易。具有动态类型的语言（例如 Python、Ruby 和 JavaScript）使你可以传递满足调用者使用的属性和方法集的任何对象。静态语言（例如 C 和 C++）通过一组函数指针（C）或仅具有纯虚函数（C++）的结构来获得。

2.5 通过 API 公开服务

微服务通过网络彼此交互，有时也需要与外界交互。服务通常通过 API 公开其功能。我喜欢将 API 视为网络连接的接口。程序接口需要使用其编程语言的语法（例如，Go 的接口类型）。现代网络 API 也会使用一些高级表示，不过基础都是 UDP 和 TCP。微服务通常会通过 Web 传输协议公开其功能，例如 HTTP（REST、GraphQL、SOAP）、HTTP/2（gRPC），或者 WebSocket。有些服务可能会模拟其他有线协议，例如 memcached，但这只在特殊情况下很有用。没有任何理由需要你直接在 TCP/UDP 上构建自己的自定义协议或使用一些专有的特定于语言的协议。除非需要支持某些旧代码库，否则最好不再使用 Java RMI、.NET 远程处理、DCOM 和 CORBA 之类的方法。

微服务通常分为两类：

❑ 内部微服务只能由在同一网络/集群中运行的其他微服务访问，并且这些服务可以公开专有的 API，因为你能够同时控制服务端及其客户端（其他服务）。

❑ 外部服务对外开放，通常需要从 Web 浏览器或使用不同语言的客户端访问。

使用标准网络 API 的好处是，它使用与编程语言无关的传输协议，可以实现微服务的多语言支持。每个服务都可以用自己的编程语言来实现（例如，一个服务通过 Go 实现，而另一个服务使用 Python），甚至可以迁移到完全不同的语言（比如 Rust）而不会受到干扰，因为所有这些服务都通过网络 API 访问。稍后我们将研究多语言方法及其使用场景。

2.6 使用客户端库

接口使用起来非常方便。在你的编程语言环境中，可以使用本地数据类型调用方法。

然而，使用网络 API 的方式有所不同，你需要使用网络库（具体取决于传输方式）。你需要序列化有效负载和响应，并处理网络错误、断开连接和超时。客户端库模式封装了远程服务和所有这些决策，并提供了一个标准接口，你可以调用该接口作为服务的客户端。后台的客户端库将负责所有与调用网络 API 有关的事情。抽象漏洞定理（https://www.joelonsoftware.com/2002/11/11/the-law-of-leaky-abstractions/）提到，你无法真正地隐藏网络。但是，你可以非常有效地向服务消费者隐藏它，并使用有关超时、重试和缓存的策略对其进行正确配置。

 gRPC 的最大卖点之一是它可以生成一个客户端库。

2.7　管理依赖

现代系统有很多依赖，如何有效地管理这些依赖是**软件开发生命周期**（Software Development Life Cycle，SDLC）的重要组成部分。通常系统存在两种依赖关系：

❑ 库 / 软件包（链接到正在运行的服务进程）

❑ 远程服务（可通过网络访问）

这些依赖关系都可以是内部的或第三方的。你可以通过软件包管理系统来管理这些库或软件包。Go 语言在很长一段时间没有官方的软件包管理系统，因此社区出现了一些解决方案，例如 Glide 和 Dep。从 Go 1.12 版起，Go 模块成了官方的解决方案。

你可以通过端点发现和跟踪 API 版本来管理远程服务。内部依赖和第三方依赖之间的区别在于变化的速度，内部依赖关系的变化将会更快。使用微服务，就可能会与其他微服务产生依赖关系。版本管理和跟踪 API 契约将成为开发中非常重要的方面。

2.8　协调微服务

将单体系统与基于微服务的系统进行比较时，微服务样样都会"多一点"。单个微服务相对简单，对单个服务进行编写、修改和故障排除要容易一些。但是，对于整个系统而言，跨多个服务进行更改以及问题调试更具挑战性，微服务之间也会发生更多的网络交互，而在单体架构中，这些交互都在同一进程内发生。这意味着要想从微服务中受益，你需要一套严格的方法和最佳实践，以及好用的工具。

一致性与灵活性之间的权衡

假设你有 100 个微服务，但是它们都很小而且非常相似。它们都使用相同的数据存储（例如，相同类型的关系型数据库），都以相同的方式配置（例如，配置文件），都记录错误和日志到集中式的日志服务器，都使用相同的编程语言（例如 Go）实现。通常，系统会处理多个用例，每个用例都将涉及这 100 种微服务的一部分，在大多数用例中还将使用一些通用微服务（例如，授权服务）。通过编写优秀的文档，你对整个系统的理解可能会容易一些。你可以分别查看每个用例，会发现当系统扩展比如增长到 1000 个微服务时，当添加更多用例时，系统复杂度仍然在一定的限度内，如图 2-2 所示。

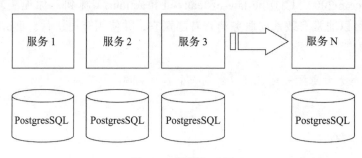

图 2-2 微服务示例

文件和目录是一个很好的类比。假设你按流派、艺术家和歌曲来组织音乐。最初，你拥有 3 种流派、20 位歌手和 200 首歌曲。然后，你扩展了所有内容，现在拥有 10 个流派、50 个艺术家和 3000 首歌曲，仍然按流派 / 艺术家 / 歌曲的旧层次来组织。在扩展的某个阶段，简单的扩展就会带来新的问题。例如，当你有太多音乐以至于无法都存储在硬盘上时，就需要一个本质上不同的解决方案（例如，将其保存在云中）。微服务也是如此，如果达到超大的互联网规模（如亚马逊、谷歌、Facebook），那么你将需要针对每个方面都设计更加详尽的解决方案。

但是，使用一致的微服务会牺牲很多好处。例如，团队和开发人员可能被迫使用不适合该任务的编程语言，或者甚至对于小型非关键内部服务，他们也必须遵守严格的日志和错误报告操作标准。

你需要了解一致的微服务与多样化微服务的优缺点。从完全一致的微服务到无所不包，其范围是非常广泛的，每个微服务都可以是独一无二的。你的责任是在整个系统范围内找到最佳位置。

2.9 利用所有权

由于微服务很小，一个开发人员可能负责整个微服务并完全理解它。其他开发人员可能也熟悉它，但是即使只有一个开发人员熟悉一项服务，对于新开发人员来说，接管它也应该相对简单和轻松，因为范围有限，甚至在理想情况下可能是相似的。

唯一所有权可能非常强大。开发人员需要通过服务 API 与其他开发人员和团队进行通信，但是这样可以实现非常快速的迭代。你可能仍然希望团队中的其他开发人员检查内部设计和实现，但是即使在极端情况下，负责人在没有监督的情况下完全自行工作，由于每个微服务的范围都很小，因此潜在的损害也是有限的，因为系统都是通过定义良好的 API 与其余部分进行交互的。

生产效率的差异可能会让人瞠目结舌。

2.10 理解康威定律

康威定律如下：

"设计系统的组织……其产生的设计和架构等价于组织间的沟通结构。"

这意味着系统的结构将反映构建该系统的团队的结构。一个著名的变体是埃里克·雷蒙德（Eric Raymond）提出的：

"如果你有四个小组构建一个编译器，那么你将获得一个四通道编译器。"

这是非常有见地的，并且我在很多不同的组织中都目睹了这一点。这与基于微服务的系统非常相关。拥有许多小型微服务，你不需要每个微服务都有专门的团队。微服务 / 团队将有一些更高级别的集合在一起工作，以实现系统的某些功能。现在的问题是如何考虑这些高层次结构，你有三个主要选项：

- ❑ 垂直组织
- ❑ 水平组织
- ❑ 矩阵组织

在这方面，微服务可能非常重要。作为小型自治组件，它们支持所有结构。但是，更重要的是组织何时需要从一种方法过渡到另一种方法。通常的轨迹是：水平 – 垂直 – 矩阵 。

如果软件遵循基于微服务的架构，则组织可以轻松进行这些转换。它甚至可以成为决定因素。不遵循基于微服务的架构，组织会决定保留不合适的结构，因为打破整体结构的风险和工作量过高。

2.10.1 垂直组织

垂直组织从系统切分功能的一部分，这部分会包含多个微服务，一个团队完全负责该功能，从设计到实现，再到部署和维护。团队作为孤岛运作，它们之间的交流通常有限，而且是非常正式的。这种方法有利于微服务的各个方面，例如：

- ❑ 多种语言
- ❑ 灵活性
- ❑ 可独立移动
- ❑ 端到端所有权
- ❑ 垂直部分不太正式的契约
- ❑ 易于扩展出更多垂直切片（即组成另一个团队）
- ❑ 难以在多个垂直切片上应用更改，尤其是在切片数量增长时由于其可伸缩性的优势，这种方法在大型组织中很常见。它需要大量的创造力和精力来全面改进。孤岛之间的工作会重复，但争取完全重用和协调是徒劳的。垂直方法的诀窍是找到最佳位置，将通用功能打包为被多个孤岛使用，而无须明确协调。

2.10.2 水平组织

水平组织将系统视为分层架构，团队结构根据这些层次组织。可能会有一个前端组、一个后端组和一个 DevOps 组。每个小组负责其层中的所有方面，垂直功能是通过跨所有层的不同组之间的协作来实现的。这种方法更适合于产品数量较少（有时可能只有一种）的小型组织。

水平组织的好处是组织可以建立专业领域并在整个水平层进行知识共享。通常，组织从水平层次开始，随着组织的发展，逐渐扩展到更多产品，或者可能分布在多个地理位置，那时它们会被划分为更垂直的结构。在每个孤岛中，结构通常都是水平的。

2.10.3 矩阵组织

矩阵组织是最复杂的。你拥有垂直的孤岛，但是组织意识到孤岛之间的重复和变化会浪费资源，并且如果垂直孤岛之间的分散程度过高，也会使人员在垂直孤岛之间转移变得困难。对于矩阵组织，除垂直孤岛外，还存在与所有垂直孤岛一起工作的跨部门小组，并试图带来一定程度的一致性、规则性和有序性。例如，组织可能要求所有垂直孤岛必须将其软件部署到 AWS 上的云中。在这种情况下，可能会有一个云平台组，该云平台组在垂直孤岛之外进行管理，并为所有垂直孤岛提供指导、工具和其他共享服务。安全是另一个很好的例子，许多组织认为安全是必须集中管理的领域，不能任由每个孤岛单独管理。

2.11 跨服务故障排除

由于系统的大多数功能都涉及多个微服务之间的交互，因此能够跟踪所有这些微服务和各种数据存储中的请求很重要。实现这个需求的最佳方法之一是分布式跟踪，你可以标记每个请求并从头到尾对其进行跟踪。

调试分布式系统和基于微服务的系统需要大量的专业知识。可以从以下方面考虑单个请求在系统中的路径：

- ❑ 处理请求的微服务可能使用不同的编程语言。
- ❑ 微服务可能使用不同的传输协议来公开 API。
- ❑ 请求可能是异步工作流的一部分，该工作流涉及在队列中等待或定期处理。
- ❑ 请求的持久化状态可能分布在由不同微服务控制的许多独立数据存储中。

当你需要调试系统中整个微服务群的问题时，每个微服务的自治性就会成为一个障碍。你必须建立显式支持，通过聚合来自多个微服务的内部信息来获得系统级的可见性。

2.12　利用共享服务库

如果选择一致的微服务方法，那么拥有一个共享库（或多个库）是非常有用的，所有服务都可以使用这个库并实现许多横向交互，例如：

- ❑ 配置
- ❑ 密钥管理
- ❑ 服务发现
- ❑ API 封装
- ❑ 日志
- ❑ 分布式跟踪

这些库可以实现与其他微服务或第三方依赖交互的整个工作流，例如身份验证和授权，并可以为每个微服务完成繁重的工作。这样，微服务仅负责实现自己的功能并正确使用这些库就可以。

即使选择多语言编程，该方法也同样适用。你可以为所有支持的语言实现此库，然后在编写服务时可以根据实际情况选择不同的语言来实现。

然而，与共享库的维护和发展以及微服务使用它们的速度相关的成本是存在的。真正的危险是不同的微服务将使用不同版本的共享库，并且使用不同版本共享库的服务在尝试通信时，会导致一些细微（或不那么细微）的问题。

我们将在本书后面探讨的服务网格方法可以为该问题提供一些答案。

2.13　选择源代码控制策略

这是一个非常有趣的场景。源代码控制策略主要有两种方法：单体仓库和多仓库，下面我们探讨一下每种方法的优缺点。

2.13.1　单体仓库

在单体仓库方法中，你的整个代码库都在单个源代码控制存储库中。在整个代码库中执行操作非常容易，无论何时进行更改，它都会立即反映在整个代码库中。版本控制几乎是不可能的，这对于使所有代码保持同步非常有用。但是，如果确实仅需要升级系统的某些部分，则需要其他解决方法，例如针对新的更改创建单独的副本。同样，源代码始终保持同步的事实并不意味着你所部署的服务都使用最新版本。如果你总是一次部署所有服务，那么你使用的应该是单体架构。注意，即使为第三方开源项目做贡献，你可能仍然有多个仓库（即使你在更改合并后只使用上游版本）。

相比多仓库，单体仓库的另一个优势是，多仓库可能需要大量自定义工具来管理。大型公司（例如 Google 和 Microsoft）会使用多仓库方法。它们是有一些特殊需求的，而自定义工具方面并没有妨碍它们。多仓库方法是否适用于较小的组织，我持观望态度。但是，我将在 Delinkcious（演示应用程序）中使用单体仓库，因此，我们将一起探索并对它进行进一步了解。另一个主要的缺点是，许多现代的 CI/CD 工具链都使用 GitOps，这会触发源代码仓库的更改。当只有一个仓库时，你将失去源代码仓库和微服务之间的一对一映射关系。

2.13.2 多仓库

多仓库方法则完全相反。每个项目，通常是每个库，都会有一个单独的源代码仓库。每个项目之间就像使用第三方依赖库一样可以相互消费。这种方法有几个优点：

- ❑ 项目和服务之间的物理界限明确。
- ❑ 源代码仓库和服务或项目是一对一映射的。
- ❑ 很容易将服务部署映射到源代码仓库。
- ❑ 统一对待所有依赖（内部和第三方）。

但是，这种方法会带来巨大的成本，尤其是随着服务和项目数量的增加，以及它们之间的依赖关系变得更加复杂时：

- ❑ 应用更改通常需要跨多个代码仓库进行更改。
- ❑ 经常需要维护代码仓库的多个版本，因为不同的服务依赖不同的代码仓库。
- ❑ 很难跨所有代码仓库进行跨领域的更改。

2.13.3 混合模式

混合模式会使用少量的代码仓库。每个代码仓库包含多个服务和项目。每个代码仓库都与其他仓库隔离，但是在每个代码仓库中，可以同步开发多个服务和项目。这种方法平衡了单体仓库和多仓库的优缺点。如果存在明确的组织边界（通常是地理边界），这可能会很有帮助。例如，如果一家公司有多个完全独立的产品线，则最好将每个产品线分解为自己的单体仓库。

2.14 选择数据策略

软件系统最重要的职责之一就是管理数据。系统数据类型很多，大多数的数据应该能够在系统出现任何故障后依然保存下来，或者有能力可以重建。数据通常与其他数据有着复杂的关系，这在关系型数据库中非常明确，但也存在于其他类型的数据中。单体架构通常使用大型数据存储来保存所有相关数据，因此可以对整个数据集执行查询和事务处理。微服务则不同，每个微服务都是自治的，并对其数据负责。但是，当整个系统需要查询和操作存储在许多独立数据存储中且由许多不同服务管理的数据时应该怎么办呢？让我们来看看如何使用最佳实践来应对这一挑战。

2.14.1　每个微服务对应一个数据存储

每个微服务对应一个数据存储是微服务架构的关键要素。当两个微服务可以直接访问同一数据存储时，它们就是紧耦合的，不再独立。有一些重要的细微差别需要理解，多个微服务可以使用相同的数据库实例，但是它们一定不能共享相同的逻辑数据库。

数据库实例是一个资源供应问题。在某些情况下，开发微服务的团队也负责提供数据存储。在这种情况下，明智的做法可能是为每个微服务在物理上分离数据库实例，而不仅仅是逻辑上的。注意，在使用云数据存储时，微服务开发人员不知道也无法控制数据存储的物理配置。

我们同意两个微服务不应共享同一数据存储。但是，如果单个微服务管理两个或更多数据存储呢？通常这是不被允许的。如果你的设计需要两个独立的数据存储，最好是分别提供一个微服务，如图 2-3 所示。

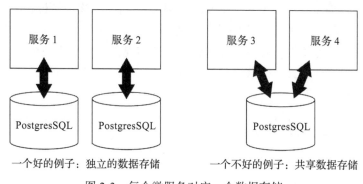

图 2-3　每个微服务对应一个数据存储

有一个常见的例外：你可能希望通过同一个微服务来管理内存中的数据存储（缓存）和持久化数据存储。工作流程通常是服务向持久化存储和缓存中写入数据，并从缓存获得查询结果。缓存会定期刷新，或基于更改通知来刷新，或者在缓存未命中时刷新。

但是，即使在这种情况下，最好有一个单独的集中式缓存，例如由单独的微服务管理的 Redis。注意，在为许多用户服务的大型系统中，每个微服务可能都有多个实例。

从微服务本身抽象出物理配置和数据存储的另一个原因是，这些配置在不同的环境中可能是不同的。你的生产环境可能为每个微服务配置在物理上独立的数据存储，但是在开发环境中，最好只有一个物理数据库实例，其中包含许多小型逻辑数据库。

2.14.2　运行分布式查询

我们同意每个微服务都应该具有自己的数据存储。这意味着系统的整体状态将分布在多个数据存储中，只允许它们自己的微服务来访问。你最感兴趣的查询通常涉及多个数据存储中的可用数据，每个消费端都可以访问所有这些微服务并聚合所有数据以满足他们的查询。然而，这并不理想，原因如下：

❑ 消费端需要非常了解系统是如何管理数据的。

❑ 消费端需要访问存储与查询有关的数据的每一项服务。

❑ 更改架构可能需要更改许多消费端。

解决这些问题的方法通常有两种：CQRS 和 API 组合。有趣的是，支持这两种解决方案的服务具有相同的 API，因此可以从一种解决方案切换到另一种解决方案，甚至可以混合使用而不会有影响。这意味着某些查询将由 CQRS 提供服务，而另一些查询则由 API 组合提供服务，所有这些都由相同的服务实现。总的来说，我建议从 API 组合开始，只有在适当的条件存在并且在好处非常明显的情况下再转换到 CQRS，因为它的复杂性要高得多。

1. 使用命令查询职责分离

使用**命令查询职责分离**（Command Query Responsibility Segregation，CQRS），来自各种微服务的数据将被聚集到一个新的只读数据存储中，该存储旨在响应特定的查询。它的含义是将更新数据（命令）的职责与读取数据（查询）的职责分开。这些活动由不同的服务负责。它通常通过监控所有数据存储的更改来实现，并且需要一个合适的变更通知系统。你也可以使用轮询方式，但这通常是不可取的。当存在经常使用的查询时，这个解决方案将会表现得非常出色。

以下是 CQRS 实际应用的一个例子。CQRS 服务（负责查询）从三个微服务（负责更新）接收变更通知，并将它们聚合到自己的数据存储中。

当查询到来时，CQRS 服务通过访问自己的聚合视图而不是微服务来做出响应，如图 2-4 所示。

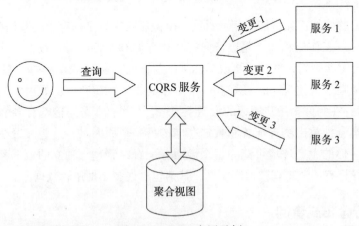

图 2-4　CQRS 应用示例

它的优点如下：

❑ 查询不会影响主数据存储的更新。

❑ 聚合器服务公开了针对特定查询定制的 API。

❑ 在不影响消费端的情况下，更容易更改后台数据的管理方式。

❑ 快速的响应时间。

它的缺点如下：

❑ 增加了系统的复杂性。

❑ 数据冗余。

❑ 部分视图需要显式处理。

2. 使用 API 组合

API 组合方法更加轻巧。从表面上看，它看起来很像 CQRS 解决方案。它公开了可以在多个微服务之间响应已知查询的 API。区别在于它不保留自己的数据存储。每当有请求进入时，它都会访问包含相关数据的单个微服务，组合这些结果，然后返回。当系统不支持针对数据更新的事件通知，并且可以接受对主数据存储查询的负载时，这个解决方案非常友好。

这是一个实际的 API 组合示例，其中对 API 组合服务的查询在后端被转换为对三个微服务的查询，如图 2-5 所示。

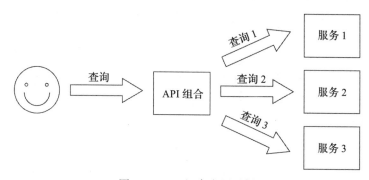

图 2-5　API 组合应用示例

它的优点如下：

❑ 轻量级解决方案。

❑ 聚合服务公开了针对特定查询定制的 API。

❑ 结果始终是最新的。

❑ 不会对架构提出新需求，例如不需要增加变更通知系统。

它的缺点如下：

❑ 任何服务的失败都会导致查询失败，这需要围绕重试和超时设计策略。

❑ 大量查询可能会影响主数据存储的性能。

2.14.3　使用 Saga 模式管理跨服务事务

当一切正常时，API 组合和 CQRS 模式可为分布式查询提供适当的解决方案。但是，维护分布式数据的完整性是一个复杂的问题。如果将所有数据存储在单个关系数据库中，并在数据模式中指定适当的约束，则可以依靠数据库引擎来维护数据完整性。这种情况与多个微服务在独立的数据存储（关系或非关系）中维护数据的情况非常不同。数据完整性至关重要，但是它必须由代码维护。Saga 模式解决了这个问题，在深入探讨 Saga 模式之前，让我们先大致了解一下数据完整性。

1. 理解 ACID

数据完整性的一种常见度量是所有修改数据的事务都具有 ACID 属性：

- **原子性**（atomic）：事务中的所有操作要么成功，要么失败。
- **一致性**（consistent）：数据状态符合事务前后的所有约束。
- **隔离性**（isolated）：并发事务的行为就像串行化一样。
- **持久性**（durable）：事务成功完成后，该事务对数据库所做的更改将永久地保存在数据库中。

ACID 属性并不特定于关系型数据库，但经常用于关系型数据库上下文中，主要是因为关系模式及其形式约束提供了方便的一致性度量。隔离性通常会严重影响性能，在某些倾向于高性能和最终一致性的系统中要求可能会放宽一些。

持久性是很明显的。如果你的数据无法安全地持久存储，那么就没有必要去解决其他所有的问题。持久性也包含不同的级别：

- **磁盘持久性**：在没有发生磁盘故障时，数据可以在节点重新启动后保留。
- **多节点冗余**：数据可以在单个节点重新启动或者磁盘故障后保留，但不能是所有节点的临时性故障。
- **磁盘冗余**：数据可以在某个磁盘故障后保留。
- **跨地域的副本**：数据可以在某个地域的整个数据中心宕机时保留。
- **备份**：可以存储大量信息并且便宜得多，但恢复速度较慢，并且经常落后于实时数据。

原子性要求也是理所当然的。没有人喜欢部分更改，这些更改可能会破坏数据完整性，并以某种不可预知的方式破坏系统。

2. 理解 CAP 定理

CAP 定理指出，分布式系统不能同时具有以下三个属性：

- **一致性**（consistency）
- **可用性**（availability）
- **分区容错性**（partition resiliency）

在实践中，你可以选择要使用 CP 系统还是 AP 系统。CP 系统（**具有一致性和分区容错性**）始终是一致的，并且如果组件之间发生网络分区，则 CP 系统不会提供查询或进行更改，仅在系统完全连接后才能运行。显然，这意味着你牺牲了可用性。另一方面，AP 系统

（**具有可用性和分区容错性**）始终可用，并且可以以脑裂方式（split-brain）运行。当系统发生网络分区时，每个部分可以继续正常运行，但是系统会变得不一致，因为每个部分都不知道其他部分正在发生的事务。

AP 系统通常被称为最终一致的系统，因为当恢复连接时，某些协调过程可确保整个系统再次同步。冻结系统是一个有趣的变体，在冻结系统中，当发生网络分区时，它们会优雅降级，并且两个部分都继续处理查询，但拒绝所有对系统进行的修改。注意，由于分区中的某些事务可能仍无法复制到另一部分，因此不能保证两个分区是一致的。通常，这已经足够好了，因为两部分之间的差异很小，而且不会随着时间的推移而增加，因为新的更改都被拒绝了。

3. 将 Saga 模式应用于微服务

关系型数据库可以通过算法（例如两阶段提交）和对所有数据的控制使得分布式系统可以遵从 ACID 要求。两阶段提交算法分为两个阶段：准备和提交。但是，参与分布式事务的服务必须共享同一数据库，这对于只管理自己数据库的微服务不起作用。

现在我们可以聊聊 Saga 模式了。Saga 模式的基本思想是对所有微服务的操作进行集中管理，如果由于某种原因无法完成整个事务，则对于每个操作都会有一个补偿操作。这实现了 ACID 的原子性。但是，每个微服务上的更改都是立即可见的，而不仅是在整个分布式事务结束时，这违反了一致性和隔离性。如果将系统设计为 AP，也称为**最终一致**，这就不是问题。但是，它需要你的代码意识到这一点，并且能够处理可能部分不一致或过时的数据。在很多情况下，这是一个可以接受的折中方案。

那 Saga 如何运作呢？Saga 是微服务上的一组操作和相应的补偿操作。当一个操作失败时，它的补偿操作和之前所有操作的补偿操作以相反的顺序调用，以回滚系统的整个状态。

Saga 的实现并不简单，因为补偿操作也可能失败。通常，瞬时状态必须是持久性的，并且必须存储大量元数据才能实现可靠的回滚。一个好的实践是让外部流程频繁地运行，并清理无法实时完成其所有补偿操作的故障 Saga。

将 Saga 视为工作流是一个好方法。工作流之所以很酷，是因为它们可以实现长流程，而且支持人为操作，而不仅仅是软件自动化实现。

2.15　小结

本章我们讨论了很多问题。首先是微服务的基本原理——少即是多，以及如何将系统分解为许多小型的、自包含的微服务来帮助其扩展。我们还讨论了使用微服务架构的开发人员所面临的挑战。我们提供了大量关于构建基于微服务的系统的概念、选项、最佳实践和实用建议。在这一点上，你应该理解微服务提供的灵活性，但也需要你谨慎选择使用它们的多种方式。

在本书的其余部分，我们将详细探讨这个领域，并使用一些可用的最佳框架和工具共同构建一个基于微服务的系统，并将其部署在 Kubernetes 上。在下一章中，你将会看到 Delinkcious——我们的示例应用程序，它将用作动手实验室的内容。你还将了解 Go kit，这是一个用于构建 Go 语言微服务的框架。

2.16 扩展阅读

如果你对微服务感兴趣，建议进一步查看 https://martinfowler.com/ 上的内容。

示例应用程序——Delinkcious

本章的示例应用程序 Delinkcious 是对美味书签站点 Delicious（https://en.wikipedia.org/wiki/Delicious_(website)）的模仿。Delicious 曾经是一个管理用户链接的互联网热门站点，后来被雅虎（Yahoo）收购，几经周折并多次出售，最终被 Pinboard 收购，后者经营着类似的服务，并打算很快关闭 Delicious。

Delinkcious 允许用户将 URL 存储在 Web 上，标记它们并以各种方式对它们进行查询。在本书中，Delinkcious 将会作为实验内容来演示许多微服务和 Kubernetes 的概念，以及在实际应用程序中的特性。我们会将重点放在应用程序的后端实现，因此不会出现时髦的前端 Web 应用程序或移动应用程序，那些内容会留给你作为练习。

在本章中，我们将理解为什么选择 Go 作为 Delinkcious 的编程语言，然后看看 Go kit，它是一个优秀的 Go 微服务工具包，我将用它来构建 Delinkcious。然后，我们将使用社交图谱服务作为示例来剖析 Delinkcious 本身的不同。

本章将涵盖以下主题：

❑ Delinkcious 微服务。

❑ Delinkcious 数据存储。

❑ Delinkcious API。

❑ Delinkcious 客户端库。

3.1 技术需求

如果到目前为止你一直按照本书的指导进行操作，那么你已经安装了 Go 语言环境。建议安装一个能够很好地支持 Go 语言的 IDE 来执行本章中的代码，因为后续还有很多需要操作的内容。让我们看看以下几个不错的选择。

3.1.1　Visual Studio Code

Visual Studio Code 也称为 **VS Code**（https://code.visualstudio.com/docs/language/go），是一款微软开源的 IDE。它不是特定于 Go 语言的，但是通过专用的、复杂的 Go 扩展与 Go 进行了深度集成。目前，它被认为是最好的免费 Go 语言 IDE。

3.1.2　GoLand

JetBrains 的 GoLand（https://www.jetbrains.com/go/）是我个人的最爱。它继承了 IntelliJ IDEA、PyCharm 和其他出色 IDE 的悠久传统。遗憾的是，它没有社区版。这是一个付费产品，不过可以免费试用 30 天，如果你能接受付费使用，那么我强烈推荐它。如果你不能或不想为 IDE 付费（这也完全合理），可以查看其他选项。

3.1.3　LiteIDE

LiteIDE 或 LiteIDE X（https://github.com/visualfc/liteide）是一个非常有趣的开源项目。它是最早的 Go IDE 之一，早于 GoLand 和 VS Code 的 Go 扩展。我最初使用它的时候，感觉还比较好用，后来通过 **GNO 项目调试器（GNU Project Debugger，GDB)** 进行交互式调试遇到一些困难，使我最终放弃了它。它的社区开发还是比较活跃的，有很多贡献者，并且支持所有最新和最好的 Go 特性，包括 Go 1.1 和 Go 模块。现在，你可以使用 Delve[⊖] 进行调试，这是目前最好的 Go 调试器。

3.1.4　其他选项

如果你是一个命令行铁粉，并且完全不喜欢 IDE，那么你还有一些其他选项。大多数编程软件和文本编辑器都具有某种形式的 Go 支持。Go 的 Wiki 中（https://github.com/golang/go/wiki/IDEsAndTextEditorPlugins）包含大量的 IDE 和文本编辑器插件列表，可以看看有没有适合你的。

3.1.5　本章代码

本章没有对应的示例代码文件，演示的代码均来自 Delinkcious 应用程序：
- ❑ Delinkcious 应用程序托管在 GitHub 代码仓库中，可以在 https://github.com/the-gigi/delinkcious 找到。
- ❑ 检查 v0.1 Tags | Releases：https://github.com/the-gigi/delinkcious/releases/tag/v0.1。
- ❑ 克隆下来并使用你最喜欢的 IDE 或文本编辑器进行后续操作。

⊖　请参考 https://github.com/go-delve/delve。——译者注

❑ 注意，本书的代码示例位于另一个 GitHub 代码仓库中（https://github.com/PacktPub-lishing/Hands-On-Microservices-with-Kubernetes/）。

3.2　为什么选择 Go

我用过许多优秀的编程语言（例如 C/C++、Python、C# 和 Go）编写并交付了生产环境的后端代码，我还使用过一些不太好用的编程语言，但是我决定将 Go 用作 Delinkcious 的编程语言，因为它是微服务的绝佳搭档：

❑ Go 可以编译为一个没有外部依赖的二进制文件（对于希望编写简洁的 Dockerfile 来说太棒啦）。

❑ Go 非常易读，也易于学习。

❑ Go 对网络编程和并发具有出色的支持。

❑ Go 是许多云原生数据存储、队列和框架（包括 Docker 和 Kubernetes）的实现语言。

你可能会认为微服务应该与语言无关，并且我不应该只关注一种语言。的确如此，但是我的目标是在这本书中动手实践，并深入研究在 Kubernetes 上构建微服务的所有细节。为此，我必须做出具体选择并坚持下去。试图在多种语言获得同样的深度可能是徒劳的，虽说微服务的边界非常清晰（微服务的优势之一），但是你可以看到以不同语言实现微服务可能会给系统其余部分带来一些问题。

3.3　认识 Go kit

你可以从头开始编写微服务系统（使用 Go 或任何其他语言），这些微服务可以通过 API 很好地交互。但是，在实际系统中会有大量共享或横切关注点，你希望它们可以保持一致：

❑ 配置

❑ 密钥管理

❑ 集中日志管理

❑ 指标

❑ 身份验证

❑ 授权

❑ 安全

❑ 分布式跟踪

❑ 服务发现

实际上，大多数大型生产系统中的微服务都需要遵守解决上述问题的一些策略。

现在让我们看看 Go kit（https://gokit.io）。Go kit 针对微服务领域采取了高度模块化的方法。它提供了很好的关注点分离支持（构建微服务的推荐方法），拥有很大的灵活性。正如该网站上介绍的，没有包袱，轻装上阵[⊖]。

3.3.1 使用 Go kit 构建微服务

Go kit 都是关于最佳实践的。你的业务逻辑通过纯 Go 语言库实现，只需处理接口和 Go 结构体。API、序列化、路由和网络中涉及的所有复杂内容都被划分到清晰独立的层，这些层利用了 Go kit 和基础设施中的概念（例如传输、端点和服务）。这带来了绝佳的开发体验，你可以在尽可能简单的环境中开发和测试应用程序代码。下面是 Delinkcious 的一个服务接口——社交图谱。它采用普通的 Go 代码，不涉及 API、微服务，甚至没有导入 Go kit：

```
type SocialGraphManager interface {
    Follow(followed string, follower string) error
    Unfollow(followed string, follower string) error

    GetFollowing(username string) (map[string]bool, error)
    GetFollowers(username string) (map[string]bool, error)
}
```

该接口的实现位于一个 Go 包中，这个包完全不知道 Go kit 的存在，甚至都不知道它是否使用在微服务中：

```
package social_graph_manager

import (
    "errors"
    om "github.com/the-gigi/delinkcious/pkg/object_model"
)

type SocialGraphManager struct {
    store om.SocialGraphManager
}

func (m *SocialGraphManager) Follow(followed string, follower string) (err
error) {
    ...
}

func (m *SocialGraphManager) Unfollow(followed string, follower string)
(err error) {
    ...
}

func (m *SocialGraphManager) GetFollowing(username string)
(map[string]bool, error) {
    ...
}

func (m *SocialGraphManager) GetFollowers(username string)
(map[string]bool, error) {
    ...
}
```

⊖ 原文为 Few opinions，lightly held。——译者注

将 Go kit 服务看作是一个具有不同层的洋葱也许会是一个好方法。核心是你的业务逻辑，位于各个层次之上的是各种关注点，例如路由、速率限制、日志和指标等，这些内容最终会通过传输层公开给其他服务或外部，如图 3-1 所示。

图 3-1　Go kit 服务层级

Go kit 主要通过使用请求 – 响应模型支持 RPC 风格的通信。

3.3.2　理解传输

微服务最大的问题之一是它们通过网络与彼此和客户端进行交互，也就是说，这至少要比在同一进程中调用方法复杂一个数量级。Go kit 通过传输的概念为微服务的网络方面提供了明确的支持。

Go kit 传输层封装了所有复杂性，并与其他 Go kit 结构体（例如请求、响应和端点）集成。目前支持以下传输方式：

- ❏ HTTP
- ❏ gRPC
- ❏ Thrift
- ❏ net/rpc

在 GitHub 上还有其他几种传输方式，包括用于消息队列和发布 / 订阅的 AMQP 和 NATS[⊖]传输方式。Go kit 传输层有一个很酷的地方是，你可以通过多个传输层公开相同的服务，而无须更改代码。

3.3.3　理解端点

Go kit 微服务实际上只是一组端点。每个端点对应于服务接口中的一种方法。端点始终与至少一个传输和一个用来处理服务请求的程序相关联。Go kit 端点支持 RPC 通信风格，并具有请求和响应结构。

下面是 Follow() 方法对应的端点的工厂函数：

```
func makeFollowEndpoint(svc om.SocialGraphManager) endpoint.Endpoint {
    return func(_ context.Context, request interface{}) (interface{}, error)
{
        req := request.(followRequest)
        err := svc.Follow(req.Followed, req.Follower)
        res := followResponse{}
        if err != nil {
```

⊖　请参考 https://nats.io/。——译者注

```
        res.Err = err.Error()
    }
    return res, nil
    }
}
```

我会在后面解释上述内容。现在，你只需要注意它接受 om.SocialGraphManager
（一个接口）类型的 svc 参数，并调用其 Follow() 方法。

3.3.4　理解服务

这是你的系统中需要代码实现的地方。当端点被调用时，它将调用服务实现中的相应
方法来完成所有工作。所有编码和解码、请求和响应的繁重工作都是由端点包装程序完成
的。你可以使用有意义的最佳抽象来专注于应用程序逻辑。

下面是 SocialGraphManager 函数的 Follow() 方法的实现：

```
func (m *SocialGraphManager) Follow(followed string, follower string) (err
error) {
    if followed == "" || follower == "" {
        err = errors.New("followed and follower can't be empty")
        return
    }

    return m.store.Follow(followed, follower)
}
```

3.3.5　理解中间件

如图 3-1 所示，Go kit 是可组合的。除了强制性的传输、端点和服务之外，Go kit 还使
用装饰器模式选择性地包装带有横切关注点的服务和端点，例如：

- ❑ 弹性（例如，使用指数回退的重试）
- ❑ 身份验证和授权
- ❑ 日志
- ❑ 指标收集
- ❑ 分布式跟踪
- ❑ 服务发现
- ❑ 速率限制

这种具有少量抽象（例如传输、端点和服务）的 SOLID 方法[⊖]很容易理解和使用，还可
以使用统一的中间件机制对其进行扩展。Go kit 在为中间件提供足够的内置功能与满足你的
需求之间保持平衡。例如，程序在 Kubernetes 上运行时，Go kit 来处理服务发现，在这种
情况下，你不需要绕过 Go kit。不需要的特性和功能也是可选的。

⊖　请参考 3.8 节继续阅读中的链接。——译者注

3.3.6 理解客户端

在第 2 章中，我们讨论了微服务的客户端库原则。微服务与另一个微服务进行通信时，理想情况下会使用由接口公开的客户端库。Go kit 为编写这类客户端库提供了出色的支持和指导。看起来微服务工作时只是简单地收到一个接口请求，实际上，它完全不知道它正在与另一个服务对话，很有可能两个服务是在同一进程中运行的。这对于测试或服务重构以及将较大的服务拆分为两个单独的服务对象是很有帮助的。

Go kit 的客户端端点与服务端点相似，但工作方向相反。服务端点对请求解码，将工作委托给服务，并对响应进行编码，客户端端点对请求进行编码，通过网络调用远程服务，并对响应进行解码。

客户端的 Follow() 方法如下所示：

```
func (s EndpointSet) Follow(followed string, follower string) (err error) {
    resp, err := s.FollowEndpoint(context.Background(),
FollowRequest{Followed: followed, Follower: follower})
    if err != nil {
        return err
    }
    response := resp.(SimpleResponse)

    if response.Err != "" {
        err = errors.New(response.Err)
    }
    return
}
```

3.3.7 生成样板

Go kit 清晰的关注点分离和整洁的架构分层是有代价的——需要大量枯燥、令人麻木和容易出错的样板代码来翻译不同结构体和方法的请求和响应。理解 Go kit 如何以泛型的方式支持强类型接口是很有用的，但是对于大型项目，更好的解决方案是从 Go 接口和数据类型生成所有样板。有一些开源项目可以完成这项任务，其中包括一个由 Go kit 本身开发的 kitgen 项目（https://github.com/go-kit/kit/tree/master/cmd/kitgen），目前它还处于实验阶段。

我是代码生成的忠实拥护者，强烈建议你这样做。但是，在接下来的部分中，为了详细说明发生了什么，我们将会看到很多手动样板代码。

3.4 Delinkcious 目录结构

Delinkcious 系统在初始开发阶段包含三个服务：
- ❑ 链接服务
- ❑ 用户服务
- ❑ 社会图谱服务

高级目录结构包括以下子目录：

❑ cmd

❑ pkg

❑ svc

根目录下还包括一些常用文件，例如 README.md，以及重要的 go.mod 和 go.sum 文件，以支持 Go 模块。这里使用的是单体仓库的代码控制方法，因此整个 Delinkcious 系统都位于此目录中，并且被视为单个 Go 模块，尽管其中包含了多个软件包：

```
$ tree -L 1
.
├── LICENSE
├── README.md
├── go.mod
├── go.sum
├── cmd
├── pkg
└── svc
```

3.4.1 cmd 子目录

cmd 子目录包含各种工具和命令来支持开发和操作，涉及多个参与者、服务或外部依赖的端到端测试，例如，通过其客户端库测试微服务。

目前，它仅包含针对社交图谱服务的单个端到端测试：

```
$ tree cmd
cmd
└── social_graph_service_e2e
    └── social_graph_service_e2e.go
```

3.4.2 pkg 子目录

pkg 子目录是所有包所在的目录，它包括微服务、客户端库、抽象对象模型、其他支持包和单元测试的实现。大部分代码都采用 Go 包的形式，在将它们捆绑到实际的微服务中之前，开发和测试都很简单：

```
$ tree pkg
pkg
├── link_manager
│   ├── abstract_link_store.go
│   ├── db_link_store.go
│   ├── db_link_store_test.go
│   ├── in_memory_link_store.go
│   ├── link_manager.go
│   └── link_manager_suite_test.go
├── link_manager_client
│   └── client.go
├── object_model
```

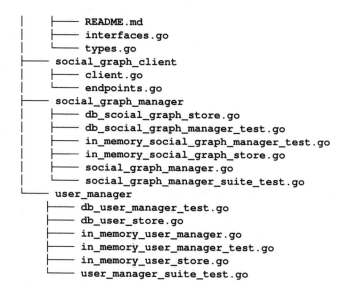

```
│   ├── README.md
│   ├── interfaces.go
│   └── types.go
├── social_graph_client
│   ├── client.go
│   └── endpoints.go
├── social_graph_manager
│   ├── db_scoial_graph_store.go
│   ├── db_social_graph_manager_test.go
│   ├── in_memory_social_graph_manager_test.go
│   ├── in_memory_social_graph_store.go
│   ├── social_graph_manager.go
│   └── social_graph_manager_suite_test.go
└── user_manager
    ├── db_user_manager_test.go
    ├── db_user_store.go
    ├── in_memory_user_manager.go
    ├── in_memory_user_manager_test.go
    ├── in_memory_user_store.go
    └── user_manager_suite_test.go
```

3.4.3　svc 子目录

svc 子目录是 Delinkcious 微服务所在的位置。每个微服务都是一个单独的二进制文件，具有自己的主包。delinkcious_service 是遵循 API 网关模式（https://microservices.io/patterns/apigateway.html）的公开服务：

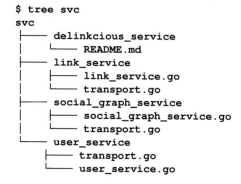

```
$ tree svc
svc
├── delinkcious_service
│   └── README.md
├── link_service
│   ├── link_service.go
│   └── transport.go
├── social_graph_service
│   ├── social_graph_service.go
│   └── transport.go
└── user_service
    ├── transport.go
    └── user_service.go
```

3.5　Delinkcious 微服务

让我们逐渐深入研究一下 Delinkcious 服务。我们将从服务层开始一直延展到传输层，自内而外地进行介绍。

系统包含以下三个服务：

❑ 链接服务

❑ 用户服务

❏ 社会图谱服务

它们共同协作提供了 Delinkcious 的功能，即为用户管理链接并跟踪他们的社交图谱（关注 / 被关注关系）。

3.5.1 对象模型

对象模型是由服务实现的所有接口和相关数据类型的集合，这里我们选择将它们全部放在一个包 github.com/the-gigi/delinkcious/pkg/object_model 中，它包含两个文件：interfaces.go 和 types.go。

interfaces.go 文件包含三个 Delinkcious 服务的接口：

```
package object_model

type LinkManager interface {
    GetLinks(request GetLinksRequest) (GetLinksResult, error)
    AddLink(request AddLinkRequest) error
    UpdateLink(request UpdateLinkRequest) error
    DeleteLink(username string, url string) error
}

type UserManager interface {
    Register(user User) error
    Login(username string, authToken string) (session string, err error)
    Logout(username string, session string) error
}

type SocialGraphManager interface {
    Follow(followed string, follower string) error
    Unfollow(followed string, follower string) error

    GetFollowing(username string) (map[string]bool, error)
    GetFollowers(username string) (map[string]bool, error)
}

type LinkManagerEvents interface {
    OnLinkAdded(username string, link *Link)
    OnLinkUpdated(username string, link *Link)
    OnLinkDeleted(username string, url string)
}
```

types.go 文件包含各种接口方法的签名中使用的结构体：

```
package object_model

import "time"

type Link struct {
    Url         string
    Title       string
    Description string
    Tags        map[string]bool
    CreatedAt   time.Time
```

```
    UpdatedAt    time.Time
}

type GetLinksRequest struct {
    UrlRegex         string
    TitleRegex       string
    DescriptionRegex string
    Username         string
    Tag              string
    StartToken       string
}

type GetLinksResult struct {
    Links          []Link
    NextPageToken string
}

type AddLinkRequest struct {
    Url         string
    Title       string
    Description string
    Username    string
    Tags        map[string]bool
}

type UpdateLinkRequest struct {
    Url         string
    Title       string
    Description string
    Username    string
    AddTags     map[string]bool
    RemoveTags  map[string]bool
}

type User struct {
    Email string
    Name  string
}
```

object_model 包仅使用基本的 Go 类型、标准库类型（time.Time）和 Delinkcious 域的用户自定义类型，完全是纯 Go 代码。在这个层次上，没有对网络、API、微服务或 Go kit 的依赖或认识。

3.5.2　服务实现

下一步是将服务接口实现为简单的 Go 包。此时，每个服务都有其自己的包：

❑ github.com/the-gigi/delinkcious/pkg/link_manager

❑ github.com/the-gigi/delinkcious/pkg/user_manager

❑ github.com/the-gigi/delinkcious/pkg/social_graph_manager
注意，这些都是 Go 包的名称，而不是 URL。
让我们研究一下 social_graph_manager 包，它将 object_model 包作为 om 导入，

因为它需要实现 `om.SocialGraphManager` 接口。它定义了一个名为 `SocialGraph-Manager` 的结构体，该结构体有一个 `SocialGraphManager` 类型名为 `store` 的字段。因此，`store` 字段的接口等价于示例中社交图谱 **manager** 的接口：

```
package social_graph_manager

import (
    "errors"
    om "github.com/the-gigi/delinkcious/pkg/object_model"
)

type SocialGraphManager struct {
    store om.SocialGraphManager
}
```

这可能有点令人困惑。这里的想法是通过 `store` 字段实现相同的接口，以便顶层 `manager` 可以实现一些验证逻辑并将繁重的工作委托给 `store`，你很快就会看到它的实际应用。

此外，`store` 字段是接口这一事实允许我们使用不同的 `store` 实现相同接口，这是非常有用的。`NewSocialGraphManager()` 函数接受一个不能为 `nil` 的 `store` 字段，然后返回具有指定 `store` 的 `SocialGraphManager` 新实例：

```
func NewSocialGraphManager(store om.SocialGraphManager)
(om.SocialGraphManager, error) {
    if store == nil {
        return nil, errors.New("store can't be nil")
    }
    return &SocialGraphManager{store: store}, nil
}
```

`SocialGraphManager` 结构体本身非常简单，它执行一些有效性检查，然后将工作委托给 `store`：

```
func (m *SocialGraphManager) Follow(followed string, follower string) (err
error) {
    if followed == "" || follower == "" {
        err = errors.New("followed and follower can't be empty")
        return
    }

    return m.store.Follow(followed, follower)
}

func (m *SocialGraphManager) Unfollow(followed string, follower string)
(err error) {
    if followed == "" || follower == "" {
        err = errors.New("followed and follower can't be empty")
        return
    }
```

```
    return m.store.Unfollow(followed, follower)
}

func (m *SocialGraphManager) GetFollowing(username string)
(map[string]bool, error) {
    return m.store.GetFollowing(username)
}

func (m *SocialGraphManager) GetFollowers(username string)
(map[string]bool, error) {
    return m.store.GetFollowers(username)
}
```

SocialGraphManager 是一个非常简单的库。让我们进一步查看服务本身，该服务
（https://github.com/the-gigi/delinkcious/tree/master/svc/social_graph_service）位 于 svc 子 目
录下。

首先从 social_graph_service.go 文件开始。我们将介绍它的主要部分，其与大
多数服务是相似的。该文件位于 service 包中，它导入了几个重要的包：

```
package service

import (
    httptransport "github.com/go-kit/kit/transport/http"
    "github.com/gorilla/mux"
    sgm "github.com/the-gigi/delinkcious/pkg/social_graph_manager"
    "log"
    "net/http"
)
```

Go kit 中的 http 传输包对于使用 HTTP 传输的服务是必需的，gorilla/mux 包提供
了一流的路由功能。

social_graph_manager 是完成所有繁重工作的服务的实现，log 包用于记录日志，
而 net/http 包用于提供 HTTP 服务。

代码中只有一个名为 Run() 的函数。首先，它为社交图谱创建了数据存储，然后创建
SocialGraphManager 本身，并向其传递 store 字段，因此，social_graph_manager
的功能在这个包中实现，并由 service 负责制定策略并传递数据存储。如果此时出现任何
问题，该服务将仅以 log.Fatal() 调用退出，因为在这个早期阶段程序无法恢复：

```
func Run() {
    store, err := sgm.NewDbSocialGraphStore("localhost", 5432, "postgres",
"postgres")
    if err != nil {
        log.Fatal(err)
    }
    svc, err := sgm.NewSocialGraphManager(store)
    if err != nil {
        log.Fatal(err)
    }
```

下一部分是为每个端点构造处理程序。这是通过为每个端点调用 HTTP 传输的 `New-Server()` 函数来实现的，其中的参数有 `Endpoint` 工厂函数（我们将很快查看）、请求解码器函数和响应编码器函数。对于 HTTP 服务，通常将请求和响应编码为 JSON：

```
followHandler := httptransport.NewServer(
    makeFollowEndpoint(svc),
    decodeFollowRequest,
    encodeResponse,
)

unfollowHandler := httptransport.NewServer(
    makeUnfollowEndpoint(svc),
    decodeUnfollowRequest,
    encodeResponse,
)

getFollowingHandler := httptransport.NewServer(
    makeGetFollowingEndpoint(svc),
    decodeGetFollowingRequest,
    encodeResponse,
)

getFollowersHandler := httptransport.NewServer(
    makeGetFollowersEndpoint(svc),
    decodeGetFollowersRequest,
    encodeResponse,
)
```

至此，我们已经对 `SocialGraphManager` 完成了初始化，并为所有端点设置了处理程序，现在是时候通过 `gorilla` 路由器将它们公开给外部世界了。每个端点都与一个路由和一个方法相关联，在这种情况下，`follow` 和 `unfollow` 操作使用 POST 方法，而 `following` 和 `followers` 操作使用 GET 方法：

```
r := mux.NewRouter()
r.Methods("POST").Path("/follow").Handler(followHandler)
r.Methods("POST").Path("/unfollow").Handler(unfollowHandler)
r.Methods("GET").Path("/following/{username}").Handler(getFollowingHandler)
r.Methods("GET").Path("/followers/{username}").Handler(getFollowersHandler)
```

最后一部分只是将已配置的路由传递给标准 HTTP 包的 `ListenAndServe()` 方法。该服务硬编码为监听端口 `9090`。在本书后面我们将看到如何以一种更灵活且更工业化的方式进行配置：

```
log.Println("Listening on port 9090...")
log.Fatal(http.ListenAndServe(":9090", r))
```

3.5.3　支持函数实现

你可能还记得，`pkg/social_graph_manager` 包中的社交图谱的实现完全与传输无关。它实现了 `SocialGraphManager` 接口，并且它不关心负载是 JSON 还是 protobuf，网络传输是通过 HTTP、gRPC、Thrift 还是其他任何方法。该服务负责翻译、编码和解码，这些支持功能是在 `transport.go` 文件中实现的。

每个端点都有三个函数，它们是 Go kit 的 HTTP 传输的 `NewServer()` 函数的输入：

- ❑ `Endpoint` 工厂函数
- ❑ `request` 解码器
- ❑ `response` 编码器

让我们从最有趣的 `Endpoint` 工厂函数开始。以 `GetFollowing()` 操作为例，`makeGetFollowingEndpoint()` 函数将 `SocialGraphManager` 接口作为输入（如前所述，在实践中，它将是 `pkg/social_graph_manager` 中的实现），然后返回一个泛型 `endpoint.Endpoint` 函数，该函数接受一个 `Context` 和一个泛型 `request`，并返回一个泛型 `response` 和 `error`：

```
type Endpoint func(ctx context.Context, request interface{}) (response
interface{}, err error)
```

`makeGetFollowingEndpoint()` 方法的任务是返回一个符合上述 `Endpoint` 类型的函数，它首先接受泛型 `request`（空接口）和类型，然后将其断言为一个具体的请求（`getByUsernameRequest`）：

```
req := request.(getByUsernameRequest)
```

这是一个关键概念。我们跨过泛型对象的边界，该对象可以是任何对象，也可以是强类型结构体，这样可以确保即使 Go kit 端点在空接口上运行，微服务的实现也要经过类型检查。如果请求中的字段不正确，则会出现问题，还可以检查是否可以执行类型断言并返回结果，这在某些情况下可能更合适：

```
req, ok := request.(getByUsernameRequest)
if !ok {
    ...
}
```

让我们看一下请求本身，这是一个包含一个名为 `Username` 的单个字符串字段的结构体。它具有 JSON 结构标记，在这种情况下是否标记是可选的，因为 JSON 包可以自动处理字段名称与实际 JSON 字母大小写不同的情况，例如 `Username` 与 `username`：

```
type getByUsernameRequest struct {
    Username string `json:"username"`
}
```

注意，请求类型是 `getByUsernameRequest` 而不是 `getFollowingRequest`，因为你可能希望与它支持的操作保持一致。这样做的原因是实际上对多个端点使用了相同的请求。`GetFollowers()` 操作还需要一个 `username`，而 `getByUsernameRequest` 可以服务于 GetFollowing() 和 GetFollowers()。

至此，我们有了请求中的用户名，并且可以调用底层实现的 GetFollowing() 方法：

```
followingMap, err := svc.GetFollowing(req.Username)
```

结果是所请求的用户正在关注的用户映射与标准错误。然而，这是一个 HTTP 端点，因此下一步是将此信息打包到 getFollowingResponse 结构体中：

```
type getFollowingResponse struct {
    Following map[string]bool `json:"following"`
    Err       string          `json:"err"`
}
```

以下映射可以转换为 string-> bool 的 JSON 映射但是没有直接对应的 Go 错误接口。解决方案是将错误信息编码为字符串（通过 err.Error()），其中空字符串表示没有错误：

```
res := getFollowingResponse{Following: followingMap}
if err != nil {
    res.Err = err.Error()
}
```

以下是函数的全部内容：

```
func makeGetFollowingEndpoint(svc om.SocialGraphManager) endpoint.Endpoint
{
    return func(_ context.Context, request interface{}) (interface{}, error)
{
        req := request.(getByUsernameRequest)
        followingMap, err := svc.GetFollowing(req.Username)
        res := getFollowingResponse{Following: followingMap}
        if err != nil {
            res.Err = err.Error()
        }
        return res, nil
    }
}
```

现在，让我们看一下 decodeGetFollowingRequest() 函数。它接受标准的 http.Request 对象。它需要从请求中提取用户名，并返回一个端点可以使用的 getByUsernameRequest 结构体。在 HTTP 请求级别，用户名将成为请求路径的一部分。该函数将解析路径、提取用户名、准备请求，然后返回请求，如果出现任何问题（例如，未提供用户名）则返回错误：

```
func decodeGetFollowingRequest(_ context.Context, r *http.Request)
(interface{}, error) {
    parts := strings.Split(r.URL.Path, "/")
    username := parts[len(parts)-1]
    if username == "" || username == "following" {
        return nil, errors.New("user name must not be empty")
    }
    request := getByUsernameRequest{Username: username}
    return request, nil
```

最后一个支持函数是 encodeResonse() 函数。从理论上讲，每个端点都可以具有自己的自定义 response 编码功能。但是，这里使用的是一个泛型函数，该函数知道如何将所有响应编码为 JSON：

```
func encodeResponse(_ context.Context, w http.ResponseWriter, response
interface{}) error {
    return json.NewEncoder(w).Encode(response)
}
```

这要求所有响应结构体都要 JSON 序列化，这是通过端点实现将 Go 错误接口转换为字符串来解决的。

3.5.4 通过客户端库调用 API

现在可以通过 HTTP REST API 访问社交图谱服务了。以下是一个快速的本地演示。首先，我将启动 Postgres DB（我有一个名为 postgres 的 Docker 镜像），该数据库将被用作数据存储，然后在 service 目录中运行服务本身，即 delinkcious/svc/social_graph_service：

```
$ docker restart postgres
$ go run main.go

2018/12/31 10:41:23 Listening on port 9090...
```

让我们通过调用 /follow 端点添加几个关注 / 被关注关系。我将使用优秀的 HTTPie 工具（https://httpie.org/），说实话我认为它是 curl 的高级版本。但是，如果你愿意，也可以使用 curl：

```
$ http POST http://localhost:9090/follow followed=liat follower=gigi
HTTP/1.1 200 OK
Content-Length: 11
Content-Type: text/plain; charset=utf-8
Date: Mon, 31 Dec 2018 09:19:01 GMT

{
    "err": ""
}

$ http POST http://localhost:9090/follow followed=guy follower=gigi
HTTP/1.1 200 OK
Content-Length: 11
Content-Type: text/plain; charset=utf-8
Date: Mon, 31 Dec 2018 09:19:01 GMT

{
    "err": ""
}
```

这两个调用使 gigi 用户关注了 liat 和 guy 用户，让我们使用 /following 端点进行验证：

```
$ http GET http://localhost:9090/following/gigi
HTTP/1.1 200 OK
Content-Length: 37
Content-Type: text/plain; charset=utf-8
Date: Mon, 31 Dec 2018 09:37:21 GMT

{
    "err": "",
    "following": {
        "guy": true
        "liat": true
    }
}
```

JSON 响应中错误为空，并且 following 映射按照预期列出了用户 guy 和 liat。

尽管 REST API 很棒，但我们可以做得更好。与其强迫调用者了解服务的 URL 模式并对 JSON 负载编码和解码外，为什么不提供一个可以完成所有这些工作的客户端库呢？对于内部微服务来说尤其需要如此，因为内部微服务都使用少量语言（在许多情况下仅使用一种语言）相互通信。服务和客户端可以共享相同的接口，甚至可以共享某些通用类型。此外，Go kit 包还支持与服务端端点非常相似的客户端端点，这可以直接转化为非常精简的端到端开发人员体验，你只需停留在编程语言空间即可。在大多数情况下，所有端点、传输、编码和解码都可以作为实现细节隐藏起来。

社交图谱服务提供了一个位于 pkg/social_graph_client 包中的客户端库。client.go 文件类似于 social_graph_service.go 文件，负责在 NewClient() 函数中创建一组端点并返回 SocialGraphManager 接口。NewClient() 函数将基本 URL 作为参数，然后使用 Go kit 的 HTTP 传输的 NewClient() 函数构造一组客户端端点。每个端点都需要一个 URL、一个方法（这里是 GET 或 POST）、一个 request 编码器和一个 response 解码器，这就像是服务的镜像。然后它将客户端端点分配给 EndpointSet 结构体，该端点可以通过 SocialGraphManager 接口公开：

```
func NewClient(baseURL string) (om.SocialGraphManager, error) {
    // Quickly sanitize the instance string.
    if !strings.HasPrefix(baseURL, "http") {
        baseURL = "http://" + baseURL
    }
    u, err := url.Parse(baseURL)
    if err != nil {
        return nil, err
    }

    followEndpoint := httptransport.NewClient(
        "POST",
        copyURL(u, "/follow"),
        encodeHTTPGenericRequest,
        decodeSimpleResponse).Endpoint()

    unfollowEndpoint := httptransport.NewClient(
```

```
        "POST",
        copyURL(u, "/unfollow"),
        encodeHTTPGenericRequest,
        decodeSimpleResponse).Endpoint()
    getFollowingEndpoint := httptransport.NewClient(
        "GET",
        copyURL(u, "/following"),
        encodeGetByUsernameRequest,
        decodeGetFollowingResponse).Endpoint()

    getFollowersEndpoint := httptransport.NewClient(
        "GET",
        copyURL(u, "/followers"),
        encodeGetByUsernameRequest,
        decodeGetFollowersResponse).Endpoint()

    // Returning the EndpointSet as an interface relies on the
    // EndpointSet implementing the Service methods. That's just a simple
bit
    // of glue code.
    return EndpointSet{
        FollowEndpoint:       followEndpoint,
        UnfollowEndpoint:     unfollowEndpoint,
        GetFollowingEndpoint: getFollowingEndpoint,
        GetFollowersEndpoint: getFollowersEndpoint,
    }, nil
}
```

在 `endpoints.go` 文件中定义了 `EndpointSet` 结构体。它包含端点本身（即函数），并且实现了 `SocialGraphManager` 方法，并将工作委托给端点的函数：

```
type EndpointSet struct {
    FollowEndpoint       endpoint.Endpoint
    UnfollowEndpoint     endpoint.Endpoint
    GetFollowingEndpoint endpoint.Endpoint
    GetFollowersEndpoint endpoint.Endpoint
}
```

让我们看一下 `EndpointSet` 结构体中的 `GetFollowing()` 方法。它接受用户名作为字符串，然后使用填充了用户名的 `getByUserNameRequest` 调用端点。如果调用端点函数返回错误，它将退出执行。否则，它会进行类型断言以将泛型响应转换为 `getFollowing-Response` 结构体。如果错误字符串不为空，则会从中创建一个 **Go** 错误。最终，它会按照映射的形式返回以下用户：

```
func (s EndpointSet) GetFollowing(username string) (following
map[string]bool, err error) {
    resp, err := s.GetFollowingEndpoint(context.Background(),
getByUserNameRequest{Username: username})

    if err != nil {

        return

    }
```

```
    response := resp.(getFollowingResponse)
    if response.Err != "" {
        err = errors.New(response.Err)
    }
    following = response.Following
    return
}
```

3.6　数据存储

我们已经了解了 Go kit 和我们自己的代码如何使用 JSON 负载接收 HTTP 请求、将其转换为 Go 结构体、调用服务实现以及将响应内容编码为 JSON 以返回给调用者。现在，让我们更深入地研究数据的持久存储。社交图谱服务负责维护用户之间的关注 / 被关注关系，存储这类数据有许多选择，包括关系型数据库、键值存储，当然还有图数据库，这可能是最自然的选择。在这个阶段，我选择使用关系型数据库，因为它熟悉、可靠，并且可以很好地支持以下必要的操作：

❑ 关注

❑ 取消关注

❑ 获取关注用户信息

❑ 获取关注信息

如果后面我们发现更喜欢使用不同的数据存储，或者想要使用某种缓存机制扩展关系型数据库，也会非常容易，因为这些数据存储隐藏在接口之后。它实际上使用了相同的接口，即 SocialGraphManager。你可能还记得，社交图谱服务包在其工厂函数中接受 SocialGraphManager 类型的 store 参数：

```
func NewSocialGraphManager(store om.SocialGraphManager)
(om.SocialGraphManager, error) {
    if store == nil {
        return nil, errors.New("store can't be nil")
    }
    return &SocialGraphManager{store: store}, nil
}
```

由于社交图谱服务通过这个接口与它的数据存储进行交互，所以无须对服务本身进行任何代码更改就可以实现。我将利用这一点进行单元测试，在单元测试中，我会使用易于设置的内存数据存储，可以快速填充测试数据，并允许在本地运行测试。

> 让我们看一下内存中的社交图谱数据存储，该存储位于 https://github.com/the-gigi/delinkcious/blob/master/pkg/social_graph_manager/in_memory_social_graph_store.go。

它的依赖关系非常少，只有 SocialGraphManager 接口和标准错误包。它定义了一个 SocialUser 结构体，该结构体包含一个用户名和它所关注的用户名，以及关注它们的

用户名:

```
package social_graph_manager

import (
    "errors"
    om "github.com/the-gigi/delinkcious/pkg/object_model"
)

type Followers map[string]bool
type Following map[string]bool

type SocialUser struct {
    Username  string
    Followers Followers
    Following Following
}

func NewSocialUser(username string) (user *SocialUser, err error) {
    if username == "" {
        err = errors.New("user name can't be empty")
        return
    }

    user = &SocialUser{Username: username, Followers: Followers{},
Following: Following{}}
    return
}
```

数据存储本身是一个名为 `InMemorySocialGraphStore` 的结构体,它包含用户名和相应的 `SocialUser` 结构体之间的映射:

```
type SocialGraph map[string]*SocialUser

type InMemorySocialGraphStore struct {
    socialGraph SocialGraph
}

func NewInMemorySocialGraphStore() om.SocialGraphManager {
    return &InMemorySocialGraphStore{
        socialGraph: SocialGraph{},
    }
}
```

这些都很常见,`InMemorySocialGraphStore` 结构体实现了 `SocialGraphManager` 接口方法。例如,下面是 `Follow()` 方法:

```
func (m *InMemorySocialGraphStore) Follow(followed string, follower string)
(err error) {
    followedUser := m.socialGraph[followed]
    if followedUser == nil {
        followedUser, _ = NewSocialUser(followed)
        m.socialGraph[followed] = followedUser
    }
```

```
if followedUser.Followers[follower] {
    return errors.New("already following")
}

followedUser.Followers[follower] = true

followerUser := m.socialGraph[follower]
if followerUser == nil {
    followerUser, _ = NewSocialUser(follower)
    m.socialGraph[follower] = followerUser
}

followerUser.Following[followed] = true

return
```

在这一点上，没有必要过于关注它是如何工作的。这里想要传达的主要观点是，通过使用接口作为抽象，你可以获得很大的灵活性和清晰的关注点分离，这对于希望在测试期间开发系统或服务的特定部分很有帮助。如果你希望进行重大的更改，例如更改底层数据存储或交叉使用多个数据存储，那么构建一个接口可以帮到你。

3.7　小结

本章详细介绍了 Go kit 工具包、整个 Delinkcious 系统及其微服务架构，并深入研究了 Delinkcious 的社交图谱部分。本章的主旨是想说明 Go kit 提供了纯净的抽象，比如服务、端点和传输，以及将微服务分成层的通用功能。然后，你将代码添加到松耦合、高内聚、基于微服务的一致性系统中。你还可以跟踪来自客户端的请求的路径，一直到服务以及所有层。现在，你应该大致了解了 Go kit 是如何帮助实现 Delinkcious 架构的，以及它如何使系统受益。对所有这些信息，你可能会感到有些不知所措，但是记住，它的复杂性经过了巧妙的打包，你可以在大多数时候忽略它，将注意力集中在应用程序上，并从中获益。

在下一章中，我们将讨论在任何现代基于微服务的系统中都非常关键的一部分——CI/CD 管道。我们将创建一个 Kubernetes 集群、配置 CircleCI、部署 Argo CD 持续交付解决方案，并了解如何在 Kubernetes 上部署 Delinkcious。

3.8　扩展阅读

你可以参考以下内容以进一步了解：

❑ 要了解有关 Go kit 的更多信息，请访问 https://gokit.io。

❑ 为了更好地理解 Delinkcious 使用的 SOLID 设计原则，请访问 https://wiki.wikipedia.org/wiki/SOLID。

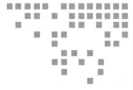

第 4 章 *Chapter 4*

构建 CI/CD 流水线

在一个基于微服务的系统中，通常会有非常多的组件。Kubernetes 作为一个功能丰富的平台，可以提供各个系统组件需要的构建块。如果想做到可靠地、可预测地管理和部署所有资源，往往需要高度的自动化管理，CI/CD 就是完成这个目标的好帮手。

在本章中，我们将了解 CI/CD 流水线可以解决的问题以及多种在 Kubernetes 中的 CI/CD 流水线选项，最后我们将为示例应用程序 Delinkcious 构建 CI/CD 流水线。

在本章中，我们将讨论以下主题：

❑ 了解 CI/CD 流水线。
❑ 在 Kubernetes 中 CI/CD 流水线的选项。
❑ GitOps。
❑ 自动化的 CI/CD。
❑ 使用 CircleCI 构建镜像。
❑ 为 Delinkcious 设置持续交付。

4.1 技术需求

在本章中，你将会使用到 CircleCI 和 Argo CD。稍后，我将向你展示如何在 Kubernetes 集群中安装 Argo CD。另外，要想免费使用 CircleCI，请按照其网站上的入门说明（https://circleci.com/docs/2.0/getting-started/）进行操作。

本章代码

本章的 Delinkcious 代码可以到 https://github.com/the-gigi/delinkcious/releases/tag/v0.2

下载。我们将直接使用 Delinkcious 基准代码进行演示，因此没有提供对其中具体代码片段的说明。

4.2　理解 CI/CD 流水线

软件系统的开发生命周期从代码开始，经过测试、工件生成，然后可能是更多的测试……最后，部署到生产环境。CI/CD 流水线的基本思想是：每当开发人员提交更改到源代码控制系统（例如 GitHub）时，这些更改都会立即被**持续集成**（Continuous Integration，CI）系统检测到并进行测试。

接下来通常会进行代码评审，并将来自功能分支或开发分支的代码更改（或者 pull 请求）合并到主分支。在 Kubernetes 的上下文中，CI 系统还负责为服务构建 Docker 镜像并将它们推送到镜像仓库。现在，我们有了包含新代码的 Docker 镜像，接着就是 CD 系统发挥作用的时候了。

当有新镜像可用时，**持续交付**（Continuous Delivery，CD）系统将把它部署到目标环境中。通过预置和部署，CD 可以确保整个系统处于目标状态。有时，如果系统不支持动态配置，则可能由于配置更改而发生部署。我们将在第 5 章中详细讨论配置问题。

因此，CI/CD 流水线是一组检测代码更改的工具，并可以根据组织的流程和策略将更改一直推送到生产环境。这个流水线通常是由 DevOps 工程师构建和维护，供开发人员使用。

每个组织和公司（甚至是同一公司内的不同小组）都会有一些特殊的流程。在我的第一份工作中，接到的第一个任务就是用大量的递归 Makefile 来替换一个基于 Perl 的构建系统（这是当时 CI/CD 流水线的叫法），现在已经没有人理解这些递归了。构建系统必须在 Windows 上使用一些建模软件执行代码生成步骤，并使用两种不同的工具链在两种不同的 Unix（包括嵌入式）上编译和运行 C++ 单元测试，然后触发代码版本控制系统。因为我选择了 Python 作为开发语言，所以还不得不从头开始构建这一切。整个过程很有趣，但这些内容只对这家公司有用。

通常情况下我们认为 CI/CD 流水线是由事件驱动的工作流。图 4-1 演示了一个简单的 CI/CD 流水线。

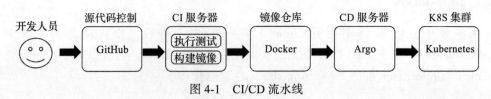

图 4-1　CI/CD 流水线

该流水线的各阶段功能如下：

1）开发人员将他们的更改提交给 GitHub（源代码控制）。

2）CI 服务器运行测试、构建 Docker 镜像，并将镜像推到 DockerHub（镜像仓库）。

3）Argo CD 服务器检测到有一个新镜像可用，然后将其部署到 Kubernetes 集群。

现在我们已经了解 CI/CD 流水线，接下来让我们看看 CI/CD 流水线工具都有哪些。

4.3　选择 CI/CD 流水线工具

为系统选择合适的 CI/CD 流水线是一项重要的决策。为 Delinkcious 做这个决定时，我考虑了几个备选方案，它们各有优劣。Kubernetes 的发展速度很快，工具和流程很难完全跟上。我们评估了一些选项，并最终选择了 CircleCI 用于持续集成，Argo CD 用于持续交付。起初，我们考虑为整个 CI/CD 流水线提供一站式服务，但是在查看了某些选项后，决定将它们视为两个独立的部分，并为 CI 和 CD 选择了不同的解决方案。让我们简要介绍一下这些选项（还有很多选项没有列出）：

- ❏ Jenkins X
- ❏ Spinnaker
- ❏ Travis CI 和 CircleCI
- ❏ Tekton
- ❏ Argo CD
- ❏ 自研工具

4.4.1　Jenkins X

Jenkins X 是我最开始的选择，也是我的最爱。在阅读了一些文章并观看了一些演示后，我更加喜欢它了。它提供了你需要的所有功能，包括一些高级功能：

- ❏ 自动化 CI/CD。
- ❏ 通过 GitOps 提升环境。
- ❏ Pull request 预览环境。
- ❏ 自动反馈提交和 Pull 请求。

它的底层使用的是 Jenkins，这是一款复杂但很成熟的产品。Jenkins X 掩盖了 Jenkins 的复杂性并提供针对 Kubernetes 的简化工作流程。

但是，当我尝试实际使用 Jenkins X 时，我感到有些失望：

- ❏ 它不能开箱即用，并且故障排除很麻烦。
- ❏ 它比较封闭。
- ❏ 它不能很好地（或者说完全不）支持单体仓库方法。

我曾尝试使用它工作一段时间，但在了解了其他人的经历并看到 Jenkins X 冷清的 slack 社区后，我停止了使用。尽管我仍然喜欢它的一些理念，但前提是它必须要稳定。

4.4.2　Spinnaker

Spinnaker 是 Netflix 提供的开源 CI/CD 解决方案。它具有许多优点：

❑ 它已经被许多公司采用。

❑ 它与很多其他产品有集成。

❑ 它支持许多最佳实践。

但是，Spinnaker 的缺点如下：

❑ 这是一个庞大而复杂的系统。

❑ 学习曲线陡峭。

❑ 它不是针对 Kubernetes 的。

最后，我决定跳过 Spinnaker，并不是因为 Spinnaker 本身有什么问题，而是因为我没有这方面的相关经验。在开发 Delinkcious 并编写本书时，我不想从头开始学习这么庞大的产品。或许你可能会发现 Spinnaker 是适合你的 CI/CD 解决方案。

4.4.3　Travis CI 和 CircleCI

相比于 CI/CD 的一站式解决方案，我更倾向于将 CI 与 CD 的解决方案分开。从概念上讲，CI 流程的作用是生成容器镜像并将其推送到镜像仓库，它完全不需要了解 Kubernetes。另一方面，CD 解决方案必须支持 Kubernetes，才能很好地在集群内运行。

对于 CI，我考虑过 Travis CI 和 CircleCI，两者都是开源项目提供的免费 CI 服务。最终我选择了 CircleCI 是因为它具有更多功能，并且具有更友好的 UI，这一点很重要。我相信使用 Travis CI 也没什么问题，因为我在其他一些开源项目中使用过 Travis CI。需要注意的是，流水线的 CI 部分可以完全与 Kubernetes 无关，因为它的最终结果是镜像仓库中的 Docker 镜像。该镜像也可以用于其他目的，而不是必须部署在 Kubernetes 集群中。

4.4.4　Tekton

Tekton 是一个非常有趣的项目，它是 Kubernetes 原生的工具，对步骤、任务、运行和流水线有很好的抽象。它推出的时间相对比较新一些，看起来前景很好。它也被选为 Continuous Delivery 基金会（网站链接 https://cd.foundation/projects/）的初始项目之一，后续你可以关注下这个项目将会如何演变。

Tekton 的优点如下：

❑ 现代化设计和简洁的概念模型。

❑ CDF 基金会的支持。

❑ 基于 Prow（Kubernetes 官方使用的 CI/CD 解决方案）构建。

❑ Kubernetes 原生解决方案。

Tekton 的缺点如下：

❑ 它相对较新的可能会不稳定。

❑ 它暂时不具备其他解决方案那样全面功能。

4.4.5　Argo CD

与 CI 解决方案不同，CD 解决方案需要针对 Kubernetes 设计。最终选择 Argo CD 的原因有很多：

❑ 可感知 Kubernetes。

❑ 基于通用工作流引擎（Argo）。

❑ 友好的 UI。

❑ 在 Kubernetes 集群上运行。

❑ 使用 Go 实现（不是很重要，但是我个人很喜欢）。

Argo CD 也有许多缺点：

❑ 它不是 CDF 或 CNCF 的成员（在社区中知名度较低）。

❑ Intuit 是其背后的主推公司，它不是主要的云原生公司。

Argo CD 是一个来自 Intuit 的年轻项目，Intuit 收购了 Argo 项目的原始开发商 Applatix。我真的很喜欢它的架构，并且在使用它的时候，一切都让人着迷。

4.4.6　自研工具

我曾短暂考虑过创建自己的简单 CI/CD 流水线，因为操作并不复杂。针对本书的目的，我并不需要一个非常复杂的解决方案，只需要简单明了地解释每个步骤发生了什么。但是，考虑到读者对内容的预期，我决定直接使用现有的工具，并且这样可以节省下开发一个较差的 CI/CD 解决方案的时间。

目前，你应该对 Kubernetes 上 CI/CD 解决方案的不同选择都有所了解。我们回顾了大多数流行的解决方案，并最终选择 CircleCI 和 Argo CD 作为 Delinkcious 的 CI/CD 解决方案。接下来，我们将讨论 GitOps 的热门新趋势。

4.4　GitOps

GitOps 是一个新的流行词，尽管这个概念并不是一个新事物。它是**基础设施即代码**（Infrastructure as Code，IaC）的另一种变体，其基本思想是应该对所有代码、配置及其所需的资源进行描述，并将其存储在源代码控制仓库中。每当你对代码仓库进行更改时，CI/CD 解决方案都会做出响应并采取正确的措施，甚至可以通过还原到代码仓库中的先前版本来启动回滚。当然，代码仓库不一定必须是 Git，但是 GitOps 听起来比 Source Control Ops 更好，而且大多数人还是使用 Git，所以就有了 GitOps。

CircleCI 和 Argo CD 都完全支持并推崇 GitOps 模型。当对代码进行 `git push` 更改时，

CircleCI 将被触发并开始构建镜像。当对 Kubernetes 清单进行 `git push` 更改时，Argo CD 将被触发并将这些更改部署到 Kubernetes 集群。

现在我们已经了解了什么是 GitOps，可以开始为 Delinkcious 实现流水线的持续集成部分了。我们将使用 CircleCI 从源代码构建 Docker 镜像。

4.5 使用 CircleCI 构建镜像

让我们深入研究 Delinkcious 的 CI 流水线，我们将介绍持续集成过程中的每个步骤：

- ❏ 查看源代码树。
- ❏ 配置 CI 流水线。
- ❏ 理解构建脚本。
- ❏ 使用多阶段 Dockerfile 对 Go 服务容器化。
- ❏ 探索 CircleCI 界面。

4.5.1 查看源代码树

持续集成是关于构建和测试的。首先需要了解在 Delinkcious 中要构建和测试的内容，让我们再看一下 Delinkcious 源代码树：

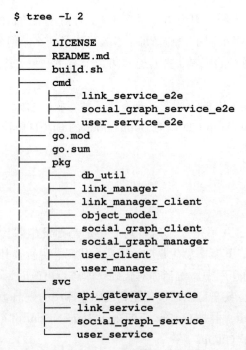

```
$ tree -L 2
.
├── LICENSE
├── README.md
├── build.sh
├── cmd
│   ├── link_service_e2e
│   ├── social_graph_service_e2e
│   └── user_service_e2e
├── go.mod
├── go.sum
├── pkg
│   ├── db_util
│   ├── link_manager
│   ├── link_manager_client
│   ├── object_model
│   ├── social_graph_client
│   ├── social_graph_manager
│   ├── user_client
│   └── user_manager
└── svc
    ├── api_gateway_service
    ├── link_service
    ├── social_graph_service
    └── user_service
```

pkg 目录包含服务和命令使用的软件包，我们应该运行这些软件包的单元测试。svc 目录包含我们的微服务，我们应该构建这些服务，将每个服务打包在一个适当版本的 Docker 镜像中，然后将这些镜像推送到 DockerHub 镜像仓库。cmd 目录当前包含端到端测试，这些被设计为在本地运行，不需要由 CI 流水线构建（如果你想要将端到端测试添加到测试流程中，可以进行调整）。

4.5.2　配置 CI 流水线

CircleCI 通过特定位置、特定名称的单个 YAML 文件进行配置，即文件 <root direc-tory>/.circleci/config.yaml：

```
version: 2
jobs:
  build:
    docker:
    - image: circleci/golang:1.11
    - image: circleci/postgres:9.6-alpine
      environment: # environment variables for primary container
        POSTGRES_USER: postgres
    working_directory: /go/src/github.com/the-gigi/delinkcious
    steps:
    - checkout
    - run:
        name: Get all dependencies
        command: |
          go get -v ./...
          go get -u github.com/onsi/ginkgo/ginkgo
          go get -u github.com/onsi/gomega/...
    - run:
        name: Test everything
        command: ginkgo -r -race -failFast -progress
    - setup_remote_docker:
        docker_layer_caching: true
    - run:
        name: build and push Docker images
        shell: /bin/bash
        command: |
          chmod +x ./build.sh
          ./build.sh
```

让我们拆开来看看每个部分的含义。第一部分指定了构建作业，下面是必要的 Docker 镜像（golang 和 postgres）及其环境。然后，我们指定了工作目录，构建命令 build 应该在这里执行：

```
version: 2
jobs:
 build:
 docker:
 - image: circleci/golang:1.11
 - image: circleci/postgres:9.6-alpine
     environment: # environment variables for primary container
       POSTGRES_USER: postgres
   working_directory: /go/src/github.com/the-gigi/delinkcious
```

接下来是构建步骤。第一步只是代码检出 checkout，在 CircleCI UI 中，我将项目与 Delinkcious GitHub 代码仓库关联，以便它知道从哪里检出。如果不是公开的代码仓库，那么你还需要提供访问令牌。第二步是运行命令 run，该命令将获取 Delinkcious 的所有 Go 依赖项：

```
steps:
- checkout
- run:
    name: Get all dependencies
    command: |
      go get -v ./...
      go get -u github.com/onsi/ginkgo/ginkgo
      go get -u github.com/onsi/gomega/...
```

> **TIP** 必须在 go get 命令中明确地说明以获取 ginkgo 框架和 gomega 库，因为它们是使用 Golang 点记法导入的，这使得它们在 go get ./... 中不可见。

一旦解决了依赖关系，就可以开始运行测试，示例使用的是 ginkgo 测试框架：

```
- run:
    name: Test everything
    command: ginkgo -r -race -failFast -progress
```

接着是构建和推送 Docker 镜像。因为它需要访问 Docker 守护程序，所以需要通过 setup_remote_docker 步骤进行一些特殊设置。docker_layer_caching 选项用于通过重用以前下载好的层来提高效率和速度。实际的构建和推送操作由 build.sh 脚本处理，我们将在下一小节中对其进行介绍。注意，这里通过 chmod+x 来确保脚本是可执行的：

```
- setup_remote_docker:
    docker_layer_caching: true
- run:
    name: build and push Docker images
    shell: /bin/bash
    command: |
      chmod +x ./build.sh
      ./build.sh
```

示例仅仅浅尝辄止，CircleCI 还有更多实用的功能，包括可重用配置、工作流、触发器和工件生成等。

4.5.3　理解构建脚本

你可以到 https://github.com/the-gigi/delinkcious/blob/master/build.sh 下载 build.sh 构建脚本。

让我们一点一点地研究下脚本的内容，因为这里有很多最佳实践值得学习。首先，如果你知道脚本的具体位置，最好添加一行 shebang 来指明执行脚本的二进制代码的路径。

如果你尝试编写可在不同平台上运行的跨平台脚本，则可能需要依赖路径变量或者其他技巧。通过命令 set -eo pipefail 设定，如果发生任何问题脚本将立即退出（即使处在流水线中）。

强烈建议将这些内容用于生产环境：

```
#!/bin/bash

set -eo pipefail
```

接下来的几行设置了目录的一些变量和 Docker 镜像的标签。这里有两个标签：STABLE_TAB 和 TAG。STABLE_TAG 标签包含主要版本和次要版本，并且不会在每次构建中都更改。TAG 标签包含 CircleCI 提供的 CIRCLE_BUILD_NUM，并且在每次构建中都会递增，这意味着 TAG 始终是唯一的。上述方法被认为是对镜像进行标记和版本控制的最佳实践：

```
IMAGE_PREFIX='g1g1'
STABLE_TAG='0.2'

TAG="${STABLE_TAG}.${CIRCLE_BUILD_NUM}"
ROOT_DIR="$(pwd)"
SVC_DIR="${ROOT_DIR}/svc"
```

接下来命令切换到 svc 目录，这是所有服务的父目录，然后使用在 CircleCI 项目中设置的环境变量登录 DockerHub。

```
cd $SVC_DIR
docker login -u $DOCKERHUB_USERNAME -p $DOCKERHUB_PASSWORD
```

现在，我们进入关键环节。该构建脚本会遍历 svc 目录的子目录以查找 Dockerfile。如果找到 Dockerfile，它将构建一个镜像，并使用服务名以及 TAG 和 STABLE_TAG 的组合对其进行标记，最后将镜像推送到仓库：

```
cd "${SVC_DIR}/$svc"
    if [[ ! -f Dockerfile ]]; then
        continue
    fi
    UNTAGGED_IMAGE=$(echo "${IMAGE_PREFIX}/delinkcious-${svc}" | sed -e
's/_/-/g' -e 's/-service//g')
    STABLE_IMAGE="${UNTAGGED_IMAGE}:${STABLE_TAG}"
    IMAGE="${UNTAGGED_IMAGE}:${TAG}"
    docker build -t "$IMAGE" .
    docker tag "${IMAGE}" "${STABLE_IMAGE}"
    docker push "${IMAGE}"
    docker push "${STABLE_IMAGE}"
done
cd $ROOT_DIR
```

4.5.4　使用多阶段 Dockerfile 对 Go 服务容器化

你在微服务系统中构建的 Docker 镜像是非常重要的。你会构建许多镜像，并且每个镜像都会构建很多很多次，这些镜像也将通过网络来回发送，很容易成为攻击者的目标。考虑到这一点，构建具有以下属性的镜像是有意义的：

- ❑ 轻巧
- ❑ 最小的攻击面

这可以通过使用适当的基础镜像来完成，例如，轻量级的 Alpine 就非常受欢迎。然而，我认为没有什么比 scratch 基础镜像更好。如果是基于 Go 的微服务，你可以创建仅包含服务二进制文件的镜像。让我们进一步深入并查看其中一项服务的 Dockerfile，这些服务的 Dockerfile 几乎完全相同，只是服务名称有所不同。

> ℹ️ 你可以访问 https://github.com/the-gigi/delinkcious/blob/master/svc/link_service/Dockerfile 下载 `link_service` 的 Dockerfile。

这里使用的是多阶段的 `Dockerfile`，我们将使用标准 Golang 镜像来构建。构建的奥秘在最后一行，它会创建一个真正静态的、自包含的 Golang 二进制文件，不需要动态运行时库：

```
FROM golang:1.11 AS builder
ADD ./main.go main.go
ADD ./service service
# Fetch dependencies
RUN go get -d -v

# Build image as a truly static Go binary
RUN CGO_ENABLED=0 GOOS=linux go build -o /link_service -a -tags netgo -
ldflags '-s -w' .
```

然后，我们将最终的二进制文件复制到 `scratch` 基础镜像中，构建一个最小、最安全的镜像。我们公开了服务监听的 `7070` 端口：

```
FROM scratch
MAINTAINER Gigi Sayfan <the.gigi@gmail.com>
COPY --from=builder /link_service /app/link_service
EXPOSE 7070
ENTRYPOINT ["/app/link_service"]
```

4.5.5　探索 CircleCI 界面

CircleCI 具有非常友好的界面。通过这个界面，你可以进行各种项目设置、浏览构建，并且下钻到某个特定的构建进行查看。你应该记得我们的示例使用了单体仓库的方法，在 `build.sh` 文件中，我们构建了多个服务。从 CircleCI 的角度来看，Delinkcious 是一个单一、内聚的项目。图 4-2 是 Delinkcious 的项目视图，其中显示了最近的构建。

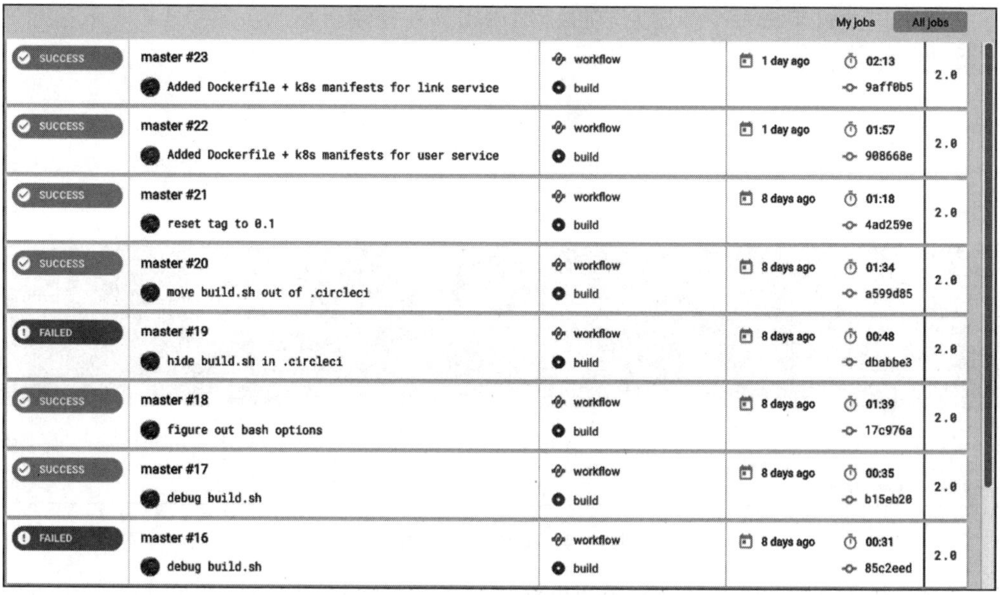

图 4-2　Delinkcious 的项目视图

让我们查看一个成功的构建，看起来一切都运行良好，如图 4-3 所示。

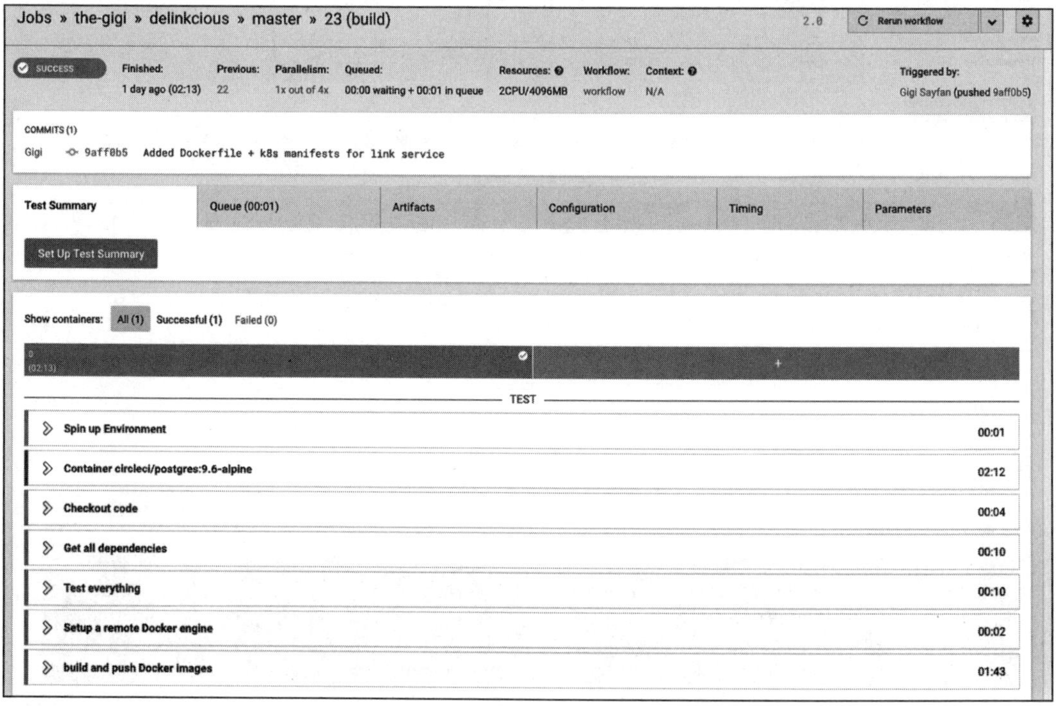

图 4-3　查看一个成功的构建

你还可以通过单击每个步骤来获得详细输出并在控制台显示。如图 4-4 所示是测试阶段的输出。

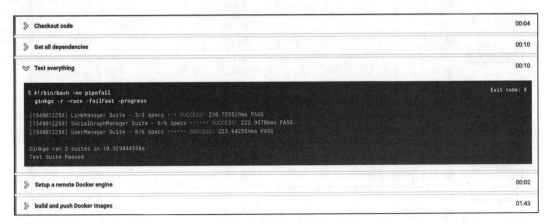

图 4-4　测试阶段的输出

看起来是不是很酷，尤其是当构建出现问题并需要找出原因时，它会更加有用。例如，我尝试将 `build.sh` 脚本隐藏在 `config.yaml` 文件所在的 `.circleci` 目录中，但是没有将其添加到 Docker 上下文中，所以产生了如图 4-5 所示的错误。

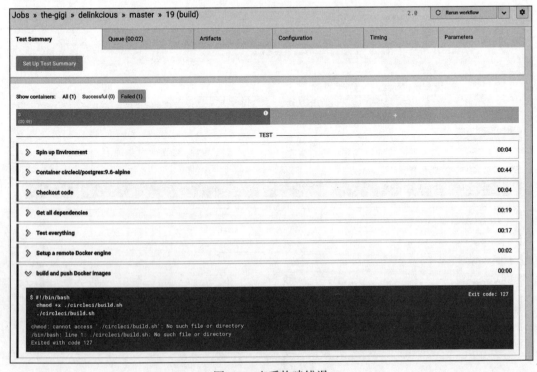

图 4-5　查看构建错误

4.5.6　未来的改进

Dockerfile 基本上是重复的，可以将部分内容参数化。在 Kubernetes 生态系统中，有一些有趣的项目可以帮助解决这些问题。其中一些解决方案用于本地开发，可以自动生成必要的 Dockerfile，而另一些解决方案则更针对一致、统一的生产环境设置，我们将在后面的章节中研究其中的一些方案。在本章中，我们尽量保持简单，避免过多的选择和不太相关的内容。

另一个可以改进的方面是仅测试和构建有更改的服务（或者是依赖项有更改）。就目前而言，build.sh 脚本会构建所有镜像，并使用相同的标签标记。

到目前为止，我们已经使用 CircleCI 和 Docker 构建了完整的持续集成流水线。下一阶段我们将使用 Argo CD 设置持续交付流水线。

4.6　为 Delinkcious 设置持续交付

通过 CircleCI 我们已经实现了持续集成，现在可以将注意力转向持续交付。首先，我们将了解如何将 Delinkcious 微服务部署到 Kubernetes 集群，然后我们将研究 Argo CD，最后，我们将通过 Argo CD 为 Delinkcious 设置完整的持续交付流程。

4.6.1　部署 Delinkcious 微服务

每个 Delinkcious 微服务都在 k8s 子目录中的 YAML 清单中定义了一组 Kubernetes 资源，下面是 link 服务的 k8s 目录结构：

```
]$ tree k8s
k8s
├──   db.yaml
└──   link_manager.yaml
```

link_manager.yaml 文件包含两个资源：Kubernetes 部署和 Kubernetes 服务。Kubernetes 部署内容如下：

```
apiVersion: apps/v1
kind: Deployment
metadata:
  name: link-manager
  labels:
    svc: link
    app: manager
spec:
  replicas: 1
  selector:
    matchLabels:
      svc: link
```

```
        app: manager
    template:
metadata:
  labels:
    svc: link
    app: manager
spec:
  containers:
  - name: link-manager
    image: g1g1/delinkcious-link:0.2
    ports:
    - containerPort: 8080
```

Kubernetes 服务内容如下：

```
apiVersion: v1
kind: Service
metadata:
  name: link-manager
spec:
  ports:
  - port:  8080
  selector:
    svc: link
    app: manager
```

db.yaml 文件描述了 link 服务用来持久化状态的数据库。通过将 k8s 目录传递给 kubectl apply，上面的 YAML 清单可以通过单个 kubectl 命令进行部署：

```
$ kubectl apply -f k8s
deployment.apps "link-db" created
service "link-db" created
deployment.apps "link-manager" created
service "link-manager" created
```

> ℹ️ kubectl create 和 kubectl apply 之间的主要区别在于，如果资源已经存在，kubectl create 将返回错误。

使用 kubectl 命令行进行部署很不错，但是我们的目标是使部署过程自动化，下面让我们看看如何逐步实现这个目标。

4.6.2 理解 Argo CD

Argo CD 是针对 Kubernetes 的开源持续交付解决方案。它由 Intuit 公司创建，并被许多公司采用，包括 Google、NVIDIA、Datadog 和 Adobe 等。它具有一系列令人印象深刻的功能：

❑ 将应用程序自动部署到特定目标环境。

❑ CLI 命令行工具。

❑ 应用程序以及目标状态和实时状态之间的差异的 Web 可视化。

❑ 支持高级部署模式（蓝 / 绿部署和金丝雀部署）。

❑ 支持多种配置管理工具（YAML 文件、ksonnet、kustomize、Helm 等）。

❑ 持续监控所有已部署的应用程序。

❑ 手动或自动将应用程序同步到目标状态。

❑ 可回滚到 Git 代码仓库中应用程序的任意状态。

❑ 所有应用程序组件的健康状况评估。

❑ SSO 继承。

❑ GitOps Webhook 集成（GitHub、GitLab 和 BitBucket）。

❑ 用于与 CI 流水线集成的服务账户 / 访问密钥管理。

❑ 用于应用程序事件和 API 调用的审计。

1. 构建在 Argo 上

Argo CD 是比较特殊的持续交付流水线，它构建在可靠的 Argo 工作流引擎之上。我非常喜欢这种分层方法，你可以在一个坚实的通用基础上进行工作流的编排，然后构建持续交付的功能。

2. 借助 GitOps 方法

Argo CD 遵循 GitOps 方法，其基本原则是将系统状态存储在 Git 中。Argo CD 通过检查 Git 差异并使用 Git 原语来回滚和协调实时状态，以便管理应用程序的实时状态与目标状态。

4.6.3　Argo CD 入门

为遵循最佳实践我们将 Argo CD 安装在 Kubernetes 集群的专属命名空间中：

```
$ kubectl create namespace argocd
$ kubectl apply -n argocd -f
https://raw.githubusercontent.com/argoproj/argo-cd/stable/manifests/install
.yaml
```

让我们看看它都创建了什么资源。Argo CD 创建了四种类型的对象：容器、服务、部署和副本集，以下列出了所有 Pod：

```
$ kubectl get all -n argocd
NAME                                          READY  STATUS  RESTARTS  AGE
pod/argocd-application-controller-7c5cf86b76-2cp4z 1/1  Running  1  1m
pod/argocd-repo-server-74f4b4845-hxzw7               1/1  Running  0  1m
pod/argocd-server-9fc58bc5d-cjc95                    1/1  Running  0  1m
pod/dex-server-8fdd8bb69-7dlcj                       1/1  Running  0  1m
```

以下列出了所有服务：

```
NAME                                    TYPE        CLUSTER-IP
EXTERNAL-IP   PORT(S)
service/argocd-application-controller ClusterIP   10.106.22.145   <none>
8083/TCP
service/argocd-metrics                  ClusterIP   10.104.1.83     <none>
8082/TCP
service/argocd-repo-server              ClusterIP   10.99.83.118    <none>
8081/TCP
service/argocd-server                   ClusterIP   10.103.35.4     <none>
80/TCP,443/TCP
service/dex-server                      ClusterIP   10.110.209.247  <none>
5556/TCP,5557/TCP
```

以下列出了所有部署：

```
NAME                                                DESIRED   CURRENT   UP-TO-
DATE    AVAILABLE   AGE
deployment.apps/argocd-application-controller       1         1         1
1           1m
deployment.apps/argocd-repo-server                  1         1         1
1           1m
deployment.apps/argocd-server                       1         1         1
1           1m
deployment.apps/dex-server                          1         1         1
1           1m
```

最后是副本集：

```
NAME                                                          DESIRED
CURRENT    READY       AGE
replicaset.apps/argocd-application-controller-7c5cf86b76      1         1
1           1m
replicaset.apps/argocd-repo-server-74f4b4845                  1         1
1           1m
replicaset.apps/argocd-server-9fc58bc5d                       1         1
1           1m
replicaset.apps/dex-server-8fdd8bb69                          1         1
1           1m
```

但是，Argo CD 还创建了两个自定义资源定义（Custom Resource Definition，CRD）：

```
$ kubectl get crd
NAME                        AGE
applications.argoproj.io    7d
appprojects.argoproj.io     7d
```

CRD 允许各种项目对 Kubernetes API 进行扩展并添加其自己的域对象和控制器用于监控它们自己和其他 Kubernetes 资源。Argo CD 将应用程序和项目的概念添加到 Kubernetes 中，很快，你将看到它们如何与 Kubernetes 内置资源（例如部署、服务和 Pod）进行集成以实现持续交付。下面让我们开始吧：

1）安装 Argo CD CLI：

```
$ brew install argoproj/tap/argocd
```

2）设置端口转发以访问 Argo CD 服务器：

```
$ kubectl port-forward -n argocd svc/argocd-server 8080:443
```

3）管理员用户的初始密码是 Argo CD 服务器的名称：

```
$ kubectl get pods -n argocd -l app.kubernetes.io/name=argocd-
server -o name | cut -d'/' -f 2
```

4）登录服务器：

```
$ argocd login :8080
```

5）如果它警告登录不安全，按下 y 确认：

```
WARNING: server certificate had error: tls: either ServerName or
InsecureSkipVerify must be specified in the tls.Config. Proceed
insecurely (y/n)?
```

6）或者，要跳过警告，请输入以下内容：

```
argocd login --insecure :8080
```

然后，你可以更改密码。

7）如果将密码存储在环境变量（例如 ARGOCD_PASSWORD）中，那么你可以使用单行代码，这样就不会弹出其他问题：

```
argocd login --insecure --username admin --password
$ARGOCD_PASSWORD :8080
```

4.6.4　配置 Argo CD

注意需要设置 argocd-server 的端口转发：

```
$ kubectl port-forward -n argocd svc/argocd-server 8080:443
```

然后，你可以到 https://localhost:8080 浏览并输入管理员用户的密码来登录，如图 4-6 所示。

Argo CD 的配置过程很简单。它的界面设计很友好，并且易于使用。它支持开箱即用的 Delinkcious 单体仓库，并且不会假设每个 Git 代码仓库都包含一个应用程序或项目。

它将要求你提供一个 Git 代码仓库来监控更改，一个 Kubernetes 集群（默认为其安装的集群），然后它将尝试检测该仓库中的清单。Argo CD 支持多种清单格式和模板，例如 Helm、ksonnet 和 kustomize，本书后面的章节会介绍其中一些出色的工具。为简单起见，我们为每个应用程序配置了 Argo CD 支持的原生 k8s YAML 清单目录。

接下来就可以使用 Argo CD 了！

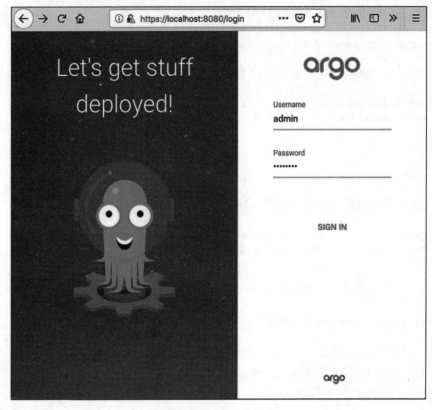

图 4-6　Argo CD 登录界面

使用同步策略

默认情况下，Argo CD 会检测应用程序的清单是否同步，但是它不会自动同步，这是一个很好的默认值。有时候，在将更改推向生产环境之前，需要在特殊的环境中进行许多测试。还有一些情况必须要有人为参与的流程。但是，在环境允许的情况下，你也可以立即将更改自动部署到集群，而无须人工干预。Argo CD 遵循 GitOps 使得回滚至任何以前的版本（包括最后一个版本）变得非常容易。

对于 Delinkcious，我们选择了自动同步，因为这是一个演示项目，而部署有问题的版本的后果可以忽略不计。配置可以在 UI 界面或 CLI 命令行中完成：

```
argocd app set <APPNAME> --sync-policy automated
```

自动同步策略不能保证应用程序始终保持同步。控制自动同步过程有一些限制：

❑ 处于错误状态的应用程序将不会尝试自动同步。

❑ Argo CD 将仅对特定的提交 SHA 和参数尝试一次自动同步。

❑ 如果由于任何原因自动同步失败，它将不会再次尝试。

❑ 你无法使用自动同步功能回滚应用程序。

在这些情况下，你必须对清单进行更改以触发另一个自动同步或手动同步。如果要进行回滚（或通常同步到以前的版本），则必须关闭自动同步。

Argo CD 提供了另一种用于修剪部署资源的策略。当现有资源在 Git 中不再存在时，默认情况下 Argo CD 不会将其删除。这是一种安全保护机制，用于避免在编辑 Kubernetes 清单出错的时候破坏关键资源。但是，如果你知道自己在做什么（例如，对于无状态应用程序），那么可以启用自动修剪：

```
argocd app set <APPNAME> --auto-prune
```

4.6.5　探索 Argo CD

现在我们已经登录并配置了 Argo CD，让我们对其进行一些探索。我真的很喜欢它的界面设计，但是如果你想以编程方式访问它，可以通过命令行或 REST API 进行所有操作。

我已经为三个 Delinkcious 微服务配置了 Argo CD。在 Argo CD 语言环境中，每个服务都被视为一个应用程序。让我们看一下 Applications 视图，如图 4-7 所示。

图 4-7　Argo CD 的应用程序视图

这里有一些有意思的内容，让我们依次说明：

❑ 项目是 Argo CD 用于表示应用程序组合的概念。

❑ 命名空间是应用程序所在的 Kubernetes 命名空间。

❑ 集群是 Kubernetes 集群，即 https://kubernetes.default.svc，也是安装 Argo CD 的集群。

❑ 状态告诉你当前应用程序是否与 Git 代码仓库中的 YAML 清单同步。

❑ 运行状况会告诉你该应用程序是否正常。

❑ 仓库是应用程序的 Git 代码仓库。

❑ 路径是 k8s 目录中 YAML 实时显示的代码仓库中的相对路径（Argo CD 监控此目录以进行更改）。

以下是从 `argocd CLI` 获得的信息：

```
$ argocd app list
NAME                 CLUSTER                          NAMESPACE  PROJECT
STATUS      HEALTH   SYNCPOLICY  CONDITIONS
link-manager         https://kubernetes.default.svc  default    default
OutOfSync  Healthy   Auto-Prune  <none>
social-graph-manager https://kubernetes.default.svc  default    default
Synced     Healthy   Auto-Prune  <none>
user-manager         https://kubernetes.default.svc  default    default
Synced     Healthy   Auto-Prune  <none>
```

如以上代码所示（在 UI 和 CLI 中），`link-manager` 没有同步。通过从 ACTIONS 操作下拉菜单中选择 Sync 来同步它，如图 4-8 所示。

或者，你可以从 CLI 执行此操作：

```
$ argocd app sync link-manager
```

关于 UI 最酷的事情之一是它呈现出与应用程序关联的所有 k8s 资源。通过单击 `social-graph-manager` 应用程序，我们会看到图 4-9。

我们可以看到应用程序本身、服务、部署和 Pod，包括 Pod 数量。这实际上是一个可以筛选的视图，如果需要，我们可以将与每个部署关联的副本集以及每个服务的端点添加到图中。但是，大多数情况下我们对这些内容都不太感兴趣，因此 Argo CD 在默认情况下不会显示它们。

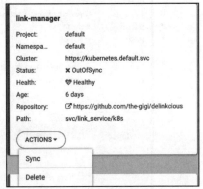

图 4-8　Argo CD 同步操作

单击服务并查看包括清单（MANIFEST）的**信息摘要**（SUMMARY），如图 4-10 所示。

对于 Pod，我们甚至可以从 Argo CD 的界面上查看日志，如图 4-11 所示。

Argo CD 已经帮助你完成了持续集成的很多事情，它还有很多其他功能，我们将在本书的后面部分深入探讨这些功能。

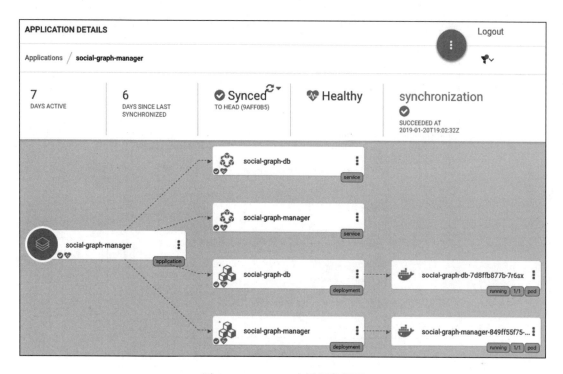

APPLICATION DETAILS
Logout
Applications / social-graph-manager
7
DAYS ACTIVE
6
DAYS SINCE LAST SYNCHRONIZED
Synced
TO HEAD (9AFF0B5)
Healthy
synchronization
SUCCEEDED AT 2019-01-20T19:02:32Z
social-graph-db
service
social-graph-manager
service
social-graph-manager
application
social-graph-db
deployment
social-graph-db-7d8ffb877b-7r6sx
running
1/1
pod
social-graph-manager
deployment
social-graph-manager-849ff55f75-...
running
1/1
pod

图 4-9　Argo CD 应用程序视图

SUMMARY
EVENTS
KIND
Service
NAME
social-graph-manager
NAMESPACE
default
TYPE
ClusterIP
HOSTNAMES
STATUS
Synced
HEALTH
Healthy

图 4-10　查看信息摘要

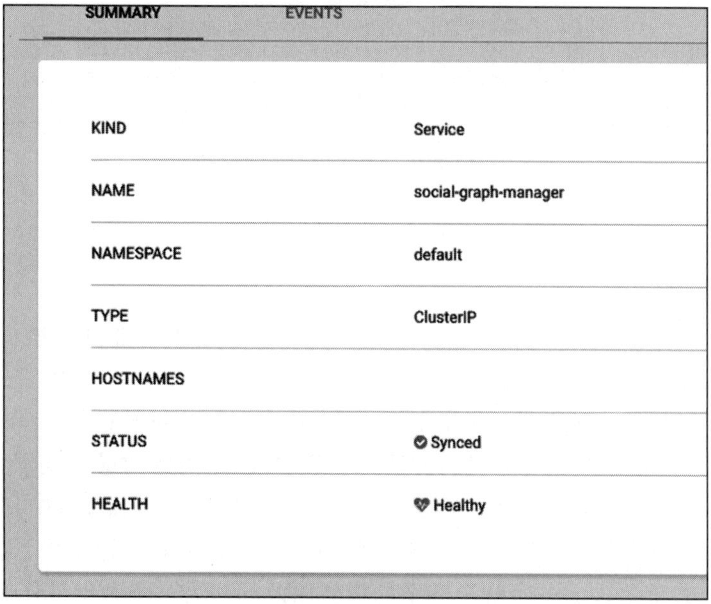

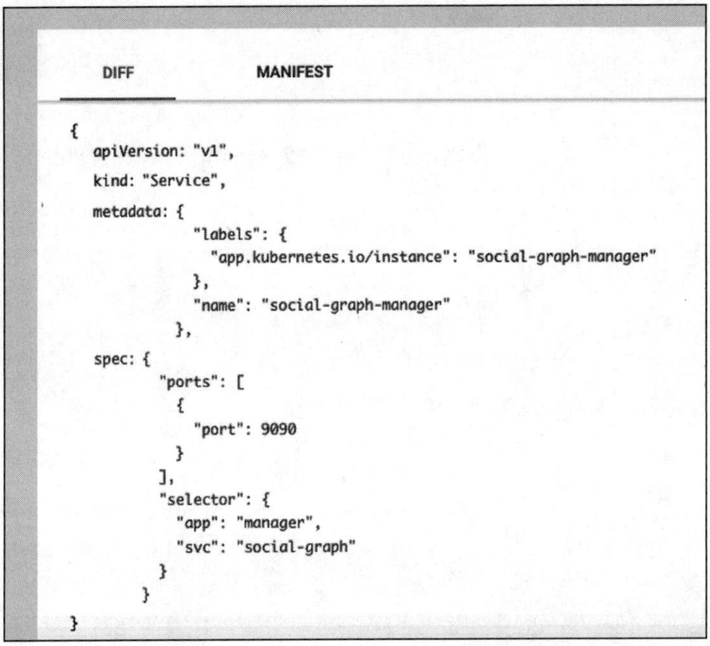

```
DIFF                    MANIFEST

{
  apiVersion: "v1",
  kind: "Service",
  metadata: {
               "labels": {
                   "app.kubernetes.io/instance": "social-graph-manager"
               },
               "name": "social-graph-manager"
          },
  spec: {
         "ports": [
            {
               "port": 9090
            }
         ],
         "selector": {
           "app": "manager",
           "svc": "social-graph"
         }
      }
}
```

图 4-10 （续）

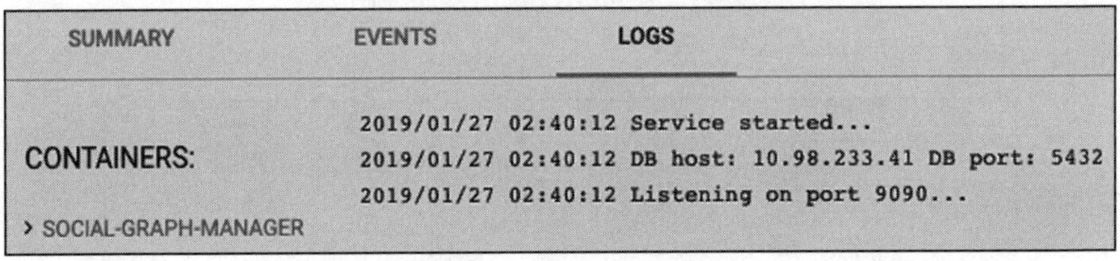

```
SUMMARY              EVENTS              LOGS

                     2019/01/27 02:40:12 Service started...
CONTAINERS:          2019/01/27 02:40:12 DB host: 10.98.233.41 DB port: 5432
                     2019/01/27 02:40:12 Listening on port 9090...
> SOCIAL-GRAPH-MANAGER
```

图 4-11 查看 Pod 日志

4.7 小结

在本章中，我们讨论了 CI/CD 流水线对于基于微服务的分布式系统的重要性。我们回顾了 Kubernetes 的一些 CI/CD 选项，并最终决定将 CircleCI 用于 CI 部分（代码更改和 Docker 镜像），将 Argo CD 用于 CD 部分（k8s 清单更改和已部署的应用程序）。

我们还介绍了使用多阶段构建的方法来构建 Docker 镜像的最佳实践，用于 Postgres DB 的 k8s YAML 清单，以及部署和服务 k8s 资源。然后，我们在集群中安装了 Argo CD，对其进行配置以构建我们的微服务，并研究了它的 UI 界面和 CLI 命令行。此时，你应该对 CI/CD 的概念、其重要性、各个解决方案的优劣以及如何为系统做出最佳选择有一个清晰的理解。

然而，还有更多内容暂时没有提及。在后面的章节中，我们将通过测试、安全检查和高级的多环境部署选项来改进 CI/CD 流水线。

在下一章中，我们将把注意力转向配置服务。配置是开发复杂系统的重要部分，需要对应的大型团队进行开发、测试和部署。我们将探索各种常规配置选项，例如命令行参数、环境变量和配置文件，以及更多动态配置选项和 Kubernetes 的特殊配置功能。

4.8　扩展阅读

有关本章内容的更多信息，你可以参考以下资源：

❑ 这里的资源可以帮助你扩展对 Kubernetes 的 CI/CD 选项的了解。当然，这也是我们用于 Delinkcious CI/CD 解决方案的两个项目：

　○ CircleCI：https://circleci.com/docs/。

　○ Argo：https://argoproj.github.io/docs/argo-cd/docs/。

❑ 下面是一本关于 Kubernetes 的 CI/CD 的免费迷你电子书：

　○ https://thenewstack.io/ebooks/kubernetes/ci-cd-with- kubernetes/。

❑ 以下是 Delinkcious 没有选择的一些其他选项，但对你来说可能是一个不错的选择：

　○ Jenkins X：https://jenkins-x.io/。

　○ Spinnaker：https://www.spinnaker.io/。

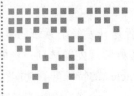

第 5 章

使用 Kubernetes 配置微服务

在本章中，我们将介绍微服务配置方面的相关内容。配置是构建复杂分布式系统的重要部分。通常，配置涉及代码应该知道的系统的所有方面，但是这些方面又没有编码在代码本身中。以下是我们将在本章讨论的主题：

❑ 配置包含的内容。

❑ 通过传统方式管理配置。

❑ 动态管理配置。

❑ 使用 Kubernetes 配置微服务

在本章结束时，你将对配置的价值有更加深入的理解。通过学习很多静态和动态配置软件的方法，以及 Kubernetes 提供的特殊配置选项（其最佳特性之一），你将了解 Kubernetes 为开发人员和运维人员提供的灵活性与可控性。

5.1　技术需求

在本章中，你将会看到 Kubernetes 的许多资源清单，通过这些资源我们将扩展 Delinkcious 的能力。本章不会安装新软件 / 工具。

本章代码

和之前一样，代码分别放在两个 Git 代码仓库：

❑ 你可以在 https://github.com/PacktPublishing/Hands-On-Microservices-with-Kubernetes/tree/master/Chapter05 中找到代码示例。

❑ 你可以在 https://github.com/the-gigi/delinkcious/releases/tag/v0.3 中找到更新的 Delink-cious 应用程序。

5.2　配置包含的内容

配置是一个内容非常丰富的术语。首先，我们需要在这里明确定义它：配置主要是指计算所需的操作数据。不同环境之间的配置可能不同。以下是一些典型的配置项：

❑ 服务发现

❑ 支持测试

❑ 特定环境的元数据

❑ 密钥

❑ 第三方配置

❑ 特性标志

❑ 超时

❑ 速率限制

❑ 各种默认值

通常，处理输入数据的代码利用配置数据来控制计算的操作方面，而不是算法方面。在某些特殊情况下，你可以通过配置在代码运行时在不同的算法之间进行切换，简单起见，这里不对其进行讨论。

在考虑配置时，非常重要的一件事情是应该由谁来创建和更新配置数据。它可能是也可能不是代码的开发人员，例如，速率限制可能由 DevOps 团队成员决定，特性标志由开发人员设置。此外，在不同的环境中，不同的人可能会修改相同的值。所以通常情况下，在生产环境中你需要对此做严格的限制。

配置和密钥

密钥是用于访问数据库和其他服务（内部／外部）的凭据。从技术上讲，它们是配置数据，但在实践中，由于它们的敏感性，通常需要在存储时对它们进行加密并进行更精细的控制。将密钥与常规配置分开存储和管理是很常见的。

在本章中，我们将只考虑非敏感配置。下一章中我们将详细讨论密钥相关的内容。Kubernetes 也会在 API 级别将配置与密钥分离开。

5.3　通过传统方式管理配置

当提到传统的方法时，这里指的是没有使用或者刚刚使用 Kubernetes 时的静态配置方法。但是，正如你将看到的，传统的方法有时是最好的方法，而且也得到了 Kubernetes 的全力支持。让我们简单回顾一下配置程序的各种方法，并考虑下它们的优缺点，看看什么时候使用它们是合适的。我们将在这里介绍的配置机制如下：

- ❏ 没有配置（通过约定）
- ❏ 命令行参数
- ❏ 环境变量
- ❏ 配置文件

虽然 Delinkcious 主要是通过 Go 实现的，但是为了多样化我们将使用不同的编程语言来演示配置选项。

5.3.1　约定

有时候，你并不是真的需要配置，应用程序可以做出一些决定然后记录下来，仅此而已。例如，输出文件的目录名是可以配置的，但是程序可以决定它要输出到哪里。这种方法的优点是它是非常可预测的：你不需要考虑配置，只需阅读程序代码，就可以确切地知道它的功能和所有内容的位置，运维工程师不需要做什么。它的缺点是，如果需要更大的灵活性，它可能会没有资源（例如，可能在程序运行的存储卷上没有足够的空间）。

注意，使用约定并不代表就没有配置，而是意味着你可以减少使用约定时的配置量。

下面是一个简单的 Rust 程序，该程序将打印斐波那契数列前 100 个数字到屏幕上。按照惯例，它决定打印数字不超过 100。在不更改代码的情况下，无法将其配置为打印更多或更少的数字：

```rust
fn main() {
    let mut a: u8 = 0;
    let mut b: u8 = 1;
    println!("{}", a);
    while b <= 100 {
        println!("{}", b);
        b = a + b;
        a = b - a;
    }
}

Output:

0
1
1
2
3
5
8
13
21
34
55
89
```

5.3.2　命令行标志

命令行标志或参数是编程的基础。在运行程序时，由你提供程序用来配置自身的参数。这种方式有优点也有缺点：

- ❑ **优点：**
  - ○ 非常灵活。
  - ○ 熟悉的方式，并且每种编程语言都支持。
  - ○ 对于短期和长期的选择存在各种最佳实践。
  - ○ 可以很好地与交互式使用文档配合使用。
- ❑ **缺点：**
  - ○ 参数始终是字符串。
  - ○ 需要用引号将包含空格的参数括起来。
  - ○ 难以处理多行参数。
  - ○ 命令行参数数量的限制。
  - ○ 每个参数的大小的限制。

> ⓘ 除了配置外，命令行参数通常还用于输入。输入和配置之间的界限有时可能有点模糊。在大多数情况下，这并不重要，但是当命令行提供大量令人困惑的配置选项时，这会使仅通过命令行参数将输入传递给程序的用户感到更加困惑。

下面是一个简单的 Ruby 程序，该程序通过命令行参数提供的数字创建对应的斐波那契序列：

```
if __FILE__ == $0
  limit = Integer(ARGV[0])
  a = 0
  b = 1
  puts a
  while b < limit
    puts b
    b = a + b
    a = b - a
  end
end
```

5.3.3　环境变量

环境变量也是我的最爱，尤其是当程序可能在由另一个程序（或 Shell 脚本）设置的环境中运行时，它们非常有帮助。环境变量通常是从父环境继承的。当用户始终希望为程序提供相同的选项（或选项集）时，它们还可用于运行交互式程序。与其一次又一次地输入带有相同选项的长命令行，不如一次设置一个环境变量（或者直接写在配置文件中）并运行不带参数的程序，这样会更加方便。AWS CLI 是一个很好的例子，它允许你将许多配置选项指定为环境变量（例如，AWS_DEFAULT_REGION 或 AWS_PROFILE）。

下面是一个简单的 Python 程序，该程序通过环境变量提供的数字创建对应的斐波那契序列。注意，FIB_LIMIT 环境变量被读取为字符串，程序必须将其转换为整数：

```
import os

limit = int(os.environ['FIB_LIMIT'])
a = 0
b = 1
print(a)
while b < limit:
    print(b)
    b = a + b
    a = b - a
```

5.3.4　配置文件

当你具有大量配置数据时，配置文件特别有用，尤其是当这些数据具有层次结构时。在大多数情况下，通过命令行参数或环境变量为应用程序配置数十个甚至数百个选项将令人不堪重负。配置文件还有另一个优点，那就是你可以链接多个配置文件。应用程序通常会在搜索路径中查找这些配置文件，例如首先会查找 /etc/conf，然后是 home 目录，接着是当前目录。这种方式提供了很大的灵活性，因为具有通用的配置，同时还可以按用户或每次运行的不同需求来覆盖某些部分。

配置文件的方式很棒，但是你要考虑哪种格式最适合你。配置文件的格式有很多选择，并且每隔几年就会顺应趋势地出现一颗新星。让我们先回顾一些较旧的格式，再介绍一些较新的格式。

1. INI 格式

INI 文件在 Windows 上风靡一时。INI 本身代表**初始化**（Initialization）。在 20 世纪 80 年代，人们经常使用 windows.ini 和 system.ini 处理一些问题以使系统可以正常工作。其格式本身非常简单，包含带有键值对和注释集的部分。下面是一个简单的 INI 文件：

```
[section]
a=1
b=2
; here is a comment
[another_section]
c=3
d=4
e=5
```

Windows API 具有读取和写入 INI 文件的功能，因此许多 Windows 应用程序都将这种格式用作其配置文件。

2. XML 格式

XML（https://www.w3.org/XML/）是 W3C 标准，在 20 世纪 90 年代非常流行。它表示**可**

扩展标记语言（eXtensible Markup Language），可用于所有内容：数据、文档、API（SOAP），当然还有配置文件。它的内容通常很长，其成名的主要思想是：它是自我描述的并且包含自身的元数据。XML 具有模式和在其之上构建的许多标准。曾经人们认为它将取代 HTML（还有人记得 XHTML 吗？），但是这些都成为历史了。下面是一个示例 XML 配置文件：

```xml
<?xml version="1.0" encoding="UTF-8"?>
    <startminimized value="False">
  <width value="1024">
  <height value = "768">
  <dummy />
  <plugin>
    <name value="Show Warning Message Box">
    <dllfile value="foo.dll">
    <method value = "warning">
  </plugin>
  <plugin>
    <name value="Show Error Message Box">
    <dllfile value="foo.dll">
    <method value = "error">
  </plugin>
  <plugin>
    <name value="Get Random Number">
    <dllfile value="bar.dll">
        <method value = "random">
  </plugin>
</xml>
```

3. JSON 格式

JSON（https://json.org/）代表 **JavaScript 对象表示法**（JavaScript Object Notation）。随着动态 Web 应用程序和 REST API 的快速发展，它变得流行起来。与 XML 相比，它的简洁性让人眼前一亮，并且迅速占领了整个行业。它成名的理念是：它可以一对一地转换为 JavaScript 对象。下面是一个简单的 JSON 文件：

```json
{
  "firstName": "John",
  "lastName": "Smith",
  "age": 25,
  "address": {
    "streetAddress": "21 2nd Street",
    "city": "New York",
    "state": "NY",
    "postalCode": "10021"
  },
  "phoneNumber": [
    {
      "type": "home",
      "number": "212 555-1234"
    },
    {
      "type": "fax",
      "number": "646 555-4567"
```

```
        }
    ],
    "gender": {
        "type": "male"
    }
}
```

我个人不喜欢 JSON 作为配置文件格式。它不支持注释，对数组末尾的多余逗号的严格要求也没有必要，并且将日期和时间序列化为 JSON 总是很麻烦。它还很冗长，包含所有的引号、括号和许多需要转义的字符（尽管它不如 XML 糟糕）。

4. YAML 格式

由于 Kubernetes 清单通常写为 YAML 格式，因此你在本书前面的章节中已经看到了许多 YAML（https://yaml.org/）文件。YAML 是 JSON 的超集，但它还提供了更加简洁易懂的语法，具有极强的可读性并提供了更多功能，例如引用、类型的自动检测以及支持对齐的多行值。

下面是一个示例 YAML 文件，展示了一些普通 Kubernetes 清单中不容易看到的特性：

```
# sequencer protocols for Laser eye surgery
---
- step: &id001                     # defines anchor label &id001
    instrument:     Lasik 3000
    pulseEnergy:    5.4
    pulseDuration:  12
    repetition:     1000
    spotSize:       1mm

- step: &id002
    instrument:     Lasik 3000
    pulseEnergy:    5.0
    pulseDuration:  10
    repetition:     500
    spotSize:       2mm
- step: *id001                     # refers to the first step (with anchor
&id001)
- step: *id002                     # refers to the second step
- step:
    <<: *id001
    spotSize: 2mm                  # redefines just this key, refers rest
from &id001
- step: *id002
```

YAML 暂时不如 JSON 流行，但它在逐渐蓄力。大型项目（例如 Kubernetes 和 AWS CloudFormation）都将 YAML（以及 JSON，因为它是一个超集）作为其配置格式。Cloud-Formation 后来添加了对 YAML 的支持，而 Kubernetes 是从一开始就支持 YAML。

YAML 是我目前最喜欢的配置文件格式，但是当使用一些更高级的功能时，YAML 也有它不完善的地方。

5. TOML 格式

接下来是 TOML（https://github.com/toml-lang/toml）。TOML（Tom's Obvious Minimal Language）像是 INI 的增强版，它是所有格式中最鲜为人知的，但是自从 Rust 的包管理器 Cargo 开始使用它之后，它就开始变得流行起来。在表达范围上，TOML 介于 JSON 和 YAML 之间。它支持数据类型自动检测和注释，但不如 YAML 那样强大。但是它仍然是最容易读写的格式。它主要通过点记法而不是缩进来支持嵌套。

下面是一个 TOML 文件的示例，充分展示了它的可读性：

```
# This is how to comment in TOML.

title = "A TOML Example"

[owner]
name = "Gigi Sayfan"
dob = 1968-09-28T07:32:00-08:00 # First class dates

# Simple section with various data types
[kubernetes]
api_server = "192.168.1.1"
ports = [ 80, 443 ]
connection_max = 5000
enabled = true

# Nested section
[servers]

  # Indentation (tabs and/or spaces) is optional
  [servers.alpha]
  ip = "10.0.0.1"
  dc = "dc-1"

  [servers.beta]
  ip = "10.0.0.2"
  dc = "dc-2"

[clients]
data = [ ["gamma", "delta"], [1, 2] ]

# Line breaks are OK when inside arrays
hosts = [
  "alpha",
  "omega"
]
```

6. 专有格式

有些应用程序使用自己专有的格式。下面是 Nginx Web 服务器的示例配置文件：

```
user       www www;  ## Default: nobody
worker_processes  5;  ## Default: 1
error_log  logs/error.log;
pid        logs/nginx.pid;
```

```
worker_rlimit_nofile 8192;

events {
  worker_connections  4096;  ## Default: 1024
}

http {
  include    conf/mime.types;
  include    /etc/nginx/proxy.conf;
  include    /etc/nginx/fastcgi.conf;
  index      index.html index.htm index.php;

  default_type application/octet-stream;
  log_format    main '$remote_addr - $remote_user [$time_local]  $status '
    '"$request" $body_bytes_sent "$http_referer" '
    '"$http_user_agent" "$http_x_forwarded_for"';
  access_log    logs/access.log  main;
  sendfile      on;
  tcp_nopush    on;
  server_names_hash_bucket_size 128; # this seems to be required for some
vhosts

  server { # php/fastcgi
    listen        80;
    server_name  domain1.com www.domain1.com;
    access_log    logs/domain1.access.log  main;
    root          html;

    location ~ \.php$ {
      fastcgi_pass    127.0.0.1:1025;
    }
  }
}
```

我不建议你为自己的应用程序发明另一种构思不佳的配置格式。在 JSON、YAML 和 TOML 中，你会找到表达范围、人类可读性和熟悉度的最佳结合点。此外，每种语言都会提供可以解析和组合这些熟悉的格式的库。

 不建议发明自己的配置格式！

5.3.5 混合配置和默认

到目前为止，我们学习了几种主要的配置机制：

❑ 约定

❑ 命令行参数

❑ 环境变量

❑ 配置文件

这些机制并不是相互排斥的，许多应用程序会使用其中一些甚至全部机制。通常，应用程序会有一种配置解析机制，其中配置文件具有标准名称和位置，但是你仍然可以通过环境变量指定其他配置文件，甚至可以使用命令行参数覆盖运行的配置文件。默认情况下，Kubectl 会到 `$HOME/.kube` 中查找其配置文件。你可以通过 `KUBECONFIG` 环境变量指定其他文件，也可以通过传递 `--config` 命令行标志来指定特殊的配置文件。

Kubectl 也使用 YAML 作为其配置格式。下面是 Minikube 示例配置文件：

```
$ cat ~/.kube/config
apiVersion: v1
clusters:
- cluster:
    certificate-authority: /Users/gigi.sayfan/.minikube/ca.crt
    server: https://192.168.99.121:8443
  name: minikube
contexts:
- context:
    cluster: minikube
    user: minikube
  name: minikube
current-context: minikube
kind: Config
preferences: {}
users:
- name: minikube
  user:
    client-certificate: /Users/gigi.sayfan/.minikube/client.crt
    client-key: /Users/gigi.sayfan/.minikube/client.key
```

Kubectl 支持在同一个配置文件中存在多个集群 / 上下文，你可以通过 `kubectl use-context` 在它们之间切换。但是，许多经常使用多个集群的人不希望将它们全部保存在同一个配置文件中，而更愿意为每个集群使用一个单独的文件，然后使用 `KUBECONFIG` 环境变量或通过命令行传递 `--config` 在它们之间进行切换。

5.3.6　12-Factor 应用程序配置

Heroku 是云平台服务的开拓者之一。早在 2011 年，他们就发布了用于构建 Web 应用程序的 12-Factor 方法。这是一种非常可靠的方法，在当时是非常创新的。这也是在 Heroku 平台上可轻松构建和部署应用程序的最佳方法。

ⓘ　出于本章的目的，我们目前最感兴趣的部分是配置部分，你可以在 https://12factor.net/config 中找到相关介绍。

简而言之，他们建议 Web 服务和应用程序始终将配置存储在环境变量中。这是一个安全但有些局限的准则。这意味着每当配置更改时，都必须重新启动服务，并且该服务会受到环境变量的限制。

稍后，我们将看到 Kubernetes 如何支持将配置作为环境变量和配置文件，以及一些特殊之处，但首先让我们了解下如何动态管理配置。

5.4 动态管理配置

到目前为止，我们讨论的配置选项都是静态的。你必须重新启动以使之生效，在某些情况下，例如带有嵌入配置文件的情况下，甚至必须重新部署服务才能更改配置。重新启动服务更改配置的好处是，你不必担心新配置更改对内存中状态和进行中的请求的处理的影响，因为这是从头开始进行的。但是，不好的地方是你会丢失所有运行中的请求（除非正在优雅地关机）以及所有预热的缓存或一次性的初始化工作，这可能会带来很大影响。但是，你可以使用滚动更新和蓝绿部署的方式来减轻这种情况。

5.4.1 理解动态配置

动态配置意味着服务可以保持相同的代码和相同的内存状态继续运行，但是它可以检测到配置已更改，并能够根据新的配置动态调整其行为。从运维工程师的角度来看，当需要更改配置时，他们只需更新集中的配置存储，而无须强制重新启动 / 重新部署那些代码一点没有更改的服务。

更重要的是你需要理解这并不是只能二选一：静态或者动态。一些配置可能是静态的，并且当它更改时，你必须重新启动服务，而其他一些配置项可能是动态的。

由于动态配置不是通过源代码控制捕获的方式来更改系统的行为，因此通常的做法是保留历史记录并审核谁在何时何地进行了更改。下面让我们看看什么时候应该使用动态配置，而什么时候不应该使用。

1. 什么时候建议使用动态配置

动态配置在以下情况中很有用：

❑ 如果你只有一个服务实例，那么重新启动意味着系统短暂停机。

❑ 如果你有需要快速来回切换的功能标志。

❑ 如果你的服务中处理初始化或进行中请求资源消耗很大。

❑ 如果你的服务不支持高级的部署策略，例如滚动更新、蓝绿部署或金丝雀部署。

❑ 重新部署新的配置文件时，可能会从源代码管理中获取还没有部署就绪的不相关的代码更改。

2. 什么时候避免使用动态配置

但是，动态配置并非在所有情况下都是万能的。如果你想完全安全稳妥地使用它，那么在配置更改时重新启动服务将会使事情更容易理解和分析。也就是说，微服务通常足够简单，你可以掌握配置更改的所有含义。

在以下情况中，最好避免动态配置：

❑ 受监管服务，其配置更改必须经过审核和批准流程。

❑ 关键服务，其中静态配置的低风险胜过动态配置的任何好处。

❑ 动态配置机制不存在，其收益也不足以支撑这种机制的发展。

- ❏ 具有大量服务的现有系统，其中迁移到动态配置的好处无法证明其成本优势。
- ❏ 高级的部署策略通过静态配置和重新启动 / 重新部署提供了动态配置的优势。
- ❏ 跟踪和审核配置更改的复杂性过高。

5.4.2 远程配置存储

动态配置的选项之一是使用远程配置存储。所有服务实例都可以定期查询配置存储，检查配置是否已更改，并在有新配置时进行读取。下面是一些可作为配置存储的参考选项：

- ❏ 关系型数据库（Postgres、MySQL）
- ❏ 键值存储（Etcd、Redis）
- ❏ 共享文件系统（NFS、EFS）

一般情况下，如果所有 / 大多数服务都在使用某个类型的存储，那么将动态配置放在那里通常会更简单。一个反模式是将配置存储在与每个微服务持久存储相同的存储中。这里的问题是配置将分布在多个数据存储中，而某些配置更改是集中式的。这将导致对所有服务中的配置更改难以管理、跟踪和审核。

5.4.3 远程配置服务

一种更高级的方法是创建专用的配置服务，该服务的目的是为所有配置需求提供一站式服务。每项服务只有权访问自己的配置，这样也很容易为每个配置更改实施控制机制。配置服务的缺点是你需要构建并维护它，如果配置不当，它也可能成为系统的**单点故障**（Single Point Of Failure，SPOF）。

到目前为止，我们已经详细介绍了许多系统配置的选项。接下来，我们一起深入研究 Kubernetes 能够给配置带来的好处。

5.5 使用 Kubernetes 配置微服务

使用 Kubernetes 或其他容器编排工具，你会得到一些有趣的配置选项组合。Kubernetes 可以帮助你运行容器，但是由于 Kubernetes 决定何时何地运行容器，因此你无法为特定运行设置不同的环境选项和命令行参数。你可以做的是在 Docker 镜像中嵌入配置文件或更改其正在运行的命令。但是，这意味着需要为每个配置更改构建一个新镜像并将其部署到你的集群中，这不足以摧毁系统，但它确实是一项相当繁重的操作。你也可以使用我前面提到的动态配置选项：

- ❏ 远程配置存储
- ❏ 远程配置服务

Kubernetes 在动态配置方面有一些非常巧妙的技巧，其中最具创新性的动态配置机制是 ConfigMaps。当然，你也可以使用自定义资源来实现更多的创意，让我们看一下吧。

5.5.1 使用 Kubernetes ConfigMaps

ConfigMap 是由 Kubernetes 每个命名空间管理的资源，并且可以被任何 Pod 或容器引用。下面是 `link-manager` 服务的 ConfigMap：

```
apiVersion: v1
kind: ConfigMap
metadata:
  name: link-service-config
  namespace: default
data:
  MAX_LINKS_PER_USER: "10"
  PORT: "8080"
```

`link-manager` 部署资源通过使用 `envFrom` 将其导入到 Pod 中：

```
apiVersion: apps/v1
kind: Deployment
metadata:
  name: link-manager
  labels:
    svc: link
    app: manager
spec:
  replicas: 1
  selector:
    matchLabels:
      svc: link
      app: manager
  template:
    metadata:
      labels:
        svc: link
        app: manager
    spec:
      containers:
      - name: link-manager
        image: g1g1/delinkcious-link:0.2
        ports:
        - containerPort: 8080
        envFrom:
        - configMapRef:
            name: link-manager-config
```

这样做的效果是，当 `link-manager` 服务运行时，ConfigMap 的 `data` 部分中的键值对被映射为环境变量：

```
MAX_LINKS_PER_PAGE=10
PORT=9090
```

让我们看看 Argo CD 如何形象地显示 `link-manager` 服务的 ConfigMap。注意图 5-1 中顶部名为 `link-service-config` 的框体。

单击 ConfigMap 框可以从 Argo CD 界面下钻到具体的 ConfigMap，如图 5-2 所示。

link-service-config
configmap
link-db
service
link-manager
application
link-manager
service
link-db
deployment
link-db-6b9b64db5-zp59g
running
1/1
pod
link-manager
deployment
link-manager-d475d6577-qd59b
running
1/1
pod

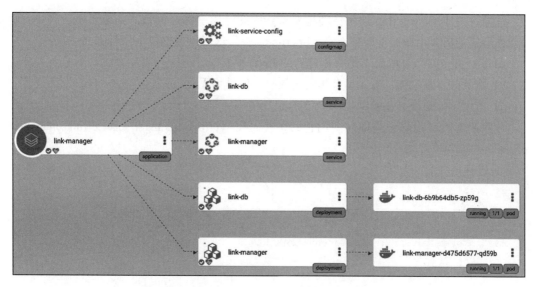

图 5-1　查看 link-manager 服务的 ConfigMap

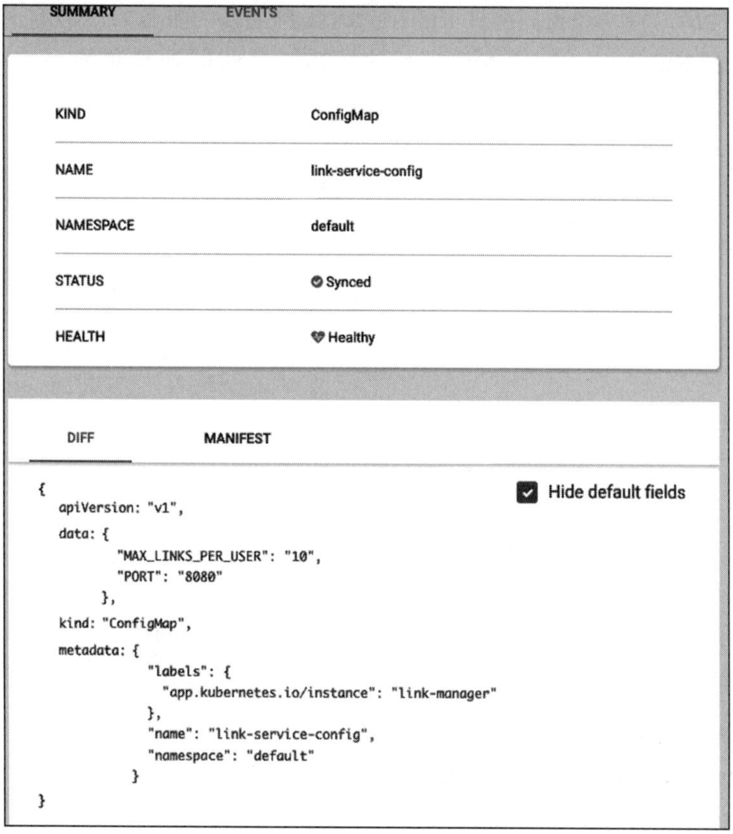

SUMMARY
EVENTS
KIND
ConfigMap
NAME
link-service-config
NAMESPACE
default
STATUS
Synced
HEALTH
Healthy
DIFF
MANIFEST
Hide default fields
{
apiVersion: "v1",
data: {
"MAX_LINKS_PER_USER": "10",
"PORT": "8080"
},
kind: "ConfigMap",
metadata: {
"labels": {
"app.kubernetes.io/instance": "link-manager"
},
"name": "link-service-config",
"namespace": "default"
}
}

图 5-2　查看具体的 ConfigMap

注意，由于 ConfigMap 被用作环境变量，因此这属于静态配置。如果要更改其中任何一项内容，则需要重新启动服务。在 Kubernetes 中，这可以通过以下两种方式完成：

❑ 终止 Pod（部署的副本集将创建新的 Pod）。

❑ 删除并重新创建部署（具有相同的效果，但是你无须显式地终止 Pod）。

❑ 应用其他更改并重新部署。

让我们看看在代码中是如何使用它的，代码在 svc/link_manager/service/link_manager_service.go 文件中：

```
port := os.Getenv("PORT")
if port == "" {
    port = "8080"
}

maxLinksPerUserStr := os.Getenv("MAX_LINKS_PER_USER")
if maxLinksPerUserStr == "" {
    maxLinksPerUserStr = "10"
}
```

os.Getenv() 标准库函数从环境变量中获取 PORT 和 MAX_LINKS_PER_USER 的值，这一点非常棒，它允许我们测试 Kubernetes 集群之外的服务而不影响正常的配置。例如，原本设计在 Kubernetes 外部本地进行的链接服务的端到端测试——启动 social_graph_service 和 link-manager 服务之前设置环境变量：

```
func runLinkService(ctx context.Context) {
    // Set environment
    err := os.Setenv("PORT", "8080")
    check(err)

    err = os.Setenv("MAX_LINKS_PER_USER", "10")
    check(err)

    runService(ctx, ".", "link_service")
}

func runSocialGraphService(ctx context.Context) {
    err := os.Setenv("PORT", "9090")
    check(err)

    runService(ctx, "../social_graph_service", "social_graph_service")
}
```

我们已经了解示例应用程序 Delinkcious 如何使用 ConfigMaps，下面让我们继续进一步研究 ConfigMaps。

1. 创建和管理 ConfigMap

Kubernetes 提供了多种创建 ConfigMap 的方法：

❑ 通过命令行中的值。

❑ 来自一个或多个文件。

❑ 从整个目录。

❑ 通过直接创建 ConfigMap YAML 清单。

无论哪种方式，最后所有 ConfigMap 都是一组键值对，键和值是什么取决于创建 ConfigMap 的方法。在使用 ConfigMap 时 `--dry-run` 标志很有用，通过它可以在实际创建之前查看将要创建的 ConfigMap。让我们看一些例子，下面是从命令行参数创建 ConfigMap 的方法：

```
$ kubectl create configmap test --dry-run --from-literal=a=1 --from-
literal=b=2 -o yaml
apiVersion: v1
data:
  a: "1"
  b: "2"
kind: ConfigMap
metadata:
  creationTimestamp: null
  name: test
```

这是测试 ConfigMap 最常用的方式，但是，你必须使用烦琐的 `--from-literal` 参数分别指定每个配置项。

从文件创建 ConfigMap 是一种更可行的方法。它与 GitOps 概念配合得很好，你可以在其中保留用于创建 ConfigMap 的源配置文件的历史记录。我们可以创建一个非常简单的名为 `comics.yaml` 的 YAML 文件：

```
superhero: Doctor Strange
villain: Thanos
```

接下来，使用以下命令从该文件创建 ConfigMap（只是 `--dry-run` 试运行）：

```
$ kubectl create configmap file-config --dry-run --from-file comics.yaml -o
yaml

apiVersion: v1
data:
  comics.yaml: |+
    superhero: Doctor Strange
    villain: Thanos

kind: ConfigMap
metadata:
  creationTimestamp: null
  name: file-config
```

有趣的是，文件的全部内容都映射到一个键：`comics.yaml`，它对应的值是文件的全部内容，YAML 中的 `| +` 表示后面的多行块是一个值。如果我们添加其他 `--from-file` 参数，则每个文件在 ConfigMap 中将具有自己的键。同样，如果 `--from-file` 的参数是目录，则目录中的每个文件都将成为 ConfigMap 中的键。

最后，让我们看一下如何手动构建 ConfigMap，做到这一点并不难：只需在 data 部分下添加一组键值对：

```
apiVersion: v1
kind: ConfigMap
metadata:
  name: env-config
  namespace: default
data:
  SUPERHERO: Superman
  VILLAIN: Lex Luthor
```

这里我们创建了专用的 SUPERHERO 和 VILLAIN 键。

让我们看看 Pod 如何使用这些 ConfigMap，该 Pod 从 env-config ConfigMap 获取环境变量。它执行一个监控 SUPERHERO 和 VILLAIN 环境变量的命令，每两秒钟显示当前值：

```
apiVersion: v1
kind: Pod
metadata:
  name: some-pod
spec:
  containers:
  - name: some-container
    image: busybox
    command: [ "/bin/sh", "-c", "watch 'echo \"superhero: $SUPERHERO
villain: $VILLAIN\"'" ]
    envFrom:
    - configMapRef:
        name: env-config
  restartPolicy: Never
```

必须在启动 Pod 之前创建 ConfigMap。

```
$ kubectl create -f env-config.yaml
configmap "env-config" created

$ kubectl create -f some-pod.yaml
pod "some-pod" created
```

kubectl 命令对于检查输出非常有用：

```
$ kubectl logs -f some-pod

Every 2s: echo "superhero: $SUPERHERO villain: $VILLAIN"        2019-02-08
20:50:39

superhero: Superman villain: Lex Luthor
```

与预期的一样，这些值与 ConfigMap 相匹配。但是，如果我们更改 ConfigMap 会怎样呢？kubectl edit configmap 命令可以让你在编辑器中更新现有的 ConfigMap：

```
$ kubectl edit configmap env-config

# Please edit the object below. Lines beginning with a '#' will be ignored,
# and an empty file will abort the edit. If an error occurs while saving
this file will be
# reopened with the relevant failures.
#
apiVersion: v1
data:
  SUPERHERO: Batman
  VILLAIN: Joker
kind: ConfigMap
metadata:
  creationTimestamp: 2019-02-08T20:49:37Z
  name: env-config
  namespace: default
  resourceVersion: "874765"
  selfLink: /api/v1/namespaces/default/configmaps/env-config
  uid: 0c83dee5-2be3-11e9-9999-0800275914a6

configmap "env-config" edited
```

我们已将 SUPERHERO 和 VILLAIN 更改为 Batman 和 Joker，然后让我们验证下更改：

```
$ kubectl get configmap env-config -o yaml

apiVersion: v1
data:
  SUPERHERO: Batman
  VILLAIN: Joker
kind: ConfigMap
metadata:
  creationTimestamp: 2019-02-08T20:49:37Z
  name: env-config
  namespace: default
  resourceVersion: "875323"
  selfLink: /api/v1/namespaces/default/configmaps/env-config
  uid: 0c83dee5-2be3-11e9-9999-0800275914a6
```

新的值出现了。再让我们检查一下 Pod 日志，没有任何变化，这是因为 Pod 将 Config-Map 用作环境变量，在 Pod 运行时无法从外部进行更改：

```
$ kubectl logs -f some-pod

Every 2s: echo "superhero: $SUPERHERO villain: $VILLAIN"      2019-02-08
20:59:22

superhero: Superman villain: Lex Luthor
```

但是，如果我们删除并重新创建 Pod，内容就会有所不同：

```
$ kubectl delete -f some-pod.yaml
pod "some-pod" deleted
```

```
$ kubectl create -f some-pod.yaml
pod "some-pod" created

$ kubectl logs -f some-pod

Every 2s: echo "superhero: $SUPERHERO villain: $VILLAIN" 2019-02-08
21:45:47

superhero: Batman villain: Joker
```

我把最好的方法留在了最后，来看看如何动态管理配置。名为 some-other-pod 的 Pod 正在使用名为 file-config 的 ConfigMap。首先，它创建一个名为 config-volume 的卷，该卷使用 file-config ConfigMap 中的数据填充，再将该卷挂载到 /etc/config 中，然后执行命令监控 /etc/config/comics 文件：

```
apiVersion: v1
kind: Pod
metadata:
  name: some-other-pod
spec:
  containers:
  - name: some-container
    image: busybox
    command: [ "/bin/sh", "-c", "watch \"cat /etc/config/comics\"" ]
    volumeMounts:
    - name: config-volume
      mountPath: /etc/config
  volumes:
  - name: config-volume
    configMap:
      name: file-config
  restartPolicy: Never
```

下面是 file-config ConfigMap：

```
apiVersion: v1
kind: ConfigMap
metadata:
  name: file-config
  namespace: default
data:
  comics: |+
    superhero: Doctor Strange
    villain: Thanos
```

它有一个名为 comics（文件名）的键，值是一个多行 YAML 字符串，其中包含 superhero 和 villain 条目（值分别是 Doctor Strange 和 Thanos）。接着，ConfigMap data 部分下的 comics 键的内容将作为 /etc/config/comics 文件挂载在容器内。

让我们再次验证一下：

```
$ kubectl create -f file-config.yaml
configmap "file-config" created

$ kubectl create -f some-other-pod.yaml

pod "some-other-pod" created

$ kubectl logs -f some-other-pod

Every 2s: cat /etc/config/comics        2019-02-08 22:15:08

superhero: Doctor Strange
villain: Thanos
```

到目前为止看起来不错，接下来就是进行动态配置的地方。让我们将 ConfigMap 的 superhero 和 villain 的内容分别更改为 Wonder Woman 和 Medusa。这次我们将使用 kubectl apply 命令，而不是删除并重新创建 ConfigMap。ConfigMap 已正确更新，但我们也收到了警告（暂时可以忽略）：

```
$ kubectl apply -f file-config.yaml
Warning: kubectl apply should be used on resource created by either kubectl
create --save-config or kubectl apply
configmap "file-config" configured

$ kubectl get configmap file-config -o yaml
apiVersion: v1
data:
  comics: |+
    superhero: Super Woman
    villain: Medusa

kind: ConfigMap
metadata:
  annotations:
    kubectl.kubernetes.io/last-applied-configuration: |
      {"apiVersion":"v1","data":{"comics":"superhero: Super Woman\nvillain:
Medusa\n\n"},"kind":"ConfigMap","metadata":{"annotations":{},"name":"file-
config","namespace":"default"}}
  creationTimestamp: 2019-02-08T22:14:01Z
  name: file-config
  namespace: default
  resourceVersion: "881662"
  selfLink: /api/v1/namespaces/default/configmaps/file-config
  uid: d6e892f4-2bee-11e9-9999-0800275914a6
```

ℹ️ 注意前面的注解部分。有趣的是，它存储了最后应用的更改，该更改在数据中可用，并且不是历史上下文的先前值。

现在，让我们再次检查日志，内容已经更改，然而我们并没有重新启动 Pod。

```
$ kubectl logs -f some-other-pod

Every 2s: cat /etc/config/comics        2019-02-08 23:02:58

superhero: Super Woman
villain: Medusa
```

是的,这是一个巨大的进步! Pod 现在可以打印更新的配置信息,而无须重新启动。

在本节中,我们演示了使用文件挂载的 ConfigMaps 进行动态配置的工作原理。接下来,让我们看看面对一个长期开发的大型系统的配置需求时,开发人员应该怎么做。

2. 应用高级配置

对于具有大量服务和大量配置的大型系统,你可能希望拥有使用多个 ConfigMap 的服务。这与单个 ConfigMap 可以包含任意组合的多个文件、目录和字符值的配置方式是不同的。例如,每个服务可能具有其自己的特定配置,但也可能会使用一些需要配置的共享库。在这种情况下,你可以为共享库设置一个 ConfigMap,为每个服务设置一个单独的 ConfigMap,服务将同时使用自己的 ConfigMap 和共享库的 ConfigMap。

另一个常见方案是为不同的环境(开发、预生产和生产)使用不同的配置。由于在 Kubernetes 中每个环境通常都有自己的命名空间,因此你需要在这里发挥你的创造力。ConfigMap 的作用域为它们的命名空间,这意味着,即使你跨环境的配置相同,仍然需要在每个命名空间中创建一个副本。通常,有很多解决方案可用于管理配置文件和 Kubernetes 清单的这种扩展。我们就不在这里详细介绍这些内容,下面是一些较流行的参考选项:

❑ Helm:https://helm.sh/。

❑ Kustomize:https://kustomize.io/。

❑ Jsonnet:https://jsonnet.org/articles/kubernetes.html。

❑ Ksonnet:https://github.com/ksonnet/ksonnet(不再维护)。

你也可以自己构建一些工具来执行此操作。在下一节中,我们将讨论另一种很酷的替代方法,但是它会更为复杂,那就是自定义资源。

5.5.2 Kubernetes 自定义资源

Kubernetes 是一个高度可扩展的平台。你可以将自己的资源添加到 Kubernetes API,并享受其 API 机制的所有好处,包括对 kubectl 的支持来管理它们。你需要做的第一件事是定义一个自定义资源(Custom Resource Definition,CRD)。该定义将指定 Kubernetes API 上的端点、版本、范围、种类和用于与这种新类型的资源进行交互的名称。

下面是"超级英雄"的 CRD:

```
apiVersion: apiextensions.k8s.io/v1beta1
kind: CustomResourceDefinition
metadata:
  # name must match the spec fields below, and be in the form:
```

```
<plural>.<group>
  name: superheros.example.org
spec:
  # group name to use for REST API: /apis/<group>/<version>
  group: example.org
  # list of versions supported by this CustomResourceDefinition
  versions:
  - name: v1
    # Each version can be enabled/disabled by Served flag.
    served: true
    # One and only one version must be marked as the storage version.
    storage: true
  # either Namespaced or Cluster
  scope: Cluster
  names:
    # plural name to be used in the URL: /apis/<group>/<version>/<plural>
    plural: superheros
    # singular name to be used as an alias on the CLI and for display
    singular: superhero
    # kind is normally the CamelCased singular type. Your resource
manifests use this.
    kind: SuperHero
    # shortNames allow shorter string to match your resource on the CLI
    shortNames:
    - hr
```

自定义资源可以从任何命名空间获得。在构造可用的 URL 以及从命名空间删除所有对象时，该范围是相关的（命名空间范围的 CRD 将与其命名空间一起删除）。

让我们创建一些超级英雄资源。超级英雄 antman 的 API 版本和种类与超级英雄 CRD 中定义的相同。它在 metadata 中有一个名称，并且 spec 是完全开放的，你可以在此处定义任何字段。在示例中，这里的字段是 superpower 和 size：

```
apiVersion: "example.org/v1"
kind: SuperHero
metadata:
  name: antman
spec:
  superpower: "can shrink"
  size: "tiny"
```

让我们再看看 Hulk。它也非常相似，但在 spec 中多了 color 字段：

```
apiVersion: "example.org/v1"
kind: SuperHero
metadata:
  name: hulk
spec:
  superpower: "super strong"
  size: "big"
  color: "green"
```

让我们从 CRD 本身开始创建整个复仇者联盟：

```
$ kubectl create -f superheros-crd.yaml
customresourcedefinition.apiextensions.k8s.io "superheros.example.org"
created

$ kubectl create -f antman.yaml
superhero.example.org "antman" created

$ kubectl create -f hulk.yaml
superhero.example.org "hulk" created
```

现在让我们使用 kubectl 对其进行查看，可以在这里使用简称 hr：

```
$ kubectl get hr
NAME                    AGE
antman                  5m
hulk                    5m
```

我们还可以查看超级英雄的详细信息：

```
$ kubectl get superhero hulk -o yaml
apiVersion: example.org/v1
kind: SuperHero
metadata:
  creationTimestamp: 2019-02-09T09:58:32Z
  generation: 1
  name: hulk
  namespace: default
  resourceVersion: "932374"
  selfLink: /apis/example.org/v1/namespaces/default/superheros/hulk
  uid: 4256d27b-2c51-11e9-9999-0800275914a6
spec:
  color: green
  size: big
  superpower: super strong
```

这很酷，但是你可以使用自定义资源做些什么呢？好吧，可以做的事情非常多。考虑一下，你将获得具有 CLI 支持和可靠的持久存储的免费 CRUD API，只需创造你的对象模型，然后就可以创建、获取、列出、更新和删除任意数量的自定义资源。但这还远不止于此：你可以拥有自己的控制器来监控自定义资源，并在必要时采取措施。从以下命令可以看到，这实际上就是 Argo CD 的工作方式：

```
$ kubectl get crd -n argocd
NAME                        AGE
applications.argoproj.io    20d
appprojects.argoproj.io     20d
```

那么这对配置有何帮助呢？由于自定义资源在整个集群中可用，因此你可以将其用于跨命名空间的共享配置。正如前面在动态配置部分中讨论的那样，CRD 可以用作集中的远程配置服务，但是你无须自己实现任何功能。另一个选择是创建一个监控这些 CRD 的控制器，然后将它们自动复制到每个命名空间的适当 ConfigMap 中。对 Kubernetes 的想象力是你唯一的限制。最重要的是，对于需要管理配置的大型复杂系统，Kubernetes 提供了扩展配置的工具。让我们将注意力转移到配置的另一个方面，通常它在其他系统上造成很多困难，那就是服务发现。

5.5.3　服务发现

Kubernetes 具有对服务发现的内置支持，而你无须做任何其他工作。每个服务都有一个端点资源，Kubernetes 会使这个端点与运行该服务的容器的地址保持同步。下面是单节点 Minikube 集群的端点列表。注意，即使只有一个物理节点，每个 Pod 也有其自己的 IP 地址，这也证明了 Kubernetes 宣传的扁平化网络模型。只有 Kubernetes API 服务器具有公共 IP 地址：

```
$ kubectl get endpoints
NAME                        ENDPOINTS              AGE
kubernetes                  192.168.99.122:8443    27d
link-db                     172.17.0.13:5432       16d
link-manager                172.17.0.10:8080       16d
social-graph-db             172.17.0.8:5432        26d
social-graph-manager        172.17.0.7:9090        19d
user-db                     172.17.0.12:5432       18d
user-manager                172.17.0.9:7070        18d
```

通常，你不会直接处理端点资源，每个服务都会通过 DNS 和环境变量自动公开给集群中的其他服务。

如果你要处理在 Kubernetes 集群之外运行的外部服务的发现，那么就得靠你自己了。一个好的方法是将它们添加到 ConfigMap 并在需要更改这些外部服务时对其进行更新。如果你需要管理访问外部服务（很有可能）的密钥，则最好将它们放入 Kubernetes 密钥中，我们将在下一章中介绍相关内容。

5.6　小结

在本章中，我们讨论了与配置有关的所有内容（不包括密钥管理）。首先是传统配置方法，然后研究了动态配置，重点是远程配置存储和远程配置服务。

接下来，我们讨论了 Kubernetes 特有的一些选项，重点介绍了 ConfigMap。我们介绍了创建和管理 ConfigMap 的方法，还有 Pod 如何将 ConfigMap 用作环境变量（静态配置）或者作为文件挂载卷，当运维工程师修改相应的 ConfigMap 时，它们会自动更新。最后，我们研究了一些更强大的选项如自定义资源，并讨论了服务发现这个特殊但非常重要的功能。到目前为止，你应该基本理解了配置，并且可以使用传统的方式或以 Kubernetes 特有的方式配置微服务。

在下一章中，我们将讨论安全这一至关重要的主题。在 Kubernetes 集群中部署的基于微服务的系统通常提供基本服务并管理关键数据。在许多情况下，保护数据和系统本身都是重中之重。Kubernetes 提供了多层的安全防护机制，以遵循最佳实践来帮助构建安全可靠的系统。

5.7　扩展阅读

下面列举出了一些参考资源，以便你可以了解本章讨论的概念和机制的详细信息：

- ❏ 12 Factor 应用程序：https://12factor.net/。
- ❏ Python 中的配置编程：http://www.drdobbs.com/open-source/program-configuration-in-python/240169310。
- ❏ 构建动态配置服务：https://www.compose.com/articles/building-a-dynamic-config-uration-service-with-etcd-and-python/。
- ❏ Kubernetes 扩展（视频）：https://www.youtube.com/watch?v=qVZnU8rXAEU。

Kubernetes 与微服务安全

在本章中，我们将深入研究如何在 Kubernetes 上保护你的微服务。这是一个比较广泛的主题，我们将重点关注与在 Kubernetes 集群中构建和部署微服务的开发人员最相关的方面。你必须对安全性非常严格，因为你的对手将积极尝试发现漏洞、渗透系统、访问敏感信息、运行僵尸网络、窃取数据、篡改数据、破坏数据，然后使你的系统变得不可用。应该始终将安全性设计到系统中，而不是事后考虑。在研究 Kubernetes 提供的安全机制之前，我们先介绍一些解决安全问题的一般性原则和最佳实践。

在本章中，我们将介绍以下主题：

- ❑ 应用完善的安全原则。
- ❑ 区分用户账户和服务账户。
- ❑ 使用 Kubernetes 管理密钥。
- ❑ 使用 RBAC 管理权限。
- ❑ 通过认证、授权和准入控制访问权限。
- ❑ 通过安全最佳实践增强 Kubernetes。

6.1 技术需求

在本章中，我们将研究许多 Kubernetes 清单，并使 Delinkcious 更加安全。同样地，在本章中你无须安装任何新软件或者新工具。

本章代码

和之前一样，代码分别放在两个 Git 代码仓库中：

❑ 你可以在 https://github.com/PacktPublishing/Hands-On-Microservices-with-Kubernetes/tree/master/Chapter06 中找到代码示例。

❑ 你可以在 https://github.com/the-gigi/delinkcious/releases/tag/v0.4 中找到更新的 Delink-cious 应用程序。

6.2　应用完善的安全原则

安全有许多通用原则。让我们首先回顾最重要的原则，并了解它们如何帮助防止攻击并使攻击更加困难，从而最大限度地减少任何攻击造成的破坏并帮助系统从这些攻击中恢复：

❑ **深度防御**：深度防御意味着多层冗余的防护，其目的是使攻击者很难破坏你的系统。多因子身份认证就是一个很好的例子，除了用户名和密码，你还必须输入发送到手机的一次性认证码。如果攻击者发现了你的凭据，但是无法访问你的手机，那么他们将无法登录系统并造成严重破坏。深度防御有很多好处，例如：
  ○ 使你的系统更安全。
  ○ 使破坏安全性的成本过高，让攻击者望而却步。
  ○ 更好地防止非恶意错误。

❑ **最小权限原则**：最小权限原则类似于间谍世界中著名的"真有必要才应知情"的原则。你无法泄露你不知道的东西，你无法妥协你无权访问的内容。任何代理都可能受到威胁。通过限制仅必要的权限，可以在发生破坏时最大限度地减少损害，并有助于审计、缓解和分析事件。

❑ **最小化攻击面**：这个原则很明确。你的攻击面越小，越容易被保护。关于这点，记住以下内容：
  ○ 不要公开不需要的 API。
  ○ 不要保留不使用的数据。
  ○ 不要提供不同的方式来执行相同的任务。

最安全的代码是未编写的代码，它也是最有效且无错误的代码。仔细考虑要添加的每个新功能的商业价值。迁移到某些新技术或系统时，确保不要残留。除了防止许多攻击源外，当确实发生破坏时，较小的攻击面将有助于集中精力进行调查并找到根本原因。

❑ **最小化爆炸半径**：假设你的系统将受到损害或可能已经受到损害。但是，威胁有不同的程度。最小化爆炸半径意味着受损的组件无法轻易地延伸到其他组件并扩散到整个系统中。这也意味着这些受损组件可以使用的资源不会超出应该在此处运行的合理工作负载的需求。

❑ **不要相信任何人**：这是你不应该信任的部分实体列表：
  ○ 你的用户
  ○ 你的合作伙伴

- ❍ 你的供应商
- ❍ 你的云服务提供商
- ❍ 开源开发人员
- ❍ 你的开发人员
- ❍ 你的管理员
- ❍ 你自己
- ❍ 你的安全体系

　　当我们说不信任时，并不意味着带着恶意。每个人都容易犯错，无心之失可能与有针对性的攻击一样有害。不要相信任何人的伟大之处在于，你不必做出判断。同样，最小信任的方法将帮助你防止和减轻错误和攻击。

❑ **保守一点**：林迪效应表示，对于不会自行消亡的事物，它们存在的时间越长，你预期它们存在的时间越长。例如，如果一家餐厅已有 20 年的历史，那么你可以预期它还会存在更多年，而刚开业的新餐厅很可能在短时间内关闭。对于软件和技术而言，这是非常正确的。最新的 JavaScript 框架的预期寿命可能很短暂，但是类似 jQuery 的技术还会再持续一段时间。从安全的角度来看，使用更成熟且经过实战认证的软件还有其他好处，这些软件的安全性经受过考验。通常，从他人的经验中学习往往更有用。考虑以下注意事项：

- ❍ 不要升级到最新版本（除非是明确修复安全漏洞）。
- ❍ 相对于新特性，更需要考虑稳定性。
- ❍ 优先考虑简单性而不是强大。

　　这与不要相信任何人的原则息息相关。不要相信新的闪闪发光的东西，也不要相信当前依赖的更新版本。当然，虽然微服务和 Kubernetes 是相对较新的技术，但是它的生态系统正在快速发展。在这种情况下，我认为你已经做出决定，认为这些创新技术带来的好处及其当前状态已经足够成熟，可以在此基础上继续发展。

❑ **保持警惕**：安全不是一蹴而就的事情，你必须持续地积极努力。以下是从全局的角度你应该执行的一些活动以及遵循的流程：

- ❍ 定期修补你的系统。
- ❍ 轮转你的密钥。
- ❍ 使用短期密钥、令牌和证书。
- ❍ 跟进 CVE。
- ❍ 审计所有内容。
- ❍ 测试系统的安全性。

❑ **准备就绪**：当不可避免的违规事件发生时，确保你已经准备就绪并已完成以下工作：

- ❍ 设置事件管理流程。
- ❍ 遵循你的流程。

- ○ 堵住漏洞。
- ○ 恢复系统安全性。
- ○ 对安全事件执行事后分析（post-mortem）。
- ○ 评估和学习。
- ○ 更新你的流程、工具和安全性，以改善安全状况。
- ❑ **不要编写自己的加密机制**：当强大的加密机制影响性能时，很多人都会对加密感到兴奋或失望。控制你的兴奋或失望，让专家来处理加密的事情。它们比看起来要难得多，而且失败的风险也很高。

现在我们已经了解了安全性的一般原则，下面让我们看一下 Kubernetes 在安全性方面所提供的功能。

6.3 区分用户账户和服务账户

账户是 Kubernetes 中的一个核心概念。对 Kubernetes API 服务器的每个请求都必须来自某个特定账户，API 服务器会在进行处理之前对其进行认证、授权和准入。Kubernetes 有两种类型的账户：

- ❑ 用户账户
- ❑ 服务账户

让我们依次查看这两种账户类型，了解它们之间的差异以及区分什么时候该使用哪种账户。

6.3.1 用户账户

用户账户适用于经常通过 kubectl 或以编程方式从外部操作 Kubernetes 的人员（集群管理员或开发人员）。最终用户不应该拥有 Kubernetes 用户账户，而是拥有应用程序的用户账户，这与 Kubernetes 本身无关。记住，Kubernetes 帮助管理容器，但是它不知道内部正在发生什么以及应用程序实际上正在做什么。

用户凭据存储在 ~/.kube/config 文件中。如果你拥有多个集群，那么 ~/.kube/config 文件中可能会包含多个集群、用户和上下文。有些人更喜欢为每个集群使用单独的配置文件，然后使用 KUBECONFIG 环境变量在它们之间切换。你可以根据自己的需求使用这些配置方式。下面是我的本地 Minikube 集群的配置文件：

```
apiVersion: v1
clusters:
- cluster:
    certificate-authority: /Users/gigi.sayfan/.minikube/ca.crt
    server: https://192.168.99.123:8443
  name: minikube
contexts:
```

```
- context:
    cluster: minikube
    user: minikube
  name: minikube
current-context: minikube
kind: Config
preferences: {}
users:
- name: minikube
  user:
    client-certificate: /Users/gigi.sayfan/.minikube/client.crt
    client-key: /Users/gigi.sayfan/.minikube/client.key
```

正如你在前面的代码块中看到的那样，这是一个遵循典型 Kubernetes 资源约定的 YAML 文件，尽管它不是你可以在集群中创建的对象。注意，所有内容都采用的复数形式：集群、上下文、用户。不过在这个示例中，只有一个集群和一个用户。但是，你可以创建由集群和用户组成的多个上下文，以便在同一集群或者多个集群中具有多个不同特权的用户。current-context 确定了 kubectl 的每个操作的目标（使用哪个用户凭据访问哪个集群）。用户账户是在集群范围内的，这意味着我们可以访问任何命名空间中的资源。

6.3.2　服务账户

服务账户和用户账户不同，每个 Pod 都有一个与之关联的服务账户，并且在此 Pod 中运行的所有工作负载都使用该服务账户作为其身份标识。服务账户的作用域是命名空间。在创建 Pod（直接创建或者通过部署）时，可以指定服务账户。如果在未指定服务账户的情况下创建 Pod，则会使用命名空间的默认服务账户。每个服务账户都有一个与之关联的密钥，可以与 API 服务器进行通信。

下面显示了默认命名空间中的默认服务账户：

```
$ kubectl get sa default -o yaml
apiVersion: v1
kind: ServiceAccount
metadata:
  creationTimestamp: 2019-01-11T15:49:27Z
  name: default
  namespace: default
  resourceVersion: "325"
  selfLink: /api/v1/namespaces/default/serviceaccounts/default
  uid: 79e17169-15b8-11e9-8591-0800275914a6
secrets:
- name: default-token-td5tz
```

服务账户可以拥有多个密钥，我们将很快谈论到密钥的内容。服务账户允许 Pod 中运行的代码与 API 服务器交互。

你可以从目录 /var/run/secrets/kubernetes.io/serviceaccount 获取令牌和 CA 证书，然后通过授权标头传递这些凭据来构造 REST HTTP 请求。例如，以下代码显示了在默认命名空间中列出 Pod 的请求：

```
# TOKEN=$(cat /var/run/secrets/kubernetes.io/serviceaccount/token)
# CA_CERT=$(cat /var/run/secrets/kubernetes.io/serviceaccount/ca.crt)
# URL="https://${KUBERNETES_SERVICE_HOST}:${KUBERNETES_SERVICE_PORT}"

# curl --cacert "$CERT" -H "Authorization: Bearer $TOKEN"
"$URL/api/v1/namespaces/default/pods"
{
  "kind": "Status",
  "apiVersion": "v1",
  "metadata": {

  },
  "status": "Failure",
  "message": "pods is forbidden: User
\"system:serviceaccount:default:default\" cannot list resource \"pods\" in
API group \"\" in the namespace \"default\"",
  "reason": "Forbidden",
  "details": {
    "kind": "pods"
  },
  "code": 403
}
```

结果显示是 403 forbidden，因为默认的服务账户不允许列出 Pod，实际上也不允许执行任何操作。在本章关于授权的部分中，我们将看到如何向服务账户授予特权。

如果你觉得手动构造 curl 请求比较麻烦，也可以通过客户端库以编程方式进行操作。这里创建了一个基于 Python 的 Docker 镜像，其中包含适用于 Kubernetes 的官方 Python 客户端（https://github.com/kubernetes-client/python）库以及其他一些功能，例如 vim、IPython 和 HTTPie 等。

下面是构建镜像的 Dockerfile：

```
FROM python:3

RUN apt-get update -y
RUN apt-get install -y vim
RUN pip install kubernetes \
                httpie       \
                ipython

CMD bash
```

可以到 DockerHub 上搜索 g1g1/py-kube:0.2 找到上面的镜像。现在，我们将其作为集群中的 Pod 运行，并进行一些故障排除和交互式会话：

$ kubectl run trouble -it --image=g1g1/py-kube:0.2 bash

执行上面的命令将使你进入 Pod 命令行提示符，你可以在其中使用 Python、IPython、HTTPie 以及 Kubernetes Python 客户端包执行任何操作。下面是我们从 Python 的默认命名空间中列出 Pod 的方法：

```
# ipython
Python 3.7.2 (default, Feb  6 2019, 12:04:03)
Type 'copyright', 'credits' or 'license' for more information
IPython 7.2.0 -- An enhanced Interactive Python. Type '?' for help.

In [1]: from kubernetes import client, config
In [2]: config.load_incluster_config()
In [3]: api = client.CoreV1Api()
In [4]: api.list_namespaced_pod(namespace='default')
```

结果也是类似的，会抛出 Python 异常，同样也是因为默认账户被禁止列出 Pod。注意，如果你的 Pod 不需要访问 API 服务器（非常常见的情况），可以通过设置 `automount-ServiceAccountToken: false` 使其生效，该设置可以在服务账户级别或 Pod 规约中完成。这样，即使有些无法控制的资源向该服务账户添加权限，但是由于没有挂载令牌，该 Pod 将无法通过 API 服务器进行身份认证，也不会意外获得访问权限。Delinkcious 服务当前不需要访问 API 服务器，因此，按照最小特权原则，我们可以将其添加到部署的规约中。

你可以通过以下方法为 LinkManager 创建服务账户（无须访问 API 服务器）并将其添加到部署中：

```
apiVersion: v1
kind: ServiceAccount
metadata:
  name: link-manager
  automountServiceAccountToken: false
---
apiVersion: apps/v1
kind: Deployment
metadata:
  name: link-manager
  labels:
    svc: link
    app: manager
spec:
  replicas: 1
  selector:
    matchLabels:
      svc: link
      app: manager
  serviceAccountName: link-manager
...
```

在使用 RBAC 授予我们的服务账户超级权限之前，我们先回顾一下 Kubernetes 如何管理密钥。默认情况下，Kubernetes 将密钥存储在 etcd（https://coreos.com/etcd/）中，也可以将 etcd 与第三方解决方案集成，但是在本节中，我们将重点介绍原生 Kubernetes 的功能。密钥信息应在存储和传输过程中进行加密，从版本 3.x 开始，etcd 就支持该功能。

现在你已经了解账户在 Kubernetes 中的工作方式，接下来让我们看看如何管理密钥。

6.4 使用 Kubernetes 管理密钥

Kubernetes 可以管理多种不同类型的密钥。让我们看一下这些密钥类型，然后创建自己的密钥并将其传递给容器。最后，我们将一起构建一个安全的 Pod。

6.4.1 Kubernetes 密钥的三种类型

密钥分为三种：

❑ 服务账户 API 令牌（用于与 API 服务器通信的凭据）。

❑ 仓库密钥（用于从私有仓库获取镜像的凭据）。

❑ Opaque 密钥（Kubernetes 不知道的密钥）。

每个服务账户都内置了服务账户 API 令牌（除非你指定了 `automountServiceAccount-Token: false`）。下面是 `link-manager` 的服务账户 API 令牌的密钥：

```
$ kubectl get secret link-manager-token-zgzff | grep link-manager-token
link-manager-token-zgzff   kubernetes.io/service-account-token  3   20h
```

`pull secrets` 镜像要复杂一些。不同的私有仓库的行为不同，并且需要不同的密钥。另外，某些私有仓库要求频繁刷新令牌。让我们看一下 DockerHub 的示例，DockerHub 默认让你拥有一个私有存储库。我将 `py-kube` 镜像转换到私有存储库，如图 6-1 所示。

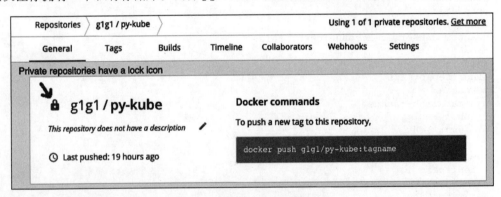

图 6-1　DockerHub 私有存储库

首先，我删除了本地 Docker 镜像。然后要拉取镜像，我需要创建一个仓库密钥：

```
$ kubectl create secret docker-registry private-dockerhub \
  --docker-server=docker.io \
  --docker-username=g1g1 \
  --docker-password=$DOCKER_PASSWORD \
  --docker-email=$DOCKER_EMAIL
secret "private-dockerhub" created

$ kubectl get secret private-dockerhub
NAME                  TYPE                              DATA    AGE
private-dockerhub     kubernetes.io/dockerconfigjson    1       16s
```

最后一个密钥类型是 Opaque，也是最有趣的密钥类型。你可以将敏感信息存储在 Kubernetes 不会触碰的 Opaque 密钥中。它只是为你提供了一个强大而安全的密钥存储库，以及一个用于创建、读取和更新这些密钥的 API。你可以通过多种方式创建 Opaque 密钥，例如：

- ❑ 从纯文本
- ❑ 从文件或目录
- ❑ 从一个 env 文件中（每一行都是一个键值对）
- ❑ 创建 kind 为 Secret 的 YAML 清单

这与 ConfigMaps 非常相似，下面让我们创建一些密钥。

6.4.2　创造自己的密钥

一种创建密钥的最简单、最有用的方法就是通过一个简单的包含键值对的 env 文件：

```
a=1
b=2
```

我们可以使用 -o yaml 标志（YAML 输出格式）来创建密钥，以查看创建的内容：

```
$ kubectl create secret generic generic-secrets --from-env-file=generic-
secrets.txt -o yaml

apiVersion: v1
data:
  a: MQ==
  b: Mg==
kind: Secret
metadata:
  creationTimestamp: 2019-02-16T21:37:38Z
  name: generic-secrets
  namespace: default
  resourceVersion: "1207295"
  selfLink: /api/v1/namespaces/default/secrets/generic-secrets
  uid: 14e1db5c-3233-11e9-8e69-0800275914a6
type: Opaque
```

密钥类型是 Opaque，返回值是 base64 编码的。要获取原始值需要进行解码，可以使用以下命令：

```
$ echo -n $(kubectl get secret generic-secrets -o jsonpath="{.data.a}") |
base64 -D
1
```

jsonpath 输出格式使你可以深入到对象的特定部分，也可以使用 jq（https://stedolan.github.io/jq/）实现类似的效果。

> 密钥不会被存储或传输，它们只是被 base-64 编码，任何人都可以解码。使用用户账户创建密钥（或获取密钥）时，你将获得解密密钥的 base-64 编码表示形式。并且由于你通过 HTTPS 与 Kubernetes API 服务器进行通信，因此它在磁盘上存储时是被加密的，在传输过程中也是被加密的。

我们已经了解了如何创建密钥，接下来看看如何将它们应用于容器中运行的工作负载。

6.4.3 将密钥传递到容器

将密钥传递给容器的方法有很多种，例如：

- ❑ 可以将密钥打包在容器镜像中。
- ❑ 可以将它们传递给环境变量。
- ❑ 可以将它们挂载为文件。

最安全的方法是将密钥文件挂载。当你将密钥打包到镜像中时，有权访问镜像的任何人都可以获取你的密钥。当你将密钥作为环境变量传递时，可以通过 `docker inspect`、`kubectl describe pod` 和子进程（如果你不清理环境）对其进行查看。此外，在报告错误时通常会记录整个环境，这需要所有开发人员严守纪律来清理和处理密钥。挂载文件不会遭受这些问题的困扰，但是注意，如果不仔细管理权限，那么任何可以使用 `kubectl exec` 进入容器的人员都可以查看任何挂载的文件，包括密钥信息。

让我们通过 YAML 清单创建一个密钥。选择此方法时，你需要对原始值进行 base64 编码：

```
$ echo -n top-secret | base64
dG9wLXNlY3JldA==

$ echo -n bottom-secret | base64
Ym90dG9tLXNlY3JldA==

apiVersion: v1
kind: Secret
type: Opaque
metadata:
  name: generic-secrets2
  namespace: default
data:
  c: dG9wLXNlY3JldA==
  d: Ym90dG9tLXNlY3JldA==
```

新的密钥创建完成后，可以使用 `kubectl get secret` 来获取它们，以验证它们是否已创建成功：

```
$ kubectl create -f generic-secrets2.yaml
secret "generic-secrets2" created

$ echo -n $(kubectl get secret generic-secrets2 -o jsonpath="{.data.c}") |
```

```
base64 -d
top-secret

$ echo -n $(kubectl get secret generic-secrets2 -o jsonpath="{.data.d}") |
base64 -d
bottom-secret
```

现在，我们知道了如何创建 opaque 或者通用密钥并将其传递到容器，接下来让我们把这些串在一起并构建一个安全的 Pod。

6.4.4　构建一个安全的 Pod

这里，示例 Pod 的内容是无须与 API 服务器通信的自定义服务（因此无须自动挂载服务账户令牌）。Pod 提供了 `imagePullSecret` 来获取私有存储库的镜像，并且还有一些作为文件挂载的通用密钥。

让我们开始学习如何构建安全的 Pod：

1）第一步是自定义服务账户，下面是 YAML 清单：

```
apiVersion: v1
kind: ServiceAccount
metadata:
  name: service-account
automountServiceAccountToken: false
```

让我们开始创建：

```
$ kubectl create -f service-account.yaml
serviceaccount "service-account" created
```

2）现在，我们将其附加到 Pod 上。这里附加了一个自定义服务账户，创建了一个引用了 `generic-secrets2` 密钥的密钥卷，然后将其挂载到 `/etc/generic-secrets2`。最后，将 `imagePullSecrets` 设置为之前创建的 `private-dockerhub` 密钥：

```
apiVersion: v1
kind: Pod
metadata:
  name: trouble
spec:
  serviceAccountName: service-account
  containers:
  - name: trouble
    image: g1g1/py-kube:0.2
    command: ["/bin/bash", "-c", "while true ; do sleep 10 ; done"]
    volumeMounts:
    - name: generic-secrets2
      mountPath: "/etc/generic-secrets2"
      readOnly: true
  imagePullSecrets:
  - name: private-dockerhub
  volumes:
```

```
  - name: generic-secrets2
    secret:
      secretName: generic-secrets2
```

3）接下来，创建 Pod 并开始探索：

```
$ kubectl create -f pod-with-secrets.yaml
pod "trouble" created
```

Kubernetes 能够从私有存储库中获取镜像。我们期望没有 API 服务器令牌（不存在
/var/run/secrets/kubernetes.io/serviceaccount/），并且密钥应作为文件挂
载到 /etc/generic-secrets2。通过使用 kubectl exec -it 启动一个交互式 shell
来验证这一点，查看该服务账户文件是否不存在但通用密钥 c 和 d 存在：

```
$ kubectl exec -it trouble bash

# ls /var/run/secrets/kubernetes.io/serviceaccount/
ls: cannot access '/var/run/secrets/kubernetes.io/serviceaccount/':
No such file or directory

# cat /etc/generic-secrets2/c
top-secret

# cat /etc/generic-secrets2/d
bottom-secret
```

看起来配置生效了！

这里，我们集中精力介绍如何管理自定义密钥，并构建了一个不能访问 Kubernetes
API 服务器的安全 Pod，但是通常你需要仔细管理不同实体对 Kubernetes API 服务器的访
问。Kubernetes 具有定义明确的**基于角色的访问控制模型（Role-Based Access Control，
RBAC）**，让我们一起来看看它的作用。

6.5 使用 RBAC 管理权限

RBAC 是一种用于管理对 Kubernetes 资源的访问的机制。从 Kubernetes 1.8 开始，
RBAC 被认为是稳定的，使用 --authorization-mode=RBAC 启动 API 服务器以启用
这个功能。API 服务器收到请求后，RBAC 开始工作，它的工作方式如下：

1）首先，它通过调用者的用户凭据或服务账户凭据对请求进行身份认证（如果失败，
则返回 401 unauthorized）。

2）接下来，它检查 RBAC 策略以认证请求者是否被授权可以对目标资源执行操作（如
果失败，则返回 403 forbidden）。

3）最后，它将通过准入控制器运行，该控制器可能出于某种原因拒绝或修改请求。

　　RBAC 模型由身份（用户账户和服务账户）、资源（Kubernetes 对象）、操作（标准动作例如获取、列出和创建）、角色和角色绑定组成。Delinkcious 服务不需要访问 API 服务器，因此它们不需要访问权限。但是，持续交付解决方案 Argo CD 在部署服务和所有相关对象时肯定需要访问权限。

　　让我们查看一个角色的代码片段，并对其进行详细介绍。你可以在这里找到源代码：https://github.com/argoproj/argo-cd/blob/master/manifests/install.yaml#L116：

```
apiVersion: rbac.authorization.k8s.io/v1
kind: Role
metadata:
  labels:
    app.kubernetes.io/component: server
    app.kubernetes.io/name: argo-cd
  name: argocd-server
rules:
- apiGroups:
  - ""
  resources:
  - secrets
  - configmaps
  verbs:
  - create
  - get
  - list
  ...
- apiGroups:
  - argoproj.io
  resources:
  - applications
  - appprojects
  verbs:
  - create
  - get
  - list
  ...
- apiGroups:
  - ""
  resources:
  - events
  verbs:
  - create
  - list
```

　　每个角色都有规则，每个规则为每个 API 组和该 API 组内的资源分配允许的操作列表。例如，对于空的 API 组（即核心 API 组）以及 configmaps 和 secrets 资源，Argo CD 服务器可以执行所有这些操作：

```
- apiGroups:
  - ""
  resources:
  - secrets
  - configmaps
```

```
    verbs:
    - create
    - get
    - list
    - watch
    - update
    - patch
    - delete
```

argoproj.io API 组以及 applications 和 appprojects 资源（都是由 Argo CD 定义的 CRD）具有另一个操作列表。最后，对于核心组的 events 资源，它只能使用 create 或 list：

```
- apiGroups:
  - ""
  resources:
  - events
  verbs:
  - create
- list
```

RBAC 角色仅适用于创建它的命名空间。这意味着，如果 Argo CD 是在特定的命名空间中创建的，那么 Argo CD 可以对 configmap 和 secrets 执行任何操作且不必担心。你可能还记得，我们是在集群中名为 argocd 的命名空间中安装了 Argo CD。

但是，与角色相似，RBAC 也支持集群角色 ClusterRole，其中列出的权限适用于整个集群范围。Argo CD 也具有集群角色，例如 argocd-application-controller 具有以下集群角色：

```
apiVersion: rbac.authorization.k8s.io/v1
kind: ClusterRole
metadata:
  labels:
    app.kubernetes.io/component: application-controller
    app.kubernetes.io/name: argo-cd
  name: argocd-application-controller
rules:
- apiGroups:
  - '*'
  resources:
  - '*'
  verbs:
  - '*'
- nonResourceURLs:
  - '*'
  verbs:
- '*'
```

这几乎可以访问集群中的任何内容，基本等价于完全没有 RBAC。我不确定 Argo CD 应用程序控制器为什么需要这种全局访问权限。我的猜测是，设置可以访问任何内容比显式列出所有允许的内容（列表可能很长）要容易得多。但是从安全角度来看，这并不是最佳实践。

角色和集群角色只是权限的列表，要使其正常工作，你需要将一个角色绑定到一组账户，这就是角色绑定和集群角色绑定起作用的地方。角色绑定仅在其命名空间中起作用。你可以对角色和集群角色进行角色绑定（在这种情况下，集群角色将仅在目标命名空间生效）。下面是一个参考示例：

```
apiVersion: rbac.authorization.k8s.io/v1
kind: RoleBinding
metadata:
  labels:
    app.kubernetes.io/component: application-controller
    app.kubernetes.io/name: argo-cd
  name: argocd-application-controller
roleRef:
  apiGroup: rbac.authorization.k8s.io
  kind: Role
  name: argocd-application-controller
subjects:
- kind: ServiceAccount
name: argocd-application-controller
```

集群角色绑定适用于整个集群，并且只能绑定集群角色（因为角色仅限于其命名空间）。

现在，你应该已经了解如何使用 RBAC 控制对 Kubernetes 资源的访问，下面让我们继续探索如何控制对微服务的访问。

6.6　通过认证、授权和准入控制访问权限

Kubernetes 提供了一个有趣的访问控制模型，相比普通的访问控制有进一步增强。对于微服务，它提供了认证、授权和准入的访问控制组合。其中，你可能比较熟悉认证（即谁在调用）和授权（即允许调用者做什么）。准入并不是很常见，它可以用于更加动态的情况，即使请求已经得到正确的认证和授权，该请求也可能被拒绝。

6.6.1　认证

前面介绍的服务账户和 RBAC 都是管理 Kubernetes 对象的身份和访问不错的解决方案。但是，在微服务架构中，微服务之间会进行大量通信，这种通信发生在集群内部，可能被认为不太容易受到攻击，但是深度防御原则也指导我们需要对通信进行加密、认证和管理。这里有几种参考方法，其中最健壮的方法是构建自己的**公钥基础设施（Public Key Infrastructure，PKI）和证书颁发机构（Certificate Authority，CA）**，它们可以随着服务实例的增减进行证书的发行、吊销和更新，这种方法实现起来比较复杂（如果使用云提供商，他们可能会为你提供这种服务）。一种更简单的方法是利用 Kubernetes 密钥并在两个可以互相通信的服务之间创建共享密钥，然后当有请求进入时，我们可以检查调用服务是否传递了正确的密钥，从而对它进行认证。

让我们为 link-manager 和 graph-manager 创建一个共享密钥（注意它必须是 base64 编码的）：

```
$ echo -n "social-graph-manager: 123" | base64
c29jaWFsLWdyYXBoLW1hbmFnZXI6IDEyMw==
```

然后，我们将为 link-manager 创建一个 Kubernetes 密钥，如下所示：

```
apiVersion: v1
kind: Secret
type: Opaque
metadata:
  name: mutual-auth
  namespace: default
data:
  mutual-auth.yaml: c29jaWFsLWdyYXBoLW1hbmFnZXI6IDEyMw==
```

ℹ️ 切勿将密钥提交到源代码，这里的示例仅为了演示说明。

要使用 kubectl 和 jsonpath 格式查看密钥的值，你需要对 mutual-auth.yaml 文件名中的点进行转义：

```
$ kubectl get secret link-mutual-auth -o "jsonpath={.data['mutual-auth\.yaml']}" | base64 -D
social-graph-manager: 123
```

对 social-graph-manager 重复执行上述过程：

```
$ echo -n "link-manager: 123" | base64
bGluay1tYW5hZ2VyOiAxMjM=
```

然后，我们再为 social-graph-manager 创建一个 Kubernetes 密钥，如下所示：

```
apiVersion: v1
kind: Secret
type: Opaque
metadata:
  name: mutual-auth
  namespace: default
data:
  mutual-auth.yaml: bGluay1tYW5hZ2VyOiAxMjM=
```

这时，link-manager 和 social-graph-manager 有了一个共享密钥，我们可以将其挂载到各自的 Pod。下面是 link-manager 部署中的 Pod 规约，该规约将卷中的密钥挂载到 /etc/delinkcious，密钥将显示为 mutual-auth.yaml 文件：

```
spec:
  containers:
  - name: link-manager
```

```
      image: g1g1/delinkcious-link:0.3
      imagePullPolicy: Always
      ports:
      - containerPort: 8080
      envFrom:
      - configMapRef:
          name: link-manager-config
      volumeMounts:
      - name: mutual-auth
        mountPath: /etc/delinkcious
        readOnly: true
volumes:
- name: mutual-auth
  secret:
    secretName: link-mutual-auth
```

我们可以将相同的约定应用于所有服务，这样做的结果是每个 Pod 都有一个名为 /etc/delinkcious/mutual-auth.yaml 的文件，其中包含需要与之通信的所有服务的令牌。基于这个约定，我们创建了一个名为 auth_util 的小程序包，该程序包会读取文件、填充映射以及公开一组用于映射和匹配调用者和令牌的函数。auth_util 包本身是具有键值对且格式为 <caller>: <token> 的 YAML 文件。

下面是这些声明和映射：

```
package auth_util

import (
    _ "github.com/lib/pq"
    "gopkg.in/yaml.v2"
    "io/ioutil"
    "os"
)

const callersFilename = "/etc/delinkcious/mutual-auth.yaml"

var callersByName = map[string]string{}
var callersByToken = map[string][]string{}
```

init() 函数读取文件（除非将 env 变量 DELINKCIOUS_MUTUAL_AUTH 设置为 false），将其解组到 callersByName 映射中，然后对其进行迭代并填充反向的 callersByToken 映射，其中令牌作为键、调用者作为值（可能会有重复）：

```
func init() {
    if os.Getenv("DELINKCIOUS_MUTUAL_AUTH") == "false" {
        return
    }

    data, err := ioutil.ReadFile(callersFilename)
    if err != nil {
        panic(err)
    }
```

```
err = yaml.Unmarshal(data, callersByName)
if err != nil {
    panic(err)
}
for caller, token := range callersByName {
    callersByToken[token] = append(callersByToken[token], caller)
}
}
```

最后，函数 `GetToken()` 和 `HasCaller()` 提供了相互通信的服务端和客户端所使用的包的外部接口：

```
func GetToken(caller string) string {
    return callersByName[caller]
}

func HasCaller(caller string, token string) bool {
    for _, c := range callersByToken[token] {
        if c == caller {
            return true
        }
    }

    return false
}
```

让我们看看 link 服务如何调用社交图谱服务的 `GetFollowers()` 方法。`Get-Followers()` 方法从环境变量中提取认证令牌，并将其与标头中提供的令牌进行比较（只有 link 服务知道），以认证调用者确实是 link 服务。和往常一样，应用程序的核心逻辑不会改变，整个认证方案在传输层和客户端层隔离。由于社交图谱服务使用 HTTP 传输，因此客户端将令牌存储在名为 `Delinkcious-Caller-Service` 的标头中。它在不知道密钥的来源的情况下通过 `GetToken()` 函数从 `auth_util` 包中获取令牌（在示例中，Kubernetes 密钥是作为文件挂载的）：

```
// encodeHTTPGenericRequest is a transport/http.EncodeRequestFunc that
// JSON-encodes any request to the request body. Primarily useful in a
client.
func encodeHTTPGenericRequest(_ context.Context, r *http.Request, request
interface{}) error {
    var buf bytes.Buffer
    if err := json.NewEncoder(&buf).Encode(request); err != nil {
        return err
    }
    r.Body = ioutil.NopCloser(&buf)

    if os.Getenv("DELINKCIOUS_MUTUAL_AUTH") != "false" {
        token := auth_util.GetToken(SERVICE_NAME)
        r.Header["Delinkcious-Caller-Token"] = []string{token}
    }
    return nil
}
```

在服务方面，社交图谱服务传输层确保 `Delinkcious-Caller-Token` 存在并且包含有效的调用者令牌：

```
func decodeGetFollowersRequest(_ context.Context, r *http.Request)
(interface{}, error) {
    if os.Getenv("DELINKCIOUS_MUTUAL_AUTH") != "false" {
        token := r.Header["Delinkcious-Caller-Token"]
        if len(token) == 0 || token[0] == "" {
            return nil, errors.New("Missing caller token")
        }

        if !auth_util.HasCaller("link-manager", token[0]) {
            return nil, errors.New("Unauthorized caller")
        }
    }
    parts := strings.Split(r.URL.Path, "/")
    username := parts[len(parts)-1]
    if username == "" || username == "followers" {
        return nil, errors.New("user name must not be empty")
    }
    request := getByUsernameRequest{Username: username}
    return request, nil
}
```

这种机制的优势在于，我们在传输层中保留了所有烦琐的解析文件，从 HTTP 请求中提取了标头的内容，并使核心逻辑保持原始状态。

在第 13 章中，我们将介绍另一种使用服务网格对微服务进行认证的解决方案。现在，让我们继续了解关于微服务授权的内容。

6.6.2　授权

授权微服务可能非常简单也可能非常复杂。在最简单的情况下，如果对调用的微服务进行了身份认证，则可以授权执行任何操作。但是，有时这还不够，你可能需要一个非常复杂的、更细粒度的授权，具体取决于其他请求参数。例如，在我曾经工作的一家公司中，我为具有时空维度的传感器网络开发了一种授权方案，用户可以查询数据，但仅限于某些特定的城市、建筑、楼层或房间。

如果从他们无权查询的位置请求数据，则他们的请求会被拒绝。请求还会受到时间范围的限制，即无法在其指定的时间范围之外进行查询。

对于示例应用程序 Delinkcious，你可以想象用户被限制仅查看自己的链接以及他们关注的用户的链接（如果允许的话）。

6.6.3　准入

认证和授权是人们熟知的访问控制机制（尽管要做好不容易）。准入则是授权之后的又一个步骤。即使对请求进行了认证和授权，也可能无法响应该请求。这可能是由于服务器上的速率限制或者某些间歇性问题引起的。Kubernetes 还实现了一些其他功能，例如在准入过程中修改请求[⊖]。

到目前为止，我们已经讨论了账户、密钥和访问控制。但是，要构建一个安全可靠的集群，仍然有许多工作要做。

6.7 通过安全最佳实践增强 Kubernetes

在本节中，我们将介绍各种安全最佳实践，然后逐渐改进升级 Delinkcious 应用程序。

6.7.1 镜像安全

我们的首要任务之一就是确保部署到集群的镜像是安全的，以下有几个好的指导原则可供参考。

1. 强制拉取最新镜像

在容器规约中，有一个镜像拉取策略 `ImagePullPolicy` 的可选项，其默认值为 `IfNot-Present`。该默认设置存在以下几个问题：

❑ 如果使用诸如 latest（建议不要这么做）之类的标签，那么你将无法用到更新后的镜像。

❑ 可能与同一节点上的其他租户有冲突。

❑ 同一节点上的其他租户也可以运行你的镜像。

Kubernetes 有一个名为 `AlwaysPullImages` 的准入控制器，该控制器将每个 Pod 的 `ImagePullPolicy` 设置为 `AlwaysPullImages`。即使镜像存在并且你有权使用它们，你也会被强制要求拉取镜像，这可以防止镜像拉取的各种问题。你可以将 `--enable-admission-controllers` 标志传递到 `kube-apiserver` 启用的准入控制器列表来打开此准入控制器。

2. 漏洞扫描

你的代码或依赖项中的漏洞会使攻击者可以访问到你的系统。国家漏洞数据库（https://nvd.nist.gov/）是学习新漏洞及管理流程的好地方，例如**安全内容自动化协议（Security Content Automation Protocol，SCAP）**。

你可以尝试 Claire（https://github.com/coreos/clair）和 Anchore（https://anchore.com/kubernetes/）等开源解决方案，也可以考虑其他商业解决方案。许多镜像仓库同时也提供扫描服务。

⊖ 更多信息请参考 https://kubernetes.io/docs/reference/access-authn-authz/admission-controllers/#mutatingadmissionwebhook。——译者注

3. 更新依赖

建议让依赖项保持最新状态，尤其是当它们解决了一些已知漏洞时。这里，你需要在警惕和保守之间找到一个适当的平衡。

4. 固定基础镜像的版本

固定基础镜像的版本对于确保可重复的构建至关重要。如果未指定基础镜像版本，那么将会选择最新版本，而这可能不是你想要的版本。

5. 最小化基础镜像

最小化攻击面原则要求你使用尽可能小的基础镜像。镜像越小，限制越多越好。除了这些安全优势之外，你还可以享受更快的拉取和推送速度（尽管只有在升级基础镜像时层才有意义）。Alpine 是非常受欢迎的基础镜像。Delinkcious 应用程序将这种方法发挥到了极致，并使用 SCRATCH 镜像作为基础镜像。几乎整个服务都是 Go 可执行文件，体积小、速度快而且安全。但是，当需要解决问题时也会付出一些代价，因为没有太好的工具可以帮助到你。

如果遵循所有这些准则，镜像将是安全的，但我们仍然应该遵循最小特权和零信任的基本原则，并在网络级别上最小化爆炸半径。如果容器、Pod 或节点以某种方式受到损害，则不应允许它们访问网络的其他部分，除非这些组件上运行的工作负载必须要这样做。这就需要命名空间和网络策略来解决。

6.7.2　网络安全——分而治之

在深度防御中，除了认证之外，你还可以通过使用命名空间和网络策略来确保服务仅在彼此之间可以进行通信。命名空间是一个非常直观但功能强大的概念。但是，它们本身并不能阻止同一集群中的 Pod 相互通信。在 Kubernetes 中，集群中的所有 Pod 共享相同的平面网络地址空间，这也是 Kubernetes 网络模块的极大简化机制之一。不同的 Pod 可以位于相同的节点上，也可以位于不同的节点上，这并没有影响。

每个 Pod 都有自己的 IP 地址（即使在具有单个 IP 地址的同一物理节点或 VM 上运行多个 Pod），这是网络策略凸显作用的地方。网络策略基本上是一组规则，既可以指定 Pod 之间的集群内部通信（东西流量），也能够指定集群中的服务与外部之间的通信（南北流量）。如果未指定网络策略，则默认情况下，每个 Pod 的所有端口上都允许所有传入流量（入站）。从安全角度来看，这是不可接受的。

首先让我们阻止所有入站流量，然后根据需要有选择地开放：

```
apiVersion: networking.k8s.io/v1
kind: NetworkPolicy
metadata:
  name: deny-all
spec:
```

```
podSelector: {}
policyTypes:
- Ingress
```

注意，网络策略是在 Pod 级别上起作用的。你可以使用标签指定 Pod，这也是你应该使用有意义的标签正确对 Pod 分组的主要原因之一。

在应用此策略之前，我们需要先确认网络是可以正常工作的，如下面的代码所示：

```
# http GET http://$SOCIAL_GRAPH_MANAGER_SERVICE_HOST:9090/following/gigi

HTTP/1.1 200 OK
Content-Length: 37
Content-Type: text/plain; charset=utf-8
Date: Mon, 18 Feb 2019 18:00:52 GMT

{
    "err": "",
    "following": {
        "liat": true
    }
}
```

但是，在应用 `deny-all` 策略之后，我们将收到超时错误，如下所示：

```
# http GET http://$SOCIAL_GRAPH_MANAGER_SERVICE_HOST:9090/following/gigi

http: error: Request timed out (30s).
```

现在所有的 Pod 都被隔离了，接着我们让 `social-graph-manager` 可以与它的数据库通信。下面是一个网络策略，仅允许 `social-graph-manager` 访问 `social-graph-db` 上的端口 5432：

```
apiVersion: networking.k8s.io/v1
kind: NetworkPolicy
metadata:
  name: allow-social-graph-db
  namespace: default
spec:
  podSelector:
    matchLabels:
      svc: social-graph
      app: db
  ingress:
  - from:
    - podSelector:
        matchLabels:
          svc: social-graph
          app: manger
    ports:
    - protocol: TCP
      port: 5432
```

以下附加策略允许从 `link-manager` 到 `social-graph-manager` 上的端口 9090 入站访问，如下面的代码所示：

```
apiVersion: networking.k8s.io/v1
kind: NetworkPolicy
metadata:
  name: allow-link-to-social-graph
  namespace: default
spec:
  podSelector:
    matchLabels:
      svc: social-graph
      app: manager
  ingress:
  - from:
    - podSelector:
        matchLabels:
          svc: link
          app: manger
    ports:
    - protocol: TCP
      port: 9090
```

除了安全优势外，网络策略还可以作为实时文档来记录整个系统中的信息流。你可以准确地指出哪些服务与哪些其他服务以及外部服务通信。

目前，我们也已经控制了网络。现在，是时候将我们的注意力转向镜像仓库。毕竟，这是我们获得镜像的地方，需要很多的权限设置。

6.7.3　镜像仓库安全

强烈建议使用私有镜像仓库。如果你有一些专利代码，不能发布具有公共访问权限的容器，因为对镜像进行反向工程将使攻击者具有访问权限。然后，除此之外还有一些其他原因，比如你可以更好地控制（和审计）从仓库中拉取和推送镜像。

关于私有镜像仓库，这里有两个选项：

❏ 使用由第三方（如 AWS、Google、Microsoft 或 Quay）管理的私有仓库。

❏ 使用你自己的私有仓库。

如果你将系统部署在与镜像仓库具有良好集成的云平台上，或者在云原生架构中你不打算管理自己的仓库，并且希望让第三方（例如 Quay）帮你管理，那么参考第一种选项。

如果你需要对所有镜像（包括基础镜像和依赖项）进行额外控制，则第二个选项（运行你自己的容器仓库）可能更适合。

6.7.4　按需授予访问权限

最小特权原则指导你仅对实际需要 Kubernetes 资源的服务（例如 Argo CD）授予访问权

限。RBAC 是一个不错的选择，因为默认情况下所有内容都是被锁住的，然后按需再显式添加权限。但是，请注意不要仅仅因为避免 RBAC 配置的困难而陷入为所有内容设置通配符访问的陷阱。例如，让我们看一下具有以下规则的集群角色：

```
rules:
- apiGroups:
  - '*'
  resources:
  - '*'
  verbs:
  - '*'
- nonResourceURLs:
  - '*'
  verbs:
  - '*'
```

这比禁用 RBAC 还糟糕，因为它给你带来了错误的安全感。另一个更加动态的方法是通过 Webhook 和外部服务器进行动态的认证、授权和准入控制，这将给你带来最大的灵活性。

6.7.5 使用配额最小化爆炸半径

限制（limit）和配额（quota）是一种 Kubernetes 机制，你可以控制分配给集群、Pod 和容器的各种资源限制，例如 CPU 和内存。它们非常有用，体现在以下几个方面：
- ❑ 性能
- ❑ 容量规划
- ❑ 成本管理
- ❑ 它们帮助 Kubernetes 根据资源利用率调度 Pod

当你的工作负载在预算范围内运行时，所有事情都变得更加可预测且更易于管理，尽管你必须认真确定实际需要多少资源并随时间推移进行调整。这并不像听起来那样糟糕，因为通过 Pod 水平自动扩展，你可以让 Kubernetes 动态调整服务的 Pod 数量，即使每个 Pod 都有非常严格的配额。

从安全角度来看，如果攻击者可以访问集群上运行的工作负载，那么配额将限制可以使用的物理资源。目前，最常见的攻击之一是通过加密货币挖矿使目标资源饱和。类似的攻击类型是 fork 炸弹，它通过使恶意进程不受控制地自我复制，从而消耗了所有可用资源。网络策略通过限制对网络上其他 Pod 的访问来限制受损工作负载的爆炸半径。资源配额则限制受感染 Pod 的托管节点使爆炸半径最小化。

配额有几种类型，例如：
- ❑ 计算配额（CPU 和内存）
- ❑ 存储配额（磁盘和外部存储）
- ❑ 对象（Kubernetes 对象）
- ❑ 扩展资源（非 Kubernetes 资源，例如 GPU）

资源配额可以做到非常细微。首先你需要了解几个概念，例如单位和范围，以及请求和限制之间的差异。下面将介绍这些基础知识，并通过为 Delinkcious 用户服务添加资源配额来进行演示。我们将资源配额分配给容器，将其添加到容器规约中，如下所示：

```
apiVersion: apps/v1
kind: Deployment
metadata:
  name: user-manager
  labels:
    svc: user
    app: manager
spec:
  replicas: 1
  selector:
    matchLabels:
      svc: user
      app: manager
  template:
    metadata:
      labels:
        svc: user
        app: manager
    spec:
      containers:
      - name: user-manager
        image: g1g1/delinkcious-user:0.3
        imagePullPolicy: Always
        ports:
        - containerPort: 7070
        resources:
          requests:
            memory: 64Mi
            cpu: 250m
          limits:
            memory: 64Mi
            cpu: 250m
```

资源下有两部分内容：

❑ **请求**：请求是容器为了启动而请求的内容。如果 Kubernetes 无法满足对特定资源的请求，它将不会启动 Pod。你的工作负载可以确保在其整个生命周期内都分配有足够的 CPU 和内存。

　　在这部分内容中，我指定了一个 64Mi 的内存和 250m 个 CPU 单元的请求（有关这些单元的说明，参见下一小节）。

❑ **限制**：限制是工作负载可以访问的资源的上限。超出其内存限制的容器可能会被杀死，并且可能会将整个 Pod 从节点中驱逐出去。如果容器被杀死或者 Pod 被驱逐，Kubernetes 将重启容器，重新调度容器 Pod，就像处理其他类型的故障一样。如果一个容器超过其 CPU 限制，它不会被杀死，甚至可能侥幸维持了一段时间，但由于 CPU 是更容易控制，它可能不会得到所有的 CPU 请求并保持在限制的资源内。

通常，将请求指定为限制是最好的方法，就像我们为用户管理器所做的那样。工作负载知道它已经拥有了将需要的所有资源，并且不必担心同一节点上的其他饥饿邻居争夺同一资源池。

尽管每个容器都指定了资源，但是如果 Pod 内有多个容器，那么考虑整个 Pod 的总资源请求（所有容器请求的总和）很重要。这样做的原因是，Kubernetes 总是将 Pod 作为一个单元进行调度。如果你有一个包含 10 个容器的 Pod，每个容器要求 2Gib 的内存，那么这意味着你的 Pod 需要一个具有 20Gib 可用内存的节点。

请求和限制单位

你可以使用以下后缀来表示内存请求和限制：E、P、T、G、M 和 K。你还可以使用两个字母后缀（会大一点）的幂，即 Ei、Pi、Ti、Gi、Mi 和 Ki。你也可以只使用整数，包括字节的指数表示法。

以下内容大致相同：257、988、979、258e6、258M 和 246Mi。CPU 单元与托管环境有关，如下所示：

- ❏ 1 个 AWS vCPU
- ❏ 1 个 GCP Core
- ❏ 1 个 Azure vCore
- ❏ 1 个 IBM vCPU
- ❏ 1 个具有超线程功能的裸机 Intel 处理器上的超线程

CPU 请求的分辨率可以为 0.001，一个更方便的方法是使用 milliCPU 单位，并且只使用带 m 后缀的整数，例如 100m 是 0.1 个 CPU。

6.7.6 实施安全上下文

有时，Pod 和容器需要升级特权或对节点的访问权限。对于你的应用程序工作负载而言，这可能是非常罕见的。但是，在必要时 Kubernetes 会提供安全上下文的概念，该上下文封装并允许你配置多个 Linux 安全概念和机制。从安全角度来看，这是至关重要的，因为你打开了一条从容器世界进入主机的隧道。

这是安全上下文涵盖的一些机制的列表：

- ❏ 允许（或禁止）特权升级。
- ❏ 通过用户 ID 和组 ID（`runAsUser`、`runAsGroup`）的访问控制。
- ❏ 不配置无限制的 root 访问。
- ❏ 使用 AppArmor 和 seccomp 配置文件。
- ❏ SELinux 配置。

其中有许多细节和交互超出了本书讨论的范围，下面仅分享一个 `SecurityContext` 的示例：

```
apiVersion: v1
kind: Pod
metadata:
  name: secure-pod
spec:
  containers:
  - name: some-container
    image: g1g1/py-kube:0.2
    command: ["/bin/bash", "-c", "while true ; do sleep 10 ; done"]
    securityContext:
      runAsUser: 2000
      allowPrivilegeEscalation: false
      capabilities:
        add: ["NET_ADMIN", "SYS_TIME"]
      seLinuxOptions:
        level: "s0:c123,c456"
```

这个安全策略执行不同的操作，例如将容器内的用户 ID 设置为 2000，并且不允许特权升级（获取 root），如下所示：

```
$ kubectl exec -it secure-pod bash

I have no name!@secure-pod:/$ whoami
whoami: cannot find name for user ID 2000

I have no name!@secure-pod:/$ sudo su
bash: sudo: command not found
```

安全上下文是集中管理 Pod 或容器安全方面的一种非常好的方法，但是在大型集群中，你可能会安装一些第三方包（比如 Helm Charts），因此很难确保每个 Pod 和容器都获得正确的安全上下文，这就需要 Pod 的安全策略来解决。

6.7.7　使用安全策略强化 Pod

Pod 安全策略允许你设置适用于所有新创建的 Pod 的全局策略，它是访问控制中准入阶段的一部分。Pod 安全性策略可以为没有安全性上下文的 Pod 创建安全性上下文，或者当 Pod 具有与策略不匹配的安全性上下文时，拒绝对 Pod 的创建和更新。下面是一个安全策略，它将阻止 Pod 获得允许访问主机设备的特权：

```
apiVersion: policy/v1beta1
kind: PodSecurityPolicy
metadata:
  name: disallow-privileged-access
spec:
  privileged: false
  allowPrivilegeEscalation: false
  # required fields.
  seLinux:
    rule: RunAsAny
  supplementalGroups:
    rule: RunAsAny
```

```
supplementalGroups:
  rule: RunAsAny
runAsUser:
  rule: RunAsAny
fsGroup:
  rule: RunAsAny
volumes:
- '*'
```

以下是一些可以实施的参考策略（如果认为 Pod 不需要使用这些功能）：

❑ 只读根文件系统

❑ 控制挂载主机卷

❑ 防止特权访问和升级

最后但同样重要的是，我们需要确保与 Kubernetes 集群配合使用的工具也是安全的。

6.7.8　强化工具链

Delinkcious 自包含做得很好，它使用的主要工具就是 Argo CD。Argo CD 在集群中运行并会从 GitHub 拉取内容，这可能会造成很多潜在的破坏。尽管如此，它仍然具有很多权限。在决定将 Argo CD 用作 Delinkcious 的持续交付解决方案之前，我们需要从安全角度认真审查。Argo CD 开发人员在思考如何使 Argo CD 更安全方面做得非常出色，他们做出了明智的选择并实现了它们，然后通过文档说明了如何可以安全地运行 Argo CD。以下是 Argo CD 提供的安全功能：

❑ 通过 JWT 令牌对管理员用户进行认证。

❑ 通过 RBAC 进行授权。

❑ 通过 HTTPS 进行安全通信。

❑ 密钥和凭据管理。

❑ 审计。

❑ 集群 RBAC。

让我们对以上内容都做一些简要的说明。

1. 通过 JWT 令牌对管理员用户进行认证

Argo CD 具有内置的管理员用户，所有其他用户必须使用**单点登录**（Single-Sign On，SSO）。对 Argo CD 服务器的认证始终使用 JSON Web Token（JWT），管理员用户凭据也将转换为 JWT。

它还通过 /api/v1/projects/{project}/roles/{role}/token 端点支持自动化，该端点生成由 Argo CD 本身签发的自动化令牌。这些令牌的范围受到限制，并且很快就会过期。

2. 通过 RBAC 进行授权

Argo CD 通过将用户的 JWT 组声明映射到 RBAC 角色来授权请求。这是通过 RBAC

将身份认证的行业标准与 Kubernetes 授权模型结合的典范。

3. 通过 HTTPS 进行安全通信

所有 Argo CD 入站、出站以及其自身组件之间的所有通信均通过 HTTPS/TLS 完成。

4. 密钥和凭据管理

Argo CD 需要管理许多敏感信息，例如：

- ❏ Kubernetes 密钥
- ❏ Git 凭据
- ❏ OAuth2 客户端凭据
- ❏ 外部集群的凭据（如果未安装在集群中）

Argo CD 将确保所有这些密钥的安全。它不会通过返回响应或记录它们来泄露它们，并且所有 API 响应和日志均已清理和删除。

5. 审计

你可以通过查看 git 提交日志来审计大多数活动，包括触发 Argo CD 的所有内容。但是，Argo CD 还会发送各种事件来捕获集群内活动，以提高可视性。这种组合功能十分强大。

6. 集群 RBAC

默认情况下，Argo CD 使用集群范围的管理角色，这是没有必要的。建议将其写权限限制在需要管理的命名空间内。

6.8 小结

在本章中，我们认真研究了一个严肃的主题：安全性。基于微服务的架构和 Kubernetes 对于支持关键任务目标并经常管理敏感信息的大型企业分布式系统来说非常有意义。除了开发和发展此类复杂系统所面临的挑战之外，我们还必须意识到，此类系统为攻击者提供了非常诱人的目标。

我们必须使用严格的流程和最佳实践来保护系统、用户和数据。首先，我们介绍了安全性原则和最佳实践，并且还看到了它们如何相互支持，以及 Kubernetes 如何致力于应用它们来支持我们安全地开发和维护系统。

我们还讨论了作为 Kubernetes 上微服务安全性基础的支柱：认证 / 授权 / 准入、集群内部和外部的安全通信、强大的密钥管理（存储加密和传输加密）以及分层安全策略。

此时，你应该对安全机制有了清晰的了解，并有足够的信息来决定如何将它们集成到系统中。安全性是个持续的话题，但是利用最佳实践将使你在每个时间点都能在安全性与系统其他要求之间找到适当的平衡。

在下一章中，我们将最终向外部开放 Delinkcious！我们将研究 API、负载平衡器，以及有关性能和安全的重要注意事项。

6.9 扩展阅读

Kubernetes 安全有很多很好的资源，这里收集了一些非常好的外部资源，希望这些资源将对你有所帮助：

❑ Kubernetes 安全：https://kubernetes-security.info/。

❑ Microsoft SDL 实践：https://www.microsoft.com/en-us/securityengineering/sdl/practices。

以下 Kubernetes 文档页面扩展了我们在本章中讨论的许多主题：

❑ 网络策略：https://kubernetes.io/docs/concepts/services-networking/network-policies/。

❑ 资源配额：https://kubernetes.io/docs/concepts/policy/resource-quotas/。

❑ 为 Pod 或容器配置安全上下文：https://kubernetes.io/docs/tasks/configure-pod-container/security-context/。

第 7 章 | *Chapter 7*

API 与负载均衡器

在本章中，我们最终将向外部开放 Delinkcious 应用程序，允许用户从集群外部与其进行交互。这点很重要，因为 Delinkcious 用户无法访问集群内部运行的服务。我们将通过添加基于 Python 的 API 网关服务将这些内部服务开放（包括社交网站登录）来扩展 Delinkcious 应用程序的功能。我们还将添加一个基于 gRPC 的消息服务，用户可以点击该消息服务获取他们关注的用户的消息。最后，我们将添加一个消息队列，使服务以松耦合的方式进行通信。

在本章中，我们将介绍以下主题：

- ❏ 熟悉 Kubernetes 服务。
- ❏ 东西流量与南北流量。
- ❏ 理解 ingress 和负载均衡。
- ❏ 提供和使用公共 REST API。
- ❏ 提供和使用内部 gRPC API。
- ❏ 通过消息队列发送和接收事件。
- ❏ 服务网格。

7.1 技术需求

在本章中，我们将向 Delinkcious 添加一个 Python 服务，你不需要安装任何新软件 / 工具。然后，我们将为 Python 服务构建一个 Docker 镜像。

本章代码

你可以在 https://github.com/the-gigi/delinkcious/releases/tag/v0.5 中找到更新的 Delinkcious 应用程序。

7.2　熟悉 Kubernetes 服务

Pod（捆绑在一起的一个或多个容器）是 Kubernetes 的工作单元。部署会确保有足够数量的 Pod 运行。然而，个别 Pod 的生命周期是短暂的。Kubernetes 服务将 Pod 作为一个连续的服务开放给集群中的其他服务，甚至是外部的世界。Kubernetes 服务提供了一种稳定的标识，通常以 1∶1 的比例映射到应用程序服务（可能是微服务或传统服务）。我们来查看下集群中的所有服务：

```
$ kubectl get svc
NAME                    TYPE          CLUSTER-IP       EXTERNAL-IP    PORT(S)      AGE
api-gateway             LoadBalancer  10.103.167.102   <pending>      80:31965/TCP
6m2s
kubernetes              ClusterIP     10.96.0.1        <none>         443/TCP
25m
link-db                 ClusterIP     10.107.131.61    <none>         5432/TCP
8m53s
link-manager            ClusterIP     10.109.32.254    <none>         8080/TCP
8m53s
news-manager            ClusterIP     10.99.206.183    <none>         6060/TCP
7m45s
news-manager-redis      ClusterIP     None             <none>         6379/TCP
7m45s
social-graph-db         ClusterIP     10.106.164.24    <none>         5432/TCP
8m38s
social-graph-manager    ClusterIP     10.100.107.79    <none>         9090/TCP
8m37s
user-db                 ClusterIP     None             <none>         5432/TCP
8m10s
user-manager            ClusterIP     10.108.45.93     <none>         7070/TCP
8m10s
```

通过前几章的介绍，现在你已经了解了如何使用 Kubernetes 服务部署 Delinkcious 微服务，以及如何通过 Kubernetes 的环境变量发现和调用微服务。除此之外，Kubernetes 还提供基于 DNS 的服务发现。

可以通过 DNS 名称在集群内访问每个服务：

```
<service name>.<namespace>.svc.cluster.local
```

但是，我更喜欢使用环境变量，因为它允许服务运行在 Kubernetes 之外进行测试。

以下命令分别使用环境变量和 DNS 查找 `social-graph-manager` 服务的 IP 地址：

```
$ dig +short social-graph-manager.default.svc.cluster.local
10.107.162.99

$ env | grep SOCIAL_GRAPH_MANAGER_SERVICE_HOST
SOCIAL_GRAPH_MANAGER_SERVICE_HOST=10.107.162.99
```

Kubernetes 通过指定标签选择器将服务与后端的 Pod 相关联。例如，如以下代码所示，`news-service` 服务后端由具有 `svc: link` 和 `app: manager` 标签的 Pod 支持：

```
spec:
  replicas: 1
  selector:
    matchLabels:
      svc: link
      app: manager
```

然后，Kubernetes 通过 `endpoints` 资源管理与标签选择器匹配的所有 Pod 的 IP 地址，如下所示：

```
$ kubectl get endpoints
NAME                    ENDPOINTS
AGE
api-gateway             172.17.0.15:5000
1d
kubernetes              192.168.99.137:8443
51d
link-db                 172.17.0.19:5432
40d
.
.
.
social-graph-db         172.17.0.16:5432
50d
social-graph-manager    172.17.0.18:9090
43d
```

端点资源 `endpoints` 始终维护服务的所有后端 Pod 的 IP 地址和端口的最新列表。当添加、删除或重新创建具有其他 IP 地址和端口的 Pod 时，`endpoints` 资源也会更新。现在，让我们看看 Kubernetes 提供哪些类型的服务。

Kubernetes 的服务类型

Kubernetes 服务必须属于某一种类型，了解何时使用哪种类型的服务非常重要。下面让我们介绍一下各种服务类型以及它们之间的区别：

❑ ClusterIP（默认值）：ClusterIP 类型意味着只能在集群内访问该服务。这是默认设置，它非常适合微服务之间相互通信。出于测试目的，你可以使用 `kube-proxy` 或 `port-forwarding` 公开此类服务，这种方式也是查看 Kubernetes 仪表板或其他内部服务 UI 的好方法，例如 Delinkcious 中的 Argo CD。

如果不希望指定 ClusterIP 类型，请将 ClusterIP 设置为 None。

❏ NodePort：NodePort 类型的服务通过所有节点上的专用端口对外开放，你可以通过 <NodeIP>:<NodePort> 访问该服务。NodePort 可以通过 --service-node-port-range 标志控制端口范围（默认情况下，这个范围是 30000～32767）。

你还可以在服务定义中明确指定 NodePort。如果通过指定的节点端口公开了大量服务，那么你务必要仔细管理这些端口以避免冲突。当请求通过专用 NodePort 进入节点时，kubelet 将负责将其转发到 Pod 所在的节点（你可以通过端点找到它）。

❏ LoadBalancer：当你的 Kubernetes 集群运行在提供负载均衡器支持的云平台上时，这类服务最常见。尽管对于本地集群也有支持 Kubernetes 的负载均衡器，但外部负载均衡器将负责接受外部请求并通过服务将请求路由到后端的 Pod。通常云平台都有其特殊的复杂之处，比如需要特殊注释，或者必须创建双重服务来处理内部和外部请求。我们将使用 LoadBalancer 类型对外公开 Delinkcious 应用程序，Minikube 提供了负载均衡器仿真。

❏ ExternalName：这些服务只是将对服务的请求解析为外部提供的 DNS 名称。如果你的服务需要与不在集群中运行的外部服务进行通信，但你仍希望能够像 Kubernetes 服务那样找到它们，这将非常有用。如果你计划在某些时候将这些外部服务迁移到集群，这可能也是很有帮助的。

现在我们了解了所有服务类型，接下来让我们讨论下集群内部的跨服务通信与对外部开放服务之间的差异。

7.3 东西流量与南北流量

东西流量是指服务 /Pod/ 容器在集群内的相互通信。你可能还记得，Kubernetes 通过 DNS 和环境变量公开了集群内的所有服务，这解决了集群内的服务发现问题。你可以通过网络策略或其他机制施加进一步的限制。例如，在第 5 章中，我们在 link 服务和社交图谱服务之间配置了身份认证。

南北流量是关于对外公开服务的通信。理论上，你可以通过 NodePort 公开你的服务，但这种方法受到许多问题的困扰，比如：

❏ 你必须自己处理安全 / 加密传输。

❏ 你无法控制哪些 Pod 将实际为请求提供服务。

❏ 你必须让 Kubernetes 为服务选择随机端口，并且需要严格管理端口冲突。

❏ 每个端口只能公开一个服务（例如，多数服务渴望使用的 80 端口不能重复使用）。

通过 ingress 控制器或负载均衡器是生产就绪的开放服务的方法。

7.4　理解 ingress 和负载均衡器

Kubernetes 中的 ingress 概念涉及控制对服务的访问以及其他功能，例如：

❑ SSL 终止
❑ 认证
❑ 路由到不同服务

ingress 资源定义了路由规则，另外还有一个 ingress 控制器，它读取集群中定义的所有 ingress 资源（跨所有命名空间）。ingress 资源接收所有请求并路由到目标服务，并将它们分发到后端 Pod。ingress 控制器用作集群范围的软件负载均衡器和路由器。通常，在集群前端有一个硬件负载均衡器，将所有流量发送到 ingress 控制器。

让我们继续探索并将所有这些概念组织在一起，通过添加公有 API 网关的方式将 Delinkcious 对外开放。

7.5　提供和使用公有 REST API

在本节中，我们将用 Python 构建一个全新的服务（API 网关），同时也从侧面印证了 Kubernetes 的语言无关性。然后，我们将通过 OAuth2 添加用户身份认证，并对外公开 API 网关服务。

7.5.1　构建基于 Python 的 API 网关服务

API 网关服务旨在接收来自集群外部的所有请求，并将它们路由到适当的服务。下面是 API 网关服务的目录结构：

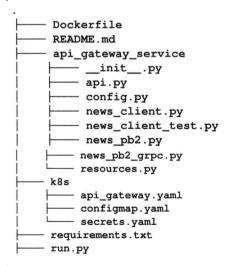

```
$ tree
.
├── Dockerfile
├── README.md
├── api_gateway_service
│   ├── __init__.py
│   ├── api.py
│   ├── config.py
│   ├── news_client.py
│   ├── news_client_test.py
│   ├── news_pb2.py
│   ├── news_pb2_grpc.py
│   └── resources.py
├── k8s
│   ├── api_gateway.yaml
│   ├── configmap.yaml
│   └── secrets.yaml
├── requirements.txt
├── run.py
```

```
└── tests
    └── api_gateway_service_test.py
```

这与 Go 服务略有不同。所有代码位于 api_gateway_service 目录下，该目录同时也是一个 Python 包。Kubernetes 资源位于 k8s 子目录下，此外还有一个 tests 子目录。在顶层目录中，run.py 文件是 Dockerfile 中定义的程序入口。run.py 中的 main() 函数调用从 api.py 模块导入的应用程序的 app.run() 方法：

```python
import os
from api_gateway_service.api import app

def main():
    port = int(os.environ.get('PORT', 5000))
    login_url = 'http://localhost:{}/login'.format(port)
    print('If you run locally, browse to', login_url)
    host = '0.0.0.0'
    app.run(host=host, port=port)

if __name__ == "__main__":
    main()
```

api.py 模块负责创建应用程序、连接路由以及实现社交网站登录。

1. 实现社交网站登录

api-gateway 服务利用一些 Python 包来实现通过 GitHub 登录社交网站。稍后，我们将介绍用户流程，但我们首先来看一下实现的代码。login() 方法会联系 GitHub 并向当前用户请求授权，当前用户必须登录 GitHub 并授权 Delinkcious。

logout() 方法会从当前会话中删除访问令牌。在尝试登录成功后，GitHub 会以重定向的方式调用 authorized() 方法，并向用户提供访问令牌（显示在浏览器中）。此访问令牌必须作为标头传递给 API 网关的所有未来请求：

```python
@app.route('/login')
def login():
    callback = url_for('authorized', _external=True)
    result = app.github.authorize(callback)
    return result


@app.route('/login/authorized')
def authorized():
    resp = app.github.authorized_response()
    if resp is None:
        # return 'Access denied: reason=%s error=%s' % (
        #     request.args['error'],
        #     request.args['error_description']
        # )
        abort(401, message='Access denied!')
    token = resp['access_token']
    # Must be in a list or tuple because github auth code extracts the
first
```

```
    user = app.github.get('user', token=(token,))
    user.data['access_token'] = token
    return jsonify(user.data)

@app.route('/logout')
def logout():
    session.pop('github_token', None)
    return 'OK'
```

当用户传递有效的访问令牌时，Delinkcious 可以从 GitHub 获取他们的姓名和电子邮件。如果访问令牌丢失或无效，则将拒绝该请求并显示 401 拒绝访问错误。所有这些内容都是在 resources.py 程序中的 _get_user() 函数中实现的：

```
def _get_user():
    """Get the user object or create it based on the token in the session

    If there is no access token abort with 401 message
    """
    if 'Access-Token' not in request.headers:
        abort(401, message='Access Denied!')

    token = request.headers['Access-Token']
    user_data = github.get('user', token=dict(access_token=token)).data

if 'email' not in user_data:
    abort(401, message='Access Denied!')

email = user_data['email']
name = user_data['name']

return name, email
```

GitHub 对象是在 api.py 模块的 create_app() 函数中创建和初始化的。首先，它导入了一些第三方库，即 Flask、OAuth 和 Api 类：

```
import os

from flask import Flask, url_for, session, jsonify
from flask_oauthlib.client import OAuth
from flask_restful import Api, abort
from . import resources
from .resources import Link
```

然后，它使用 GitHub 的 Oauth 初始化 Flask 应用程序：

```
def create_app():
    app = Flask(__name__)
    app.config.from_object('api_gateway_service.config')
    oauth = OAuth(app)
    github = oauth.remote_app(
        'github',
        consumer_key=os.environ['GITHUB_CLIENT_ID'],
        consumer_secret=os.environ['GITHUB_CLIENT_SECRET'],
```

```
            request_token_params={'scope': 'user:email'},
            base_url='https://api.github.com/',
            request_token_url=None,
            access_token_method='POST',
            access_token_url='https://github.com/login/oauth/access_token',
            authorize_url='https://github.com/login/oauth/authorize')
    github._tokengetter = lambda: session.get('github_token')
    resources.github = app.github = github
```

最后，它设置路由映射并存储初始后的 app 对象：

```
    api = Api(app)
    resource_map = (
        (Link, '/v1.0/links'),
    )

    for resource, route in resource_map:
        api.add_resource(resource, route)
    return app


app = create_app()
```

2. 将流量路由到内部微服务

API 网关服务的主要工作是实现我们在第 2 章中讨论的 API 网关模式。下面会介绍它是如何将获取链接请求并路由到链接微服务中对应的方法。

Link 类派生自 Resource 基类。它从环境变量中获取主机和端口并构造基础 URL。

当有 GET 请求进入到端点 links 时，会调用 get() 方法。它从 _get_user() 函数中的 GitHub 令牌中提取用户名，并解析请求 URL 的查询部分以获取其他参数。然后，它向链接管理器服务发出自己的请求：

```
class Link(Resource):
    host = os.environ.get('LINK_MANAGER_SERVICE_HOST', 'localhost')
    port = os.environ.get('LINK_MANAGER_SERVICE_PORT', '8080')
    base_url = 'http://{}:{}/links'.format(host, port)

    def get(self):
        """Get all links

        If user doesn't exist create it (with no goals)
        """
        username, email = _get_user()
        parser = RequestParser()
        parser.add_argument('url_regex', type=str, required=False)
        parser.add_argument('title_regex', type=str, required=False)
        parser.add_argument('description_regex', type=str, required=False)
        parser.add_argument('tag', type=str, required=False)
        parser.add_argument('start_token', type=str, required=False)
        args = parser.parse_args()
        args.update(username=username)
        r = requests.get(self.base_url, params=args)
```

```
if not r.ok:
    abort(r.status_code, message=r.content)

return r.json()
```

3. 利用基础 Docker 镜像来减少构建时间

当我们为 Delinkcious 构建 Go 微服务时，我们使用了 SCRATCH 镜像作为基础镜像并且只复制了 Go 二进制文件。这些镜像非常小巧，体积不到 10MB。但是，即使我们使用 `python:alpine` 镜像（比标准的基于 Debian 的 Python 镜像小得多），API 网关仍大约有500MB：

```
$ docker images | grep g1g1.*0.3
g1g1/delinkcious-user            0.3      07bcc08b1d73    38 hours ago
6.09MB
g1g1/delinkcious-social-graph    0.3      0be0e9e55689    38 hours ago
6.37MB
g1g1/delinkcious-news            0.3      0ccd600f2190    38 hours ago
8.94MB
g1g1/delinkcious-link            0.3      9fcd7aaf9a98    38 hours ago
6.95MB
g1g1/delinkcious-api-gateway     0.3      d5778d95219d    38 hours ago
493MB
```

此外，API 网关需要构建一些与本地库的绑定。安装 C/C++ 工具链然后构建本地库需要很长时间（超过 15 分钟）。Docker 可以通过可重复使用的层和基础镜像发挥作用，我们可以在 `svc/shared/docker/python_flask_grpc/Dockerfile` 中把所有重量级的东西放到一个单独的基础镜像中：

```
FROM python:alpine
RUN apk add build-base
COPY requirements.txt /tmp
WORKDIR /tmp
RUN pip install -r requirements.txt
```

`requirements.txt` 文件包含实现社交网站登录以及访问 gRPC 服务的 `Flask` 应用程序的依赖项（稍后将详细介绍）：

```
requests-oauthlib==1.1.0
Flask-OAuthlib==0.9.5
Flask-RESTful==0.3.7
grpcio==1.18.0
grpcio-tools==1.18.0
```

有了这些内容，我们就可以构建基础镜像，然后 API 网关的 Dockerfile 可以基于基础镜像编写。以下是 `svc/shared/docker/python_flask_grpc/build.sh` 中精简的构建脚本，它构建基础镜像并将其推送到 DockerHub：

```
IMAGE=g1g1/delinkcious-python-flask-grpc:0.1
docker build . -t $IMAGE
docker push $IMAGE
```

我们来看看 `svc/api_gateway_service/Dockerfile` 中 API 网关服务的 Dockerfile。它基于我们的基础镜像，然后复制 `api_gate_service` 目录，公开 5000 端口并执行 `run.py` 脚本：

```
FROM g1g1/delinkcious-python-flask-grpc:0.1
MAINTAINER Gigi Sayfan "the.gigi@gmail.com"
COPY . /api_gateway_service
WORKDIR /api_gateway_service
EXPOSE 5000
ENTRYPOINT python run.py
```

这样做的好处是，只要基础镜像不会改变，那么对实际的 API 服务网关代码进行更改时，Docker 镜像的构建会非常快，我们谈论的是几秒钟而不是 15 分钟。此时，我们为 API 网关服务提供了一个很好的快速构建、测试、调试、部署流程。现在是向集群添加 ingress（入口）的时候了。

7.5.2 添加 ingress

在 Minikube 上，你必须首先启用 ingress 加载项：

```
$ minikube addons enable ingress
    ingress was successfully enabled
```

在其他 Kubernetes 集群上，你可能希望安装自己喜欢的 ingress 控制器（例如 Contour、Traefik 或 Ambassador）。

以下代码用于 API 网关服务的 ingress 清单。通过使用这种模式，我们的整个集群将有一个 ingress 来将每个请求汇集到 API 网关服务，该服务再将其路由到适当的内部服务：

```
apiVersion: extensions/v1beta1
kind: Ingress
metadata:
  name: api-gateway
  annotations:
    nginx.ingress.kubernetes.io/rewrite-target: /
spec:
  rules:
  - host: delinkcio.us
    http:
      paths:
      - path: /*
        backend:
          serviceName: api-gateway
          servicePort: 80
```

使用单个 ingress 服务往往简单有效。在大多数云平台上，你需要为每个 ingress 资源付费，因为云平台为每个 ingress 资源创建了对应的负载均衡器。你可以轻松扩展 API 网关实例的数量，因为它完全是无状态的。

> Minikube 在网络、负载均衡器模拟和隧道方面做了很多调整。不建议使用 Minikube 来测试集群的 ingress。相反，我们建议使用 LoadBalancer 类型的服务并通过 Minikube 集群 IP 来访问。

7.5.3 验证 API 网关

Delinkcious 使用 GitHub 作为社交网站登录的提供商，因此你必须拥有 GitHub 账户才能进入。

用户流程如下：

1）找到 Delinkcious URL（在 Minikube 上，这可能会经常更改）。

2）登录并获取访问令牌。

3）从集群外部访问 Delinkcious API 网关。

接下来，让我们深入了解并详细介绍上面的每个过程。

1. 找到 Delinkcious URL

在生产级别的集群中，一般会配置一个为大众所知的 DNS 名称，并将负载均衡器指向它。使用 Minikube，我们可以使用以下命令获取 API 网关服务 URL：

```
$ minikube service api-gateway --url
http://192.168.99.138:31658
```

将它存储在环境变量中以便在命令行交互模式中使用，如下所示：

```
$ export DELINKCIOUS_URL=$(minikube service api-gateway --url)
```

2. 获取访问令牌

以下是获取访问令牌的步骤：

1）现在我们有了 API 网关 URL，我们可以访问登录端点 `http://192.168.99.138:31658/login`，你将看到如图 7-1 所示的对话框。

2）如果这是你第一次登录 Delinkcious，GitHub 将要求你授权 Delinkcious 访问你的电子邮件和名字，如图 7-2 所示。

3）如果同意授权，你将被重定向到一个页面，该页面将向你显示有关 GitHub 配置文件的大量信息，但最重要的是，它会为你提供访问令牌，如图 7-3 所示。

图 7-1　登录对话框

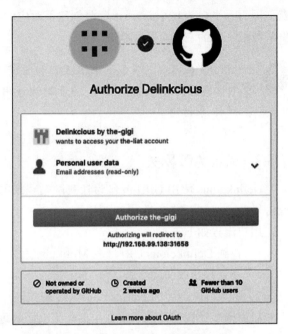

图 7-2　GitHub 授权

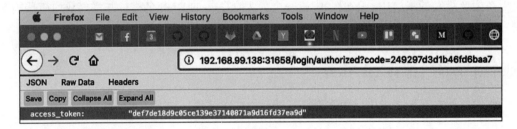

图 7-3　查看访问令牌

我们将访问令牌也存储在环境变量中：

```
$ export DELINKCIOUS_TOKEN=def7de18d9c05ce139e37140871a9d16fd37ea9d
```

现在已经掌握了从外部访问 Delinkcious 所需的所有信息，让我们开始测试。

3. 从集群外部访问 Delinkcious API 网关

接下来我们将使用 HTTPie 访问 `${DELINKCIOUS_URL}/v1.0/links` 的 API 网关端点。首先进行身份认证，我们必须提供访问令牌作为标头，即“`Access-Token: ${DELINKCIOUS_TOKEN}`”。

让我们从头开始，首先不加入任何链接：

```
$ http "${DELINKCIOUS_URL}/v1.0/links" "Access-Token: ${DELINKCIOUS_TOKEN}"
HTTP/1.0 200 OK
Content-Length: 27
Content-Type: application/json
Date: Mon, 04 Mar 2019 00:52:18 GMT
Server: Werkzeug/0.14.1 Python/3.7.2

{
    "err": "",
    "links": null
}
```

一切都正常，然后通过向 /v1.0/links 端点发送 POST 请求来添加几个链接，先添加第一个链接：

```
$ http POST "${DELINKCIOUS_URL}/v1.0/links" "Access-Token:
${DELINKCIOUS_TOKEN}" url=http://gg.com title=example
HTTP/1.0 200 OK
Content-Length: 12
Content-Type: application/json
Date: Mon, 04 Mar 2019 00:52:49 GMT
Server: Werkzeug/0.14.1 Python/3.7.2

{
    "err": ""
}
```

然后是第二个链接：

```
$ http POST "${DELINKCIOUS_URL}/v1.0/links" "Access-Token:
${DELINKCIOUS_TOKEN}" url=http://gg2.com title=example
HTTP/1.0 200 OK
Content-Length: 12
Content-Type: application/json
Date: Mon, 04 Mar 2019 00:52:49 GMT
Server: Werkzeug/0.14.1 Python/3.7.2

{
    "err": ""
}
```

很好，依然没有报错。我们可以查看刚刚新添加的链接：

```
$ http "${DELINKCIOUS_URL}/v1.0/links" "Access-Token: ${DELINKCIOUS_TOKEN}"
HTTP/1.0 200 OK
Content-Length: 330
Content-Type: application/json
Date: Mon, 04 Mar 2019 00:52:52 GMT
Server: Werkzeug/0.14.1 Python/3.7.2

{
    "err": "",
```

```json
        "links": [
            {
                "CreatedAt": "2019-03-04T00:52:35Z",
                "Description": "",
                "Tags": null,
                "Title": "example",
                "UpdatedAt": "2019-03-04T00:52:35Z",
                "Url": "http://gg.com"
            },
            {
                "CreatedAt": "2019-03-04T00:52:48Z",
                "Description": "",
                "Tags": null,
                "Title": "example",
                "UpdatedAt": "2019-03-04T00:52:48Z",
                "Url": "http://gg2.com"
            }
        ]
    }
```

我们已经成功建立了一个包括用户身份认证在内的端到端流程，从而实现了一个 Python API 网关服务，该服务通过其内部 HTTP REST API 与 Go 微服务进行通信，并将信息存储在关系型数据库中。现在，让我们开始准备添加另一个服务。

这次是一个使用 gRPC 传输的 Go 微服务。

7.6 提供和使用内部 gRPC API

在本节中我们将实现一个消息服务，它的工作是跟踪链接事件，例如添加链接或更新链接，并将这些新事件返回给用户。

7.6.1 定义 NewsManager 接口

这个接口只公开一个 `GetNews()` 方法，用户可以调用它并从他们关注的用户那里接收链接事件的列表。下面是 Go 接口和相关结构体，没有比这更简单的了：一个包含 `username` 和 `token` 字段的请求结构体和一个结果结构体的方法。结果结构体是一个 `Event` 结构体列表，包含以下信息：`EventType`、`Username`、`Url` 和 `Timestamp`：

```go
type NewsManager interface {
    GetNews(request GetNewsRequest) (GetNewsResult, error)
}

type GetNewsRequest struct {
    Username   string
    StartToken string
}

type Event struct {
```

```
        EventType EventTypeEnum
        Username  string
        Url       string
        Timestamp time.Time
}

type GetNewsResult struct {
        Events    []*Event
        NextToken string
}
```

7.6.2　实现消息管理器

消息管理器的核心逻辑服务的实现位于 pkg/news_manager 中，让我们看一下这个 new_manager.go 文件。NewsManager 结构体具有一个名为 eventStore 的 InMemoryNewsStore，为 NewsManager 接口实现了 GetNews() 方法，它将实际获取消息的工作委托给存储。

但是，它会进行分页并负责将令牌从字符串转换为整数以匹配存储选项：

```
package news_manager

import (
        "errors"
        "github.com/the-gigi/delinkcious/pkg/link_manager_events"
        om "github.com/the-gigi/delinkcious/pkg/object_model"
        "strconv"
        "time"
)

type NewsManager struct {
        eventStore *InMemoryNewsStore
}

func (m *NewsManager) GetNews(req om.GetNewsRequest) (resp
om.GetNewsResult, err error) {
        if req.Username == "" {
                err = errors.New("user name can't be empty")
                return
        }

        startIndex := 0
        if req.StartToken != "" {
                startIndex, err := strconv.Atoi(req.StartToken)
                if err != nil || startIndex < 0 {
                        err = errors.New("invalid start token: " +
req.StartToken)
                        return resp, err
                }
        }

        events, nextIndex, err := m.eventStore.GetNews(req.Username,
startIndex)
```

```
if err != nil {
        return
}

resp.Events = events
if nextIndex != -1 {
        resp.NextToken = strconv.Itoa(nextIndex)
}

return
}
```

这个存储内容非常简单，只是在用户名和它们的所有事件之间保存一个映射，如下所示：

```
package news_manager

import (
        "errors"
        om "github.com/the-gigi/delinkcious/pkg/object_model"
)

const maxPageSize = 10

// User events are a map of username:userEvents
type userEvents map[string][]*om.Event

// InMemoryNewsStore manages a UserEvents data structure
type InMemoryNewsStore struct {
        userEvents userEvents
}

func NewInMemoryNewsStore() *InMemoryNewsStore {
        return &InMemoryNewsStore{userEvents{}}
}
```

存储实现了自己的 GetNews() 方法（与 interface 方法不同的签名），它根据起始索引和最大页面大小为目标用户返回请求的内容：

```
func (m *InMemoryNewsStore) GetNews(username string, startIndex int)
(events []*om.Event, nextIndex int, err error) {
        userEvents := m.userEvents[username]
        if startIndex > len(userEvents) {
                err = errors.New("Index out of bounds")
                return
        }

        pageSize := len(userEvents) - startIndex
        if pageSize > maxPageSize {
                pageSize = maxPageSize
                nextIndex = startIndex + maxPageSize
        } else {
                nextIndex = -1
        }
```

```
        events = userEvents[startIndex : startIndex+pageSize]
        return
}
```

它还具有添加新事件的方法：

```
func (m *InMemoryNewsStore) AddEvent(username string, event *om.Event) (err
error) {
        if username == "" {
                err = errors.New("user name can't be empty")
                return
        }

        if event == nil {
                err = errors.New("event can't be nil")
                return
        }

        if m.userEvents[username] == nil {
                m.userEvents[username] = []*om.Event{}
        }

        m.userEvents[username] = append(m.userEvents[username], event)
        return
}
```

现在，我们已经实现了存储的核心逻辑并向用户提供消息，接下来看一下如何将这个功能公开为 gRPC 服务。

7.6.3　将 NewsManager 公开为 gRPC 服务

在深入研究消息服务的 gRPC 实现之前，让我们看看 gRPC 到底是什么。gRPC 是传输协议、有效载荷格式、概念框架和代码生成工具的集合，用于连接服务和应用程序。它起源于 Google（gRPC 中的 g），是一个高性能且成熟的 RPC 框架。它有很多优势，例如：

❑ 跨平台。
❑ 行业广泛采用。
❑ 符合相关编程语言习惯的客户端库。
❑ 高效的传输协议。
❑ 适用于强类型契约的谷歌协议缓冲区。
❑ HTTP/2 支持启用双向流。
❑ 高度可扩展（定制你自己的认证、授权、负载均衡和健康状况检查）。
❑ 优秀的文档。

最重要的是，对于内部微服务，它几乎在每个方面都优于基于 HTTP 的 REST API。

对于 Delinkcious 来说，gRPC 是一个很好的选择，因为我们的微服务框架 Go-kit 能完美支持 gRPC。

1. 定义 gRPC 服务契约

gRPC 要求你在受协议缓冲区启发的特殊 DSL 中为服务定义契约，它非常直观，可以让 gRPC 为你生成很多样板代码。这里选择将契约和生成的代码放在称为**协议缓冲区**（Protocol Buffer，PB）的独立顶级目录中，因为服务和使用者会使用代码的不同部分。通常建议将共享代码放在单独的位置，而不是随意放在服务或客户端中。

下面是 pb/new-service/pb/news.proto 文件的内容：

```
syntax = "proto3";
package pb;

import "google/protobuf/timestamp.proto";

service News {
    rpc GetNews(GetNewsRequest) returns (GetNewsResponse) {}
}

message GetNewsRequest {
    string username = 1;
    string startToken = 2;
}

enum EventType {
    LINK_ADDED = 0;
    LINK_UPDATED = 1;
    LINK_DELETED = 2;
}

message Event  {
    EventType eventType = 1;
    string username = 2;
    string url = 3;
    google.protobuf.Timestamp timestamp = 4;
}

message GetNewsResponse {
    repeated Event events = 1;
    string nextToken = 2;
    string err = 3;
}
```

我们不需要查看每一行代码的语法和含义。简单来说，请求和响应始终是消息。服务级别的错误需要嵌入响应消息中，其他错误如网络错误或无效的负载将另行报告。此外，除了原始数据类型和嵌入式消息外，你还可以使用其他高级类型，例如 google. protobuf.Timestamp 数据类型。这显著提高了抽象级别，并为诸如日期和时间戳之类的数据带来了强类型的好处，因为在通过 HTTP/REST 使用 JSON 时，你总是必须要对这种数据进行序列化和反序列化。

服务定义很酷，但是我们需要一些实际的代码来把这些点都连接起来，接下来看看 gRPC 是如何帮助我们完成此任务的。

2. 使用 gRPC 生成服务存根和客户端库

gRPC 模型通过 protoc 工具生成服务存根和客户端库。我们需要为消息服务本身生成 Go 代码，并为使用它的 API 网关生成 Python 代码。

可以通过运行以下命令来生成 news.pb.go：

```
protoc --go_out=plugins=grpc:. news.proto
```

可以运行以下命令来生成 news_pb2.py 和 news_pb2_grpc.py：

```
python -m grpc_tools.protoc -I. --python_out=. --grpc_python_out=.
news.proto
```

此时，Go 客户端代码和 Python 客户端代码均可用于从 Go 代码或 Python 代码调用消息服务。

3. 使用 Go-kit 构建 NewsManager 服务

下面是在 news_service.go 中实现的服务，它看起来与 HTTP 服务非常相似。让我们分析下其中比较重要的部分。首先，它导入了一些库，包括在 pb/news-service-pb 中生成的 gRPC 代码、pkg/news_manager 以及一个通用的 gRPC 库 google.golang. org/grpc。然后是一个 Run() 函数，它先从环境变量中获取 service 端口进行监听：

```
package service

import (
        "fmt"
        "github.com/the-gigi/delinkcious/pb/news_service/pb"
        nm "github.com/the-gigi/delinkcious/pkg/news_manager"
        "google.golang.org/grpc"
        "log"
        "net"
        "os"
)

func Run() {
        port := os.Getenv("PORT")
        if port == "" {
                port = "6060"
        }
```

然后我们需要在目标端口上创建一个标准的 TCP 监听器：

```
listener, err := net.Listen("tcp", ":"+port)
        if err != nil {
                log.Fatal(err)
        }
```

此外，我们还必须连接到 NATS 消息队列服务，有关详细内容我们将在下一部分进行讨论：

```
natsHostname := os.Getenv("NATS_CLUSTER_SERVICE_HOST")
        natsPort := os.Getenv("NATS_CLUSTER_SERVICE_PORT")
```

下面是主要的初始化代码，它会实例化一个新的消息管理器，创建一个新的 gRPC 服务器，创建一个消息管理器对象，并将该消息管理器注册到 gRPC 服务器。pb.Register-NewsManager() 方法由 gRPC 从 news.proto 文件生成：

```
svc, err := nm.NewNewsManager(natsHostname, natsPort)
        if err != nil {
                log.Fatal(err)
}

gRPCServer := grpc.NewServer()
newsServer := newNewsServer(svc)
pb.RegisterNewsServer(gRPCServer, newsServer)
```

最后，gRPC 服务器开始在 TCP 监听器上监听：

```
fmt.Printf("News service is listening on port %s...\n", port)
        err = gRPCServer.Serve(listener)
        fmt.Println("Serve() failed", err)
}
```

4. 实现 gRPC 传输

最后一个难题是在 transport.go 文件中实现 gRPC 传输。从概念上讲，它与 HTTP 传输类似，但是有一些细节有所不同。让我们对其进行分解，以便清楚地了解各个部分如何组合在一起。

首先，所有相关的软件包都已导入，包括 go-kit 中的 gRPC 传输服务。注意，在 news_service.go 中，没有任何地方提到 go-kit，你完全可以直接使用通用 gRPC 库在 Go 中实现 gRPC 服务。但是，接下来 go-kit 将通过其服务和端点的概念帮助简化此过程：

```
package service

import (
        "context"
        "github.com/go-kit/kit/endpoint"
        grpctransport "github.com/go-kit/kit/transport/grpc"
        "github.com/golang/protobuf/ptypes/timestamp"
        "github.com/the-gigi/delinkcious/pb/news_service/pb"
        om "github.com/the-gigi/delinkcious/pkg/object_model"
)
```

newEvent() 函数从我们的抽象对象模型 om.Event 生成 gRPC 事件对象，其中最重要的部分是转换事件类型和时间戳：

```
func newEvent(e *om.Event) (event *pb.Event) {
        event = &pb.Event{
                EventType: (pb.EventType)(e.EventType),
                Username:  e.Username,
```

```
                  Url:        e.Url,
          }
          seconds := e.Timestamp.Unix()
          nanos := (int32(e.Timestamp.UnixNano() - 1e9*seconds))
          event.Timestamp = &timestamp.Timestamp{Seconds: seconds, Nanos:
nanos}
          return
    }
```

对请求进行解码和对响应进行编码非常简单，无须对任何 JSON 代码进行序列化或反序列化：

```
func decodeGetNewsRequest(_ context.Context, r interface{}) (interface{},
error) {
        request := r.(*pb.GetNewsRequest)
        return om.GetNewsRequest{
              Username:   request.Username,
              StartToken: request.StartToken,
        }, nil
}

func encodeGetNewsResponse(_ context.Context, r interface{}) (interface{},
error) {
        return r, nil
}
```

创建端点类似于你在其他服务中看到的 HTTP 传输，它调用实际的服务，然后转换响应并处理错误（如果存在的话）：

```
func makeGetNewsEndpoint(svc om.NewsManager) endpoint.Endpoint {
        return func(_ context.Context, request interface{}) (interface{},
error) {
                req := request.(om.GetNewsRequest)
                r, err := svc.GetNews(req)
                res := &pb.GetNewsResponse{
                        Events:    []*pb.Event{},
                        NextToken: r.NextToken,
                }
                if err != nil {
                        res.Err = err.Error()
                }
                for _, e := range r.Events {
                        event := newEvent(e)
                        res.Events = append(res.Events, event)
                }
                return res, nil
        }
}
```

处理程序通过生成的代码实现 gRPC 消息接口：

```
type handler struct {
        getNews grpctransport.Handler
}
```

```
func (s *handler) GetNews(ctx context.Context, r *pb.GetNewsRequest)
(*pb.GetNewsResponse, error) {
        _, resp, err := s.getNews.ServeGRPC(ctx, r)
        if err != nil {
                return nil, err
        }

        return resp.(*pb.GetNewsResponse), nil
}
```

newNewsServer() 函数将所有内容联系在一起，它返回一个包装在 Go-kit 处理程序中的 gRPC 处理程序，该处理程序连接了端点、请求解码器和响应编码器：

```
func newNewsServer(svc om.NewsManager) pb.NewsServer {
        return &handler{
                getNews: grpctransport.NewServer(
                        makeGetNewsEndpoint(svc),
                        decodeGetNewsRequest,
                        encodeGetNewsResponse,
                ),
        }
}
```

面对这么多的层和嵌套函数，似乎非常令人困惑，但是最重要的是，你必须编写很少的胶水代码（并且可以生成它，这是最理想的），并且最终得到非常干净、安全的（强类型）以及高效的 gRPC 服务。

最终我们有了一个可以为消息提供服务的 gRPC 消息服务，接下来看看如何向消息服务提供消息。

7.7 通过消息队列发送和接收事件

消息服务需要为每个用户存储链接事件。链接服务知道不同用户何时添加、更新或删除链接。解决此问题的一种方法是向消息服务添加另一个 API，并让链接服务调用此 API 并为每个相关事件通知消息服务。然而，这种方法在链接服务和消息服务之间创建了紧耦合。链接服务并不真正关心消息服务，因为它不需要消息服务的任何东西。所以，让我们寻找一个松耦合的解决方案。链接服务只将事件发送到通用消息队列服务，然后，消息服务将订阅从消息队列接收消息。这种方法有以下几个好处：

❑ 不需要更复杂的服务代码。

❑ 完全符合事件通知的交互模型。

❑ 在不更改代码的情况下，很容易将其他监听器添加到相同的事件中。

这里使用的术语，即消息、事件和通知，它们是可以互换的。这个想法来源于有一些信息以一种"发了就忘（fire-and-forget）"的方式与世界共享。

它不需要知道谁对消息感兴趣（可能没有人，也可能很多人），也不需要知道消息处理是否成功。Delinkcious 使用 NATS 消息传递系统来实现服务之间的松耦合通信。

7.7.1　NATS

NATS（https://nats.io/）是一种开源消息队列服务，这是一个**云原生计算基金会**（Cloud Native Computing Foundation，CNCF）项目，采用 Go 语言实现。当你需要在 Kubernetes 中使用消息队列时，它被认为是最有力的竞争者之一。NATS 支持多种消息传递模型，例如：

- ❑ 发布/订阅
- ❑ 请求/应答
- ❑ 队列

NATS 非常通用，可以在很多应用场景下使用，它也能够以高可用集群的方式运行。对于 Delinkcious，我们将使用发布/订阅模型。图 7-4 说明了发布/订阅消息传递模型。发布者发布消息，所有订阅者都会收到相同的消息。

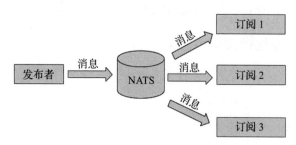

图 7-4　NATS 发布/订阅消息传递模型

下面让我们在 Kubernetes 集群中部署 NATS。

7.7.2　在 Kubernetes 集群中部署 NATS

首先，让我们安装 NATS Operator（https://github.com/natsio/nats-operator）。NATS Operator 可帮助你管理 Kubernetes 中的 NATS 集群，以下是安装命令：

```
$ kubectl apply -f
https://github.com/nats-io/nats-operator/releases/download/v0.4.5/00-prereq
s.yaml
$ kubectl apply -f
https://github.com/nats-io/nats-operator/releases/download/v0.4.5/10-deploy
ment.yaml
```

NATS Operator 提供了一个 NatsCluster **自定义资源定义**（Custom Resource Definition，CRD），我们将使用它在 Kubernetes 集群中部署 NATS。不要把 Kubernetes 集群和 NATS 集群的关系弄混了，你可以理解为我们就像部署 Kubernetes 内置资源一样部署 NATS 集群。下面是 `svc/shared/k8s/nats_cluster.yaml` 中提供的 YAML 清单：

```
apiVersion: nats.io/v1alpha2
kind: NatsCluster
metadata:
  name: nats-cluster
spec:
  size: 1
  version: "1.3.0"
```

让我们使用 `kubectl` 进行部署，并验证其是否已正确部署：

```
$ kubectl apply -f nats_cluster.yaml
natscluster.nats.io "nats-cluster" configured
$ kubectl get svc -l app=nats
NAME                 TYPE        CLUSTER-IP      EXTERNAL-IP   PORT(S)     AGE
nats-cluster         ClusterIP   10.102.48.27    <none>        4222/TCP    5d
nats-cluster-mgmt    ClusterIP   None            <none>
6222/TCP,8222/TCP,7777/TCP   5d
```

看起来不错，其中在端口 `4222` 上监听的 `nats-cluster` 服务是 NATS 服务器，另一个服务是管理服务。下面让我们发送一些事件到 NATS 服务器。

7.7.3 使用 NATS 发送链接事件

你可能还记得，我们在对象模型中定义了 `LinkManagerEvents` 接口：

```
type LinkManagerEvents interface {
        OnLinkAdded(username string, link *Link)
        OnLinkUpdated(username string, link *Link)
        OnLinkDeleted(username string, url string)
}
```

`LinkManager` 程序包在其 `NewLinkManager()` 方法中接收此事件链接：

```
func NewLinkManager(linkStore LinkStore,
        socialGraphManager om.SocialGraphManager,
        eventSink om.LinkManagerEvents,
        maxLinksPerUser int64) (om.LinkManager, error) {
        if linkStore == nil {
                return nil, errors.New("link store")
        }

        if eventSink != nil && socialGraphManager == nil {
                msg := "social graph manager can't be nil if event sink is
not nil"
                return nil, errors.New(msg)
        }

        return &LinkManager{
                linkStore:          linkStore,
                socialGraphManager: socialGraphManager,
                eventSink:          eventSink,
                maxLinksPerUser:    maxLinksPerUser,
        }, nil
}
```

当添加、更新或删除链接时，LinkManager 将调用相应的 OnLinkXXX() 方法。例如，当 AddLink() 被调用时，接收器会为每个关注者调用 OnLinkAdded() 方法：

```
if m.eventSink != nil {
            followers, err :=
m.socialGraphManager.GetFollowers(request.Username)
            if err != nil {
                    return err
            }

            for follower := range followers {
                    m.eventSink.OnLinkAdded(follower, link)
            }
    }
```

这很好，但是这些事件如何到达 NATS 服务器呢？这就是链接服务的用武之地。在实例化 LinkManager 对象时，它将传递一个特殊的事件发送器对象作为实现 LinkManager-Events 的接收器。

每当接收到 OnLinkAdded() 或 OnLinkUpdated() 之类的事件时，它就将该事件发布到 link-events 对象上的 NATS 服务器，它暂时先忽略 OnLinkDeleted() 事件。这个对象位于 pkg/link_manager_events package/sender.go：

```
package link_manager_events

import (
        "github.com/nats-io/go-nats"
        "log"

        om "github.com/the-gigi/delinkcious/pkg/object_model"
)

type eventSender struct {
        hostname string
        nats     *nats.EncodedConn
}
```

下面是 OnLinkAdded()、OnLinkUpdated() 和 OnLinkDeleted() 方法的实现：

```
func (s *eventSender) OnLinkAdded(username string, link *om.Link) {
        err := s.nats.Publish(subject, Event{om.LinkAdded, username, link})
        if err != nil {
                log.Fatal(err)
        }
}

func (s *eventSender) OnLinkUpdated(username string, link *om.Link) {
        err := s.nats.Publish(subject, Event{om.LinkUpdated, username,
link})
        if err != nil {
                log.Fatal(err)
        }
```

```
}

func (s *eventSender) OnLinkDeleted(username string, url string) {
        // Ignore link delete events
}
```

`NewEventSender()` 工厂函数接受将向其发送事件的 NATS 服务的 URL，并返回一个 `LinkManagerEvents` 接口，该接口可用作 `LinkManager` 的接收器：

```
func NewEventSender(url string) (om.LinkManagerEvents, error) {
        ec, err := connect(url)
        if err != nil {
                return nil, err
        }
        return &eventSender{hostname: url, nats: ec}, nil
}
```

现在，链接服务所要做的就是找出 NATS 服务器的 URL。由于 NATS 服务器作为 Kubernetes 服务运行，它的主机名和端口可以通过环境变量访问，就像 Delinkcious 微服务一样。以下是链接服务的 `Run()` 函数的相关代码：

```
natsHostname := os.Getenv("NATS_CLUSTER_SERVICE_HOST")
        natsPort := os.Getenv("NATS_CLUSTER_SERVICE_PORT")

        var eventSink om.LinkManagerEvents
        if natsHostname != "" {
                natsUrl := natsHostname + ":" + natsPort
                eventSink, err = nats.NewEventSender(natsUrl)
                if err != nil {
                        log.Fatal(err)
                }
        } else {
                eventSink = &EventSink{}
        }

        svc, err := lm.NewLinkManager(store, socialGraphClient, eventSink,
maxLinksPerUser)
if err != nil {
        log.Fatal(err)
}
```

此时，每当一个新链接添加或更新时，`LinkManager` 将为每个关注者调用 `On-LinkAdded()` 或 `OnLinkUpdated()` 方法，结果是该事件将被发送到 NATS 服务器上的 `link-events` 主题，然后所有的订阅者将能够收到消息并且可以处理。下一步就是配置消息服务订阅这些事件。

7.7.4 订阅 NATS 链接事件

消息服务使用 `pkg/link_manager_events/listener.go` 中的 `Listen()` 函数，

它接受 NATS 服务器 URL 并实现 LinkManagerEvents 接口的事件接收器。它连接到
NATS 服务器，然后订阅 Link-events 主题。事件发送方会将这些事件发送到同一主题：

```
package link_manager_events

import (
        om "github.com/the-gigi/delinkcious/pkg/object_model"
)

func Listen(url string, sink om.LinkManagerEvents) (err error) {
        conn, err := connect(url)
        if err != nil {
                return
        }

        conn.Subscribe(subject, func(e *Event) {
                switch e.EventType {
                case om.LinkAdded:
                        {
                                sink.OnLinkAdded(e.Username, e.Link)
                        }
                case om.LinkUpdated:
                        {
                                sink.OnLinkAdded(e.Username, e.Link)
                        }
                default:
                        // Ignore other event types
                }
        })
        return
}
```

现在，让我们看一下定义 link-events 主题的 nats.go 文件，以及事件发送者和
Listen() 函数都使用的 connect() 函数。connect() 函数使用 go-nats 客户端建立
连接，然后使用 JSON 编码器将其包装，从而允许其发送和接收自动序列化的 Go 结构体，
代码很简洁：

```
package link_manager_events

import "github.com/nats-io/go-nats"


const subject = "link-events"

func connect(url string) (encodedConn *nats.EncodedConn, err error) {
        conn, err := nats.Connect(url)
        if err != nil {
                return
        }

        encodedConn, err = nats.NewEncodedConn(conn, nats.JSON_ENCODER)
        return
}
```

消息服务在其 NewNewsManager() 工厂函数中调用 Listen() 函数。首先，它实例化实现 LinkManagerEvents 的消息管理器对象。然后，如果提供了 NATS 主机名，则组成一个 NATS 服务器 URL，并调用 Listen() 函数，从而将消息管理器对象作为接收器传递：

```
func NewNewsManager(natsHostname string, natsPort string) (om.NewsManager,
error) {
        nm := &NewsManager{eventStore: NewInMemoryNewsStore()}
        if natsHostname != "" {
                natsUrl := natsHostname + ":" + natsPort
                err := link_manager_events.Listen(natsUrl, nm)
                if err != nil {
                        return nil, err
                }
        }

        return nm, nil
}
```

下一步是处理传入事件。

7.7.5 处理链接事件

消息管理器通过 NewNewsManager() 函数订阅了链接事件，结果是这些事件将随着 OnLinkAdded() 和 OnlinkUpdated() 的调用而到达（删除链接事件暂时被忽略）。消息管理器创建一个在抽象对象模型中定义的 Event 对象，并使用 EventTyp、Username、Url 和 Timestamp 填充该对象，然后调用事件存储的 AddEvent() 函数。下面是 OnLinkAdded() 方法：

```
func (m *NewsManager) OnLinkAdded(username string, link *om.Link) {
        event := &om.Event{
                EventType: om.LinkAdded,
                Username:  username,
                Url:       link.Url,
                Timestamp: time.Now().UTC(),
        }
        m.eventStore.AddEvent(username, event)
}
```

然后是 OnLinkUpdated() 方法：

```
func (m *NewsManager) OnLinkUpdated(username string, link *om.Link) {
        event := &om.Event{
                EventType: om.LinkUpdated,
                Username:  username,
                Url:       link.Url,
                Timestamp: time.Now().UTC(),
        }
        m.eventStore.AddEvent(username, event)
}
```

让我们看看存储在其 `AddEvent()` 方法中的作用。其实很简单，订阅用户位于 `userEvents` 映射中。如果不存在，则会创建一个空条目并添加新事件。如果目标用户调用 `GetNews()`，他们将收到为他们收集的事件：

```
func (m *InMemoryNewsStore) AddEvent(username string, event *om.Event) (err
error) {
        if username == "" {
                err = errors.New("user name can't be empty")
                return
        }
        if event == nil {
                err = errors.New("event can't be nil")
                return
        }
        if m.userEvents[username] == nil {
                m.userEvents[username] = []*om.Event{}
        }
        m.userEvents[username] = append(m.userEvents[username], event)
        return
}
```

至此，对消息服务的介绍以及通过 NATS 服务与链接管理器交互的演示都已经完成。这是我们在第 2 章中讨论的**命令查询职责分离**（Command Query Responsibility Segregation，CQRS）模式的应用，如图 7-5 所示是 Delinkcious 系统现在的架构。

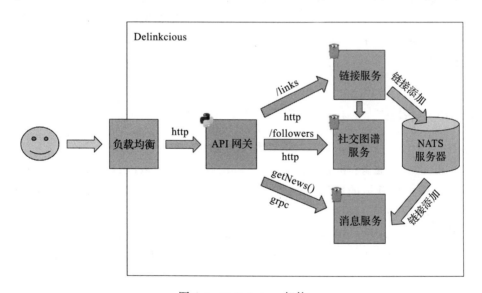

图 7-5　Delinkcious 架构

现在我们了解了如何在 Delinkcious 中处理事件，最后再快速看一下服务网格。

7.8　服务网格

服务网格是集群中的另一层管理，我们将在第 13 章中详细研究服务网格和 Istio 的内容。这里，我们简单提及下是想让你了解到服务网格也经常扮演着 ingress 控制器的角色。

使用服务网格作 ingress 的主要原因之一是内置 ingress 资源太过通用，并且还会碰到很多问题，例如：

- ❏ 没有验证规则的好方法。
- ❏ ingress 资源可能彼此冲突。
- ❏ 使用特定的 ingress 控制器通常很复杂，并且需要自定义注解。

7.9　小结

在本章中，我们完成了许多任务，并把所有的知识点都串联起来。特别是我们实现了两种微服务设计模式：API 网关和 CQRS，添加了一个基于 Python 实现的全新服务（包括拆分的 Docker 基础镜像）、gRPC 服务和开源消息队列系统 NATS 集群，并采用其发布 – 订阅消息传递模式进行集成。最后，我们对外开放了集群，并通过添加和获取链接的方式展示了应用程序的端到端交互。

此时，Delinkcious 可以被认为是 Alpha 级的软件。它有着基础功能，但尚未接近生产就绪状态。在下一章中，我们将通过处理在任何软件系统中最有价值的商品 – 数据，来使 Delinkcious 更加强大。Kubernetes 提供了许多用于管理数据和状态服务的工具，我们将充分地利用它们。

7.10　扩展阅读

你可以参考以下资源以获取有关本章内容的更多信息：

- ❏ Kubernetes 服务：https://kubernetes.io/docs/concepts/services- networking/service/。
- ❏ 使用服务公开你的应用：https://kubernetes.io/docs/tutorials/kubernetes-basics/expose/expose-intro/。
- ❏ 构建 Oauth 应用：https://developer.github.com/apps/building-oauth- apps/。
- ❏ 高性能 gRPC：https://grpc.io/ http://www.devx.com/architect/high-performance-services-with-grpc.html。
- ❏ NATS 消息代理：https://nats.io/。

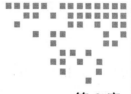

第 8 章 | *Chapter 8*

有状态服务

到目前为止，一切都很有趣。我们构建服务并将它们部署到 Kubernetes 中，然后再对这些服务运行命令和查询。我们借助 Kubernetes 在部署时或出现问题时调度 Pod 来启动并运行服务，这对于可以在任何地方运行的无状态服务非常有用。但是，在现实世界中，分布式系统通常管理着重要的数据。如果数据库将其数据存储在主机文件系统中，然后当主机宕机时，你（或者 Kubernetes）无法在新节点上启动数据库的新实例，因为这些数据已经丢失。

通常，你可以使用冗余的方法防止数据丢失，比如采用多副本、存储备份、仅追加日志等。Kubernetes 通过一个包含这些相关概念和资源的存储模型来提供帮助，例如卷、卷声明和 StatefulSet。

在本章中，我们将深入探讨 Kubernetes 存储模型。我们还将扩展 Delinkcious 消息服务，将其数据存储在 Redis 中，而不是存储在内存中。本章将涵盖以下主题：

❑ 抽象存储。

❑ 在 Kubernetes 集群外存储数据。

❑ 使用 StatefulSet 在 Kubernetes 集群内存储数据。

❑ 通过本地存储实现高性能。

❑ 在 Kubernetes 中使用关系型数据库。

❑ 在 Kubernetes 中使用非关系型数据存储。

8.1 技术需求

在本章中，我们将研究一些 Kubernetes 清单，使用不同的存储选项，并扩展 Delinkcious

以支持新的数据存储。本章不会安装任何新东西。

本章代码

代码分别放在两个 Git 代码仓库，如下所示：

❑ 你可以在 https://github.com/PacktPublishing/HandsOn-Microservices-with-Kubernetes/ tree/master/Chapter08 中找到代码示例。

❑ 你可以在 https://github.com/thegigi/delinkcious/releases/tag/v0.6 中找到更新的 Delinkcious 应用程序。

8.2　抽象存储

Kubernetes 的核心是用于管理容器化工作负载的编排引擎。注意，这里的关键字是容器化。Kubernetes 并不关心工作负载是什么，只要它们被打包在容器中，Kubernetes 就知道该如何处理它们。最初，Kubernetes 仅支持 Docker 镜像，之后，它增加了对其他运行时的支持。然后，Kubernetes 1.5 引入了**容器运行时接口**（Container Runtime Interface，CRI），并逐渐推出了对其他外部运行时的支持。Kubernetes 不再关心在节点上实际部署了哪个容器运行时，它只需要使用 CRI。

网络上的处理方式也是类似的方法，Kubernetes 早期定义了**容器网络接口**（Container Networking Interface，CNI）。Kubernetes 的做法很简单：它要求不同的网络解决方案提供它们的 CNI 插件。然而，存储的情况有所不同（直到后来才变得一致）。在下面的小节中，我们将介绍 Kubernetes 存储模型，了解内置（in-tree）和外部（out-of-tree）存储插件之间的差异，最后会介绍**容器存储接口**（Container Storage Interface，CSI），它为 Kubernetes 存储提供了一个简洁的解决方案。

8.2.1　Kubernetes 存储模型

Kubernetes 存储模型包含几个概念：存储类、卷、持久卷和持久卷声明。让我们来看看这些概念如何相互作用，以允许容器化工作负载在执行期间访问存储。

1. 存储类

存储类是一种描述供应可用存储类型的方法。通常，在配置卷而不指定特定存储类时使用默认存储类。下面是 Minikube 中的标准存储类，它将数据存储在主机（即主机节点）上：

```
$ kubectl get storageclass
NAME PROVISIONER AGE
standard (default) k8s.io/minikube-hostpath 65d
```

不同的存储类具有与实际后端存储相关联的不同参数，存储卷供应者知道如何使用这些存储类的参数。存储类元数据包括供应者信息，如下所示：

```
$ kubectl get storageclass -o jsonpath='{.items[0].provisioner}'
k8s.io/minikube-hostpath
```

2. 卷、持久卷和动态卷供应

Kubernetes 中的卷与其 Pod 具有一致的生命周期，当 Pod 消失时，存储也会消失。有许多类型的卷非常有用，我们已经看过一些例子，例如 ConfigMap 和密钥卷。但是，还有其他用于读写的卷类型。

> 你可以在以下链接查看卷类型的完整列表：https://kubernetes.io/docs/concepts/storage/volumes/#types-of-volumes。

Kubernetes 还支持持久卷的概念，这些卷必须由系统管理员配置，而不是由 Kubernetes 自行管理。如果要持久存储数据，则使用持久卷。管理员可以提前供应静态持久卷，该过程需要管理员配置外部存储，并创建用户可以使用的 PersistentVolume 对象。

动态卷供应是动态创建卷的过程。用户请求存储，然后存储被动态地创建出来。动态卷供应的实现取决于存储类，用户可以指定特定的存储类，否则将使用默认存储类（如果存在的话）。所有 Kubernetes 云提供商都支持动态卷供应，Minikube 也支持它（后端存储是 localhost 文件系统）。

3. 持久卷声明

集群管理员要么配置静态的持久卷，要么选择集群动态卷供应。现在，我们可以通过创建持久卷声明来为工作负载声明存储。但是，首先重要的是要了解临时存储和持久存储之间的区别。我们将在 Pod 中创建一个临时文件，重新启动 Pod，并检查文件是否消失。然后，我们将再次执行相同的操作，但是这次将文件写入持久性存储中，并在 Pod 重新启动后检查文件是否仍然存在。

在开始之前，让我分享一些我创建的实用的 shell 函数，以便快速在特定的 Pod 中启动交互式会话。Kubernetes 部署会生成随机的 Pod 名称，例如，对于 trouble 部署，当前的 Pod 名称是 trouble-6785b4949b-84x22：

```
$ kubectl get po | grep trouble
trouble-6785b4949b-84x22    1/1 Running    1    2h
```

这不是一个好记的名称，并且只要 Pod 重新启动（由部署自动执行），它也会改变。不幸的是，kubectl exec 命令需要一个确切的 Pod 名称来运行命令。我创建了一个名为 get_Pod_name_by_label() 的小型 shell 函数，该函数基于标签返回 Pod 名称。由于 Pod 模板中的标签不变，因此这是发现 Pod 名称的好方法。但是，同一部署中可能有多个带有相同标签的 Pod。任何类型的 Pod 都可以，因此我们只需简单地选择第一个即可。下面是函数代码，我将其设置别名 kpn 以便使用：

```
get_pod_name_by_label ()
 {
 kubectl get po -l $1 -o custom-columns=NAME:.metadata.name | tail +2 |
uniq
 }

alias kpn='get_pod_name_by_label'
```

例如，trouble 部署 Pod 可以具有名为 run=trouble 的标签，以下是查找实际 Pod 名称的方法：

```
$ get_pod_name_by_label run=trouble
trouble-6785b4949b-84x22
```

使用此函数，我创建了一个名为 trouble 的别名，该别名在 trouble Pod 中启动了一个交互式 bash 会话：

```
$ alias trouble='kubectl exec -it $(get_pod_name_by_label run=trouble)
bash'
```

现在，我们连接到 trouble Pod 并开始测试：

```
$ trouble
root@trouble-6785b4949b-84x22:/#
```

上面的题外话有点长，但这是一个非常有用的技巧。现在，回到我们的计划并创建一个临时文件，如下所示：

```
root@trouble-6785b4949b-84x22:/# echo "life is short" > life.txt
root@trouble-6785b4949b-84x22:/# cat life.txt
life is short
```

现在，让我们终止 Pod，trouble 部署将调度新的 trouble Pod，如下所示：

```
$ kubectl delete pod $(get_pod_name_by_label run=trouble)
pod "trouble-6785b4949b-84x22" deleted

$ get_pod_name_by_label run=trouble
trouble-6785b4949b-n6cmj
```

当访问新的 Pod 时，我们发现 life.txt 消失了：

```
$ trouble
root@trouble-6785b4949b-n6cmj:/# cat life.txt
cat: life.txt: No such file or directory
```

这是可以理解的，因为它存储在容器的文件系统中。下一步是让 trouble Pod 声明持久存储。下面是一个持久卷声明，该声明动态提供了一个 1GB 的存储卷：

```
apiVersion: v1
kind: PersistentVolumeClaim
metadata:
  name: some-storage
spec:
  accessModes:
  - ReadWriteOnce
  resources:
    requests:
      storage: 1Gi
  volumeMode: Filesystem
```

下面是整个 trouble 部署的 YAML 清单，该清单将此声明作为卷使用，并将其挂载到容器中：

```
---
apiVersion: apps/v1
kind: Deployment
metadata:
  name: trouble
  labels:
    run: trouble
spec:
  replicas: 1
  selector:
    matchLabels:
      run: trouble
  template:
    metadata:
      labels:
        run: trouble
    spec:
      containers:
      - name: trouble
        image: g1g1/py-kube:0.2
        imagePullPolicy: Always
        command: ["/bin/bash", "-c", "while true ; do sleep 10 ; done"]
        volumeMounts:
        - name: keep-me
          mountPath: "/data"
      imagePullSecrets:
      - name: private-dockerhub
      volumes:
      - name: keep-me
        persistentVolumeClaim:
          claimName: some-storage
```

keep-me 卷基于 some-storage 的持久卷声明：

```
volumes:
- name: keep-me
  persistentVolumeClaim:
    claimName: some-storage
```

卷将挂载到容器内的 /data 目录中：

```
volumeMounts:
- name: keep-me
  mountPath: "/data"
```

现在，让我们向 /data 写入一些内容，如下所示：

```
$ trouble
root@trouble-64554479d-tszlb:/# ls /data
root@trouble-64554479d-tszlb:/# cd /data/
root@trouble-64554479d-tszlb:/data# echo "to infinity and be-yond!" >
infinity.txt
root@trouble-64554479d-tszlb:/data# cat infinity.txt
to infinity and beyond!
```

最后我们删除 Pod，并在新的 Pod 创建后，验证 infinity.txt 文件是否仍在 /data 中：

```
$ kubectl delete pod trouble-64554479d-tszlb
pod "trouble-64554479d-tszlb" deleted

$ trouble
root@trouble-64554479d-mpl24:/# cat /data/infinity.txt
to infinity and beyond!
```

是的，它奏效了！一个新的 Pod 被创建出来，并将带有 infinity.txt 文件的持久性存储挂载到了新容器。

持久卷也可以用于直接在同一镜像的多个实例之间共享信息，因为使用相同的持久存储声明会将相同的持久存储挂载到所有容器。

8.2.2 内置和外部存储插件

存储插件有两种类型：内置的（in-tree）和外部的（out-of-tree）。内置意味着这些存储插件是 Kubernetes 本身的一部分。在卷配置中，你可以直接按名称引用它们。例如，下面通过名称配置了一个**谷歌计算引擎**（Google Compute Engine，GCE）持久磁盘。Kubernetes 明确知道此类卷具有诸如 pdName 和 fsType 之类的字段：

```
volumes:
  - name: test-volume
    gcePersistentDisk:
      pdName: my-data-disk
      fsType: ext4
```

参考以下链接查看内置存储插件的完整列表：https://kubernetes.io/docs/concepts/storage/persistent-volumes/#typesof-persistent-volumes。

还有其他几种专门的卷类型，例如 emptyDir、local、downwardAPI 和 hostPath。

内置插件的概念有些笨重。它让 Kubernetes 架构变得有些臃肿，并且每当有新的存储供应者想要改进其存储插件或引入新插件时，都需要 Kubernetes 本身一起跟着修改。

这也是引入外部插件的原因，它的想法是让 Kubernetes 定义了一个标准的存储接口和一种提供插件的标准方法，插件再去实现该接口。然后，管理员需要确保适当的外部插件可被使用。

Kubernetes 支持两种类型的外部插件：FlexVolume 和 CSI。FlexVolume 已经过时且已被弃用，本书不会详细介绍 FlexVolume，也不建议使用。

> 有关 FlexVolume 的更多详细信息，你可以参考以下链接：https://kubernetes.io/docs/concepts/storage/volumes/#flexVolume。

CSI 是 Kubernetes 存储的新星，下面让我们深入了解它的工作原理以及它的巨大改进。

8.2.3　理解 CSI

CSI 旨在解决内置插件的问题和 FlexVolume 插件的烦琐之处。CSI 之所以如此吸引存储供应商的原因是，它不仅仅是 Kubernetes 的标准，更是行业的标准。它允许存储供应商可以为其存储解决方案编写单个驱动程序，并立即与各种容器编排平台兼容，例如 Docker、Cloud Foundry、Mesos，当然还有 Kubernetes。

> 你可以在以下位置找到 CSI 官方规范说明：https://github.com/containerstorage-inter-face/spec。

Kubernetes 团队提供了三个组件，它们都是边车（sidecar）容器，并为所有 CSI 存储供应商提供通用的 CSI 支持。这些组件是：
- ❏ 驱动注册器
- ❏ 外部供应商
- ❏ 外部连接器

它们的工作是与 kubelet 以及 API 服务器进行交互。存储供应商通常会将这些 sidecar 容器及其存储驱动程序实现打包在一个 Pod 中，该 Pod 可以作为 DaemonSet 部署在所有节点上。

图 8-1 说明了 CSI 各部分之间的相互作用。

看起来非常复杂，但是这种复杂性对于分离关注点是必要的，它使得 Kubernetes 团队可以承担很多繁重的工作，而让存储供应商专注于自己的存储解决方案。对用户和开发人员而言，这是完全透明的。它们继续通过存储类、卷和持久卷声明这些 Kubernetes 存储抽象与存储进行交互。

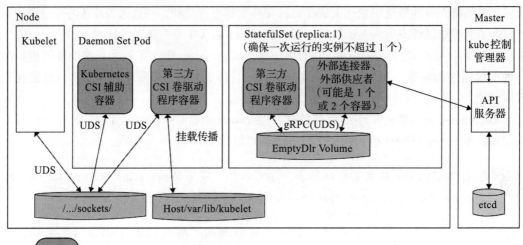

图 8-1　CSI 各部分之间相互作用的关系图

CSI 标准化

CSI 优于内置插件（和 FlexVolume 插件）。但是，在目前你可以混合使用内置插件（或 FlexVolume 插件）或 CSI 插件。Kubernetes 团队制定了详细计划，将内置插件迁移到 CSI。

> ℹ️ 你可以在如下链接查看该计划更详细的信息：https://github.com/kubernetes/community/blob/master/contributors/design-proposals/storage/csi-migration.md。

8.3　在 Kubernetes 集群外存储数据

Kubernetes 不是一个封闭的系统。在 Kubernetes 集群内部运行的工作负载可以访问在集群外部运行的存储。尤其是当你打算迁移现有的、配置和运行在 Kubernetes 之外的应用程序到 Kubernetes 时，这是最合适的方法。在这种情况下，循序渐进是明智之举。首先，将工作负载迁移为由 Kubernetes 管理的容器来运行，这些容器将配置集群外部的数据存储端点。之后，你可以考虑是否值得将这种外部存储也迁移进来。

还有其他一些使用集群外存储的用例，例如：

❏ 你的存储集群使用了一些奇特的硬件，或者网络方案没有成熟的内置或 CSI 插件（随着 CSI 成为标准，这种情况会越来越少见）。

❏ 你通过云提供商运行 Kubernetes，迁移所有数据成本较高、风险较大，速度也比较慢。

❑ 组织中的其他应用程序使用相同的存储集群，将组织中的所有应用程序和系统迁移到 Kubernetes 通常是不切实际且不经济的。

❑ 由于法规要求，你必须保留对数据的控制。

在 Kubernetes 之外管理存储有以下几个缺点：

❑ 安全性（需要提供从工作负载到存储集群的网络访问）。

❑ 必须实现存储集群的扩展、可用性、监控和配置。

❑ 当存储集群方面发生变化时，通常需要在 Kubernetes 方面进行相应的配置更改。

❑ 由于额外的网络连接、身份验证、授权或加密，你可能会遇到性能下降或延迟增加等问题。

8.4 使用 StatefulSet 在 Kubernetes 集群内存储数据

最好的方式是在 Kubernetes 集群中存储数据。这不仅提供了统一的一站式服务管理你的工作负载及其依赖的所有资源（第三方外部服务除外），而且你还可以将存储与监控集成在一起，这一点也非常重要，我们将在以后的章节中深入讨论监控。但是，磁盘空间不足是许多系统管理员的噩梦，如果你将数据存储在一个节点上，而你的数据存储 Pod 被重新调度到另一个节点，而预期的可用数据不存在，这时候就会出现问题。Kubernetes 的架构师意识到拥有短暂生命周期的 Pod 哲学并不适用于存储。

你可以尝试使用 Pod 和节点亲和性以及 Kubernetes 提供的其他机制来管理它，但是更好的方法是使用 StatefulSet，它是在 Kubernetes 中管理存储感知服务的特定解决方案。

8.4.1 理解 StatefulSet

StatefulSet 的核心是一个控制器，它通过一些额外的属性（例如顺序和唯一性）来管理一组 Pod。StatefulSet 允许部署和扩展 Pod 集，同时保留其特殊属性，你可以认为 StatefulSet 强化了部署。StatefulSet 在 Kubernetes 1.9 中达到了**一般可用性**（General Availability，GA）状态。下面让我们看一下用户服务的示例 StatefulSet，该示例使用关系型数据库 PostgresDB 作为其数据存储：

```
apiVersion: apps/v1
kind: StatefulSet
metadata:
  name: user-db

spec:
  selector:
    matchLabels:
      svc: user
      app: postgres
  serviceName: user-db
  replicas: 1
```

```
template:
  metadata:
    labels:
        svc: user
        app: postgres
  spec:
    terminationGracePeriodSeconds: 10
    containers:
    - name: nginx
      image: postgres:11.1-alpine
      ports:
      - containerPort: 5432
      env:
      - name: POSTGRES_DB
        value: user_manager
      - name: POSTGRES_USER
        value: postgres
      - name: POSTGRES_PASSWORD
        value: postgres
      - name: PGDATA
        value: /data/user-db

      volumeMounts:
      - name: user-db
        mountPath: /data/user-db
volumeClaimTemplates:
- metadata:
    name: user-db
  spec:
    accessModes: [ "ReadWriteOnce" ]
    # storageClassName: <custom storage class>
    resources:
      requests:
        storage: 1Gi
```

这里包含了很多内容，但都是由我们熟悉的概念组成的。下面让我们将其分解成几个
部分依次查看。

1. StatefulSet 组件

StatefulSet 由以下三个主要部分组成：

❏ **StatefulSet 元数据和定义**：StatefulSet 元数据和定义与部署非常相似，标准的
API 版本、类别和元数据名称，然后是 `spec`，其中包括 Pod 的选择器（必须与
接下来的 Pod 模板选择器匹配）、副本的数量（在下面的示例中仅为一个）以及
`serviceNamer` 服务名称（与部署相比的主要区别）：

```
apiVersion: apps/v1
kind: StatefulSet
metadata:
  name: user-db
spec:
  selector:
    matchLabels:
```

```
    svc: user
    app: postgres
  replicas: 1
  serviceName: user-db
```

StatefulSet 必须具有与 StatefulSet 关联的无头服务（headless service）才能管理容器的网络标识。在下面的示例中，服务名称为 `user-db`：

```
apiVersion: v1
kind: Service
metadata:
  name: user-db
spec:
  ports:
  - port: 5432
  clusterIP: None
  selector:
    svc: user
    app: postgres
```

❑ **Pod 模板**：下一部分是标准 Pod 模板。PGDATA 环境变量（`/data/user-db`）告诉 postgres 在哪里读取和写入数据，该变量必须与 user-db 卷（`/data/user-db`）或子目录的挂载路径相同。这是我们将数据存储与底层存储串联起来的地方：

```
template:
  metadata:
    labels:
      svc: user
      app: postgres
  spec:
    terminationGracePeriodSeconds: 10
    containers:
    - name: nginx
      image: postgres:11.1-alpine
      ports:
      - containerPort: 5432
      env:
      - name: POSTGRES_DB
        value: user_manager
      - name: POSTGRES_USER
        value: postgres
      - name: POSTGRES_PASSWORD
        value: postgres
      - name: PGDATA
        value: /data/user-db
      volumeMounts:
      - name: user-db
        mountPath: /data/user-db
```

❑ **卷声明模板**：最后一部分是卷声明模板。注意这里是复数形式（volumeClaimTemplates），一些数据存储可能需要多种类型的卷（例如，用于日志或缓存），这些卷都需要是用它们自己的持久声明。在下面的示例中，我们只使用了一个持久卷声明：

```
    volumeClaimTemplates:
    - metadata:
        name: user-db
      spec:
        accessModes: [ "ReadWriteOnce" ]
        # storageClassName: <custom storage class>
        resources:
          requests:
            storage: 1Gi
```

接下来我们要深入理解 StatefulSets 的特殊属性及其重要性。

2. Pod 标识

StatefulSet 的 Pod 具有一个稳定的标识，它包括以下三个方面：一个稳定的网络标识、一个序号索引和一个稳定的存储，这些内容总是在一起的。每个 Pod 的名称组成是 `<statefulset name>-<ordinal>`。

与 StatefulSet 关联的无头服务提供了稳定的网络标识，其服务的 DNS 名称如下所示：

```
<service name>.<namespace>.svc.cluster.local
```

每个 Pod 都有一个稳定的 DNS 名称，如下所示：

```
<statefulset name>-<ordinal>.<service name>.<namespace>.svc.cluster.local
```

例如，`user-db` 用户数据库 StatefulSet 的第一个 Pod 被称为：

```
user-db-0.user-db.default.svc.cluster.local
```

此外，StatefulSet 中的 Pod 还会自动分配标签，如下所示：

```
statefulset.kubernetes.io/pod-name=<pod-name>
```

3. 顺序性

StatefulSet 中的每个 Pod 都获得一个序号索引，它们是做什么用的呢？某些数据存储依赖于有序的初始化序列。StatefulSet 确保在 Pod 初始化和扩展时，始终按固定的顺序进行操作。

在 Kubernetes 1.7 中，有序性限制被放宽了。对于不需要顺序性的数据存储来说，对 StatefulSet 中的多个 Pod 进行并行操作是有价值的。你可以在 `podPolicy` 字段中指定这些策略，对于默认的有序行为，可以将值设置为 `OrderedReady`；对于宽松的并行模式，可以设置为 `Parallel`，其中某些 Pod 启动或终止的同时，其他 Pod 也可以并行操作。

8.4.2　什么时候应该使用 StatefulSet

当你在云中需要自己管理数据存储并希望能够良好地控制时，你应该使用 StatefulSet。StatefulSet 的主要用例是分布式数据存储，但是即使你的数据存储只有一个实例或 Pod，

StatefulSet 也是有帮助的。尽管顺序性不是必需的，一个具有稳定附加存储的稳定 Pod 标识也是非常有价值的。如果数据存储由共享存储层（例如 NFS）备份，则可能不需要 StatefulSet。

此外，即使你不需要自己管理数据存储，也无须担心存储层，也不需要定义自己的 StatefulSet。例如，如果你在 AWS 上运行系统并使用 Amazon S3、Amazon RDS、Amazon DynamoDB 和 Amazon Redshift 等数据存储，你实际上也并不需要 StatefulSet。

对比部署和 StatefulSet

部署旨在管理任意的 Pod 集，也可以用于管理分布式数据存储的 Pod。StatefulSet 是专门为支持分布式数据存储的需求而设计的。但是，顺序性和唯一性等特殊属性并不总是必需的。让我们将部署与 StatefulSet 进行比较：

- ❏ 部署没有关联的存储，而 StatefulSets 有。
- ❏ 部署没有关联的服务，而 StatefulSets 有。
- ❏ 部署的 Pod 没有 DNS 名称，而 StatefulSet 的 Pod 有。
- ❏ 部署不以固定顺序启动和终止 Pod，而 StatefulSets 遵循规定的顺序（默认情况下）。

我建议你坚持部署，除非你的分布式数据存储需要 StatefulSet 的特殊属性。如果你只需要一个稳定的标识，而不需要有序的启动和关闭，请设置策略 podPolicy=Parallel。

8.4.3 一个大型 StatefulSet 示例

Cassandra（https://cassandra.apache.org/）是一个有趣的分布式数据存储，我对此有很多经验。它非常强大，但是需要大量知识才能正确操作和开发。这也是 StatefulSets 一个很好的用例。让我们快速介绍一下 Cassandra，并学习如何在 Kubernetes 中部署它。注意，我们不会在 Delinkcious 中使用 Cassandra。

1. Cassandra 快速入门

Cassandra 是一个 Apache 开源项目。它是一种列式数据存储，非常适合管理时间序列数据。三年多来，我一直使用它来收集和管理来自数千个空气质量传感器中的数据。

Cassandra 有一种有趣的建模方法，但是在这里，我们只关心存储。Cassandra 具有高可用性和线性可伸缩性，并且通过冗余实现可靠性（无单点故障）。Cassandra 节点共同负责数据，通过**分布式哈希表（Distributed Hash Table，DHT）**进行分区。数据的多个副本分布在多个节点上（通常为三个或五个）。

这样，如果 Cassandra 节点出现故障，那么至少还有两个其他节点具有相同的数据并且可以响应查询。所有节点都相同，没有主节点，也没有从节点。节点通过 gossip 协议不断地交互，当新节点加入集群时，Cassandra 在所有节点之间重新分配数据。图 8-2 显示了数据如何在 Cassandra 集群中分配。

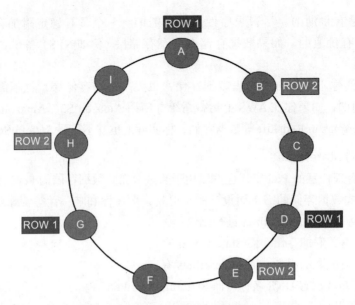

图 8-2   在 Cassandra 集群数据分配

你可以将节点视为一个环，DHT 算法对每行（工作单元）进行哈希处理，并将其分配给 *N* 个节点（取决于集群的副本数）。通过在特定节点中精确地放置各个行，你可以看到 StatefulSet 的稳定标识和顺序性如何派上用场。

让我们一起探讨一下如何在 Kubernetes 中将 Cassandra 集群以 StatefulSet 的方式进行部署。

2. 使用 StatefulSet 在 Kubernetes 上部署 Cassandra

因篇幅原因，下面的示例是一个精简后的版本，主要介绍本章关注的部分。

正如我们之前所见，StatefulSet 定义的第一部分包括 `apiVersion`、`kind`、`metadata` 和 `spec`。其名称为 `cassandra`，标签为 `app: cassandra`。在 `spec` 中，`serviceName` 名称也是 `cassandra`，并且有三个副本：

```
apiVersion: apps/v1
kind: StatefulSet
metadata:
  name: cassandra
  labels:
    app: cassandra
 spec:
   serviceName: cassandra
   replicas: 3
   selector:
     matchLabels:
       app: cassandra
```

Pod 模板具有匹配的标签 `app: cassandra`，容器也被命名为 `cassandra`，使用了带有 always 拉取策略的 Google 示例镜像。

在示例中，`terminationGraceInSeconds` 被设置为 1800 秒（即 30 分钟），这是 StatefulSet 允许 Pod 失去响应时尝试和恢复的时间。Cassandra 内置了很多冗余策略，因此可以让节点尝试恢复 30 分钟。示例省略显示了许多端口、环境变量和就绪检查的配置。卷的挂载名为 cassandra-data，其路径为 `/cassandra_data`，这是 Cassandra 存储其数据文件的地方：

```
template:
  metadata:
    labels:
      app: cassandra
  spec:
    terminationGracePeriodSeconds: 1800
    containers:
    - name: cassandra
      image: gcr.io/google-samples/cassandra:v13
      imagePullPolicy: Always
      ...
      volumeMounts:
      - name: cassandra-data
        mountPath: /cassandra_data
```

最后，卷声明模板定义了与 cassandra-data 容器中挂载的卷匹配的持久性存储。存储类 fast 未在此处详细说明，但通常是运行 Cassandra Pod 的同一节点上的本地存储，存储大小为 1GB：

```
volumeClaimTemplates:
- metadata:
    name: cassandra-data
  spec:
    accessModes: [ "ReadWriteOnce" ]
    storageClassName: fast
    resources:
      requests:
        storage: 1Gi
```

对于你来说，这一切看起来应该都很熟悉。然而，还有更多的 Cassandra 部署细节有待发现。如果你还记得，Cassandra 没有主节点，Cassandra 节点使用 gossip 协议不断地相互通信。

那 Cassandra 节点是如何找到彼此的呢？答案是种子节点（seed provider）。每当将新节点添加到集群时，就会使用某些种子节点的 IP 地址（在本例中为 `10.0.0.1`、`10.0.0.2` 和 `10.0.0.3`）对其进行配置。它开始与这些种子节点交换消息，然后这些种子节点通知新节点关于集群中其他 Cassandra 节点的信息，并通知所有其他现有节点新节点已加入集群。这样，集群中的每个节点都可以非常快速地了解集群中的其他节点。

下面是以给典型的种子节点配置文件（`cassandra.yaml`）中的一部分，这里只配置 IP 地址的简单列表：

```
seed_provider:
    - class_name: SEED_PROVIDER
      parameters:
      # seeds is actually a comma-delimited list of addresses.
      # Ex: "<ip1>,<ip2>,<ip3>"
      - seeds: "10.0.0.1,10.0.0.2,10.0.0.3,"
```

种子节点也可以是自定义类，这是一个非常不错的可扩展设计。在 Kubernetes 中，这是必要的，因为原始种子节点可能会四处移动并获得新的 IP 地址。

为了解决这个问题，你可以使用一个自定义的 `KubernetesSeedProvider` 类，它与 Kubernetes API 服务器进行通信，并且始终可以在查询时返回种子节点的 IP 地址。Cassandra 是用 Java 实现的，因此实现 `SeedProvider` Java 接口的自定义类也使用 Java。

我们不会详细剖析这部分代码，需要注意的是，它使用了 Go 本地的 `cassandra-seed.so` 库接口，然后使用它来获取 Cassandra 服务的 Kubernetes 端点：

```java
package io.k8s.cassandra;

import java.io.IOException;
import java.net.InetAddress;
import java.util.Collections;
import java.util.List;
import java.util.Map;
...

 /**
  * Create new seed provider
  *
  * @param params
  */
 public KubernetesSeedProvider(Map<String, String> params) {
 }

...
 }
 }

private static String getEnvOrDefault(String var, String def) {
 String val = System.getenv(var);
...
 static class Endpoints {
 public List<InetAddress> ips;
 }
 }
```

ℹ️ 完整的源代码可以在下面的链接看到：https://github.com/kubernetes/examples/blob/master/cassandra/java/src/main/java/io/k8s/cassandra/KubernetesSeedProvider.java。

这就是将 Cassandra 和 Kubernetes 联系在一起工作的魔力。现在我们已经了解了如何在 Cassandra 中部署复杂的分布式数据存储，下面让我们看看本地存储，它在 Kubernetes 1.14 中正式发布。

8.5 通过本地存储实现高性能

现在让我们讨论下计算与存储之间的亲和性。速度、容量、持久性和成本，它们之间存在一个有趣的关系。当数据位于处理器附近时，你可以立即开始对其进行处理，而不是通过网络来获取数据，这就是本地存储能够保证的。

本地数据存储主要有两种方式：内存和硬盘。它们是有区别的，内存更快，内存是 SSD 硬盘速度的 4 倍左右，机械磁盘的速度比 SSD 硬盘的速度慢 20 倍左右（https://gist.github.com/jboner/2841832）。

让我们考虑以下两个选项：

❏ 将数据存储在内存中。
❏ 将数据存储在本地 SSD 硬盘上。

8.5.1 将数据存储在内存中

就读写延迟和吞吐量而言，内存可以提供最高的性能。尽管内存和缓存有不同的类型，但最重要的是内存非常快。不过，内存也有显著的缺点，例如：

❏ 与硬盘相比，节点的内存有限得多（也就是说，需要更多的计算机来存储相同数量的数据）。
❏ 内存价格非常昂贵。
❏ 内存是临时存储。

在某些用例中，你需要在内存中存储整个数据集。在这些情况下，要么数据集可能很小，要么你需要将其拆分到多台计算机上。如果数据很重要并且不容易生成，则可以通过以下两种方式解决内存的临时性：

❏ 保留一个持久副本。
❏ 冗余（即将数据保留在多台计算机的内存中，并尽可能做到地理分布）。

8.5.2 将数据存储在本地 SSD 硬盘上

本地 SSD 没有内存快，但是也足够快。当然，你也可以同时将内存当缓存使用（任何可靠的数据存储都会使用内存缓存）。当需要快速的性能时，并且你的工作集不适合内存，或者，当你不想支付大内存的高价并且可以使用到更便宜但仍然非常快的 SSD 时，使用 SSD 是合适的。例如，Cassandra 建议使用本地 SSD 存储作为数据的后端存储。

8.6 在 Kubernetes 中使用关系型数据库

到目前为止，我们在所有服务中都使用了关系数据库，但是，我们很快就会发现，我们并没有用到它真正的持久性。首先，我们将查看数据存储在何处，然后研究数据的持久性。最后，我们将迁移其中一个数据库，使用 StatefulSet 实现适当的持久性。

8.6.1　了解数据的存储位置

对于 PostgreSQL，它有一个 data 目录，可以使用 PGDATA 环境变量设置此目录。默认情况下，它设置为 /var/lib/postgresql/data：

```
$ kubectl exec -it link-db-6b9b64db5-zp59g env | grep PGDATA
PGDATA=/var/lib/postgresql/data
```

让我们看一下该目录包含的内容：

```
$ kubectl exec -it link-db-6b9b64db5-zp59g ls /var/lib/postgresql/data
PG_VERSION pg_multixact pg_tblspc
base pg_notify pg_twophase
global pg_replslot pg_wal
pg_commit_ts pg_serial pg_xact
pg_dynshmem pg_snapshots post-gresql.auto.conf
pg_hba.conf pg_stat postgresql.conf
pg_ident.conf pg_stat_tmp postmaster.opts
pg_logical pg_subtrans postmaster.pid
```

但是，data 目录可能是临时的，也可能是永久的，这取决于它挂载到容器的方式。

8.6.2　使用部署和服务

通过在数据库 Pod 前端提供服务，你可以轻松访问数据。数据库 Pod 终止后，部署将重新启动它。但是，由于可以 Pod 可能被调度到其他节点上，因此你需要确保 Pod 可以访问实际数据所在的存储，否则，它的内容就是空的——你将丢失所有数据。这是仅用于开发测试的设置，也是大多数 Delinkcious 服务保留其数据的方式——通过运行 PostgresDB 容器，但是它的持久性和 Pod 是一样的。事实是数据存储在 Pod 内运行的 Docker 容器本身中。

在 Minikube 中，可以通过以下方法直接检查 Docker 容器：首先 SSH 进入节点，找到 postgres 容器的 ID，然后对其进行检查（下面仅显示了相关信息）：

```
$ minikube ssh
                         _             _
            _         _ ( )           ( )
  ___ ___  (_)  ___  (_)| |/')  _   _ | |_      __
/' _ ` _ `\| |/' _ `\| || , <  ( ) ( )| '_`\  /'__`\
| ( ) ( ) || || ( ) || || |\`\ | (_) || |_) )(  ___/
(_) (_) (_)(_)(_) (_)(_)(_) (_)`\___/'(_,__/'`\____)

$ docker ps -f name=k8s_postgres_link-db -q
409d4a52a7f5

$ docker inspect -f "{{json .Mounts}}" 409d4a52a7f5 | jq .[1]
```

```
{
"Type": "volume",
"Name": "f9d090d6defba28f0c0bfac8ab7935d189332478d0bf03def6175f5c0a2e93d7",
 "Source":
"/var/lib/docker/volumes/f9d090d6defba28f0c0bfac8ab7935d189332478d0bf03def6
175f5c0a2e93d7/_data",
"Destination": "/var/lib/postgresql/data",
"Driver": "local",
"Mode": "",
"RW": true,
"Propagation": ""
}
```

这意味着，如果容器消失了（例如，我们升级到新版本），或者如果节点消失了，那么我们的所有数据也都将消失。

8.6.3 使用 StatefulSet

使用 StatefulSet，情况就不同了。数据目录挂载到容器，但是存储本身是在外部进行管理的。只要外部存储可靠且冗余，无论特定容器、Pod 和节点发生了什么情况，我们的数据都是安全的。前面我们已经提到了如何使用无头服务为用户数据库定义 StatefulSet。但是，使用 StatefulSet 的存储可能会遇到一些挑战。附加到 StatefulSet 的无头服务没有集群 IP，那么，用户服务将如何连接到数据库呢？好吧，我们将不得不通过其他方式提供帮助。

8.6.4 帮助用户服务找到 StatefulSet Pod

无头 user-db 服务没有集群 IP，如下所示：

```
$ kubectl get svc user-db
NAME TYPE CLUSTER-IP EXTERNAL-IP PORT(S) AGE
user-db ClusterIP None <none> 5432/TCP 4d
```

但是，它具有端点，这些端点是支持该服务的所有 Pod 的集群中的 IP 地址：

```
$ kubectl get endpoints user-db
NAME ENDPOINTS AGE
user-db 172.17.0.25:5432 4d
```

这是一个不错的选择。但是，端点不会通过环境变量公开，例如具有集群 IP 的服务具有 <service name>_SERVICE_HOST and <service name>_SERVICE_PORT 环境变量。因此，要找到无头服务的端点，它们将不得不直接查询 Kubernetes API。尽管这是可行的，但它在服务和 Kubernetes 之间增加了不必要的耦合。我们将无法在 Kubernetes 之外运行该服务进行测试，因为该服务依赖于 Kubernetes API。但是，我们可以"欺骗"用户服务，使用 ConfigMap 填充 USER_DB_SERVICE_HOST 和 USER_DB_SERVICE_PORT。

这个想法的基础是 StatefulSet Pod 具有稳定的 DNS 名称。对于用户数据库，其中一个 Pod 的 DNS 名称为 user-db-0.user-db.default.svc.cluster.local。在 trouble

容器的 shell 环境中，我们可以通过运行 dig 命令来验证 DNS 名称确实解析为用户数据库端点 172.17.0.25：

```
root@trouble-64554479d-zclxc:/# dig +short us-er-db-0.user-
db.default.svc.cluster.local
172.17.0.25
```

现在，我们可以使用这个稳定的 DNS 名称，并将其分配给用户管理器（user-manager）服务的 ConfigMap 中的 USER_DB_SERVICE_HOST：

```
apiVersion: v1
kind: ConfigMap
metadata:
  name: user-manager-config
  namespace: default
data:
  USER_DB_SERVICE_HOST: "us-er-db-0.user-db.default.svc.cluster.local"
  USER_DB_SERVICE_PORT: "5432"
```

应用此 ConfigMap 后，用户服务将能够通过环境变量找到 StatefulSet 的用户数据库容器。以下是 pkg/db_util/db_util.go 中的使用这些环境变量的代码：

```
func GetDbEndpoint(dbName string) (host string, port int, err error) {
 hostEnvVar := strings.ToUpper(dbName) + "_DB_SERVICE_HOST"
 host = os.Getenv(hostEnvVar)
 if host == "" {
 host = "localhost"
 }

portEnvVar := strings.ToUpper(dbName) + "_DB_SERVICE_PORT"

 dbPort := os.Getenv(portEnvVar)
 if dbPort == "" {
 dbPort = "5432"
 }

port, err = strconv.Atoi(dbPort)
 return
 }
```

用户服务在其 Run() 函数中对其进行调用以初始化数据库：

```
func Run() {
 dbHost, dbPort, err := db_util.GetDbEndpoint("user")
 if err != nil {
 log.Fatal(err)
 }

store, err := sgm.NewDbUserStore(dbHost, dbPort, "postgres", "postgres")
 if err != nil {
 log.Fatal(err)
 }
```

```
    ...
    }
```

现在，让我们看一下如何解决模式更改的管理问题。

8.6.5　管理模式更改

使用关系数据库时最具挑战性的主题之一就是管理 SQL 模式。当模式更改时，更改可能是向后兼容的（通过添加列），也可能不是向后兼容的（通过将一个表拆分为两个单独的表）。当模式更改时，我们需要迁移数据库，但同时还要迁移受模式更改影响的代码。

如果可以承受短暂的停机时间，则迁移过程可以非常简单，如下所示：

1）关闭所有受影响的服务并执行数据库迁移。

2）部署知道如何使用新模式的新代码。

3）一切恢复正常。

但是，如果需要保持系统运行，则必须通过将模式更改分为多个向后兼容的更改（包括相应的代码更改）来进行更复杂的操作。

例如，将一个表拆分成两个表时，可以按照以下步骤执行操作：

1）保留原始表。

2）添加两个新表。

3）部署既可以写入旧表又可以写入新表而且可以从所有表中读取数据的代码。

4）将所有数据从旧表迁移到新表。

5）部署仅从新表（现在具有所有数据）中读取数据的代码更改。

6）删除旧表。

关系型数据库非常有用，但是，有时一个正确的解决方案可能是非关系型数据存储。

8.7　在 Kubernetes 中使用非关系型数据存储

Kubernetes 和 StatefulSet 不像关系型数据存储那样受到诸多限制。非关系型（也称为 NoSQL）数据存储对于许多用例非常有用，其中 Redis 是用途最广泛且最受欢迎的内存数据存储之一。下面让我们了解一下 Redis，并研究如何迁移 Delinkcious 消息服务以使用 Redis，而不是将事件存储在临时内存中。

Redis 简介

Redis 通常被描述为数据结构服务器。由于它将整个数据存储在内存中，因此可以有效地对数据执行许多高级操作。当然，要付出的代价是必须将所有数据保存在内存中，这仅适用于小型数据集，即使如此，它也是很昂贵的。如果大多数数据都不会访问，那将其保存在内存中将是巨大的浪费。Redis 可以用作热数据的快速分布式缓存。因此，即使不能将其用作内存中整个数据集的分布式缓存，也仍然可以将 Redis 用于热数据（经常使用）。Redis 还支持跨多个节点共享数据的集群，因此它也能够处理非常大的数据集。Redis 的功能列表令人印象深刻，其中包括：

- ❑ 它提供了多种数据结构，例如列表、哈希、集合、排序集合、位图、流和地理空间索引等。
- ❑ 它对许多数据结构提供原子操作。
- ❑ 它支持事务。
- ❑ 它支持使用 TTL 自动淘汰。
- ❑ 它支持 LRU 淘汰算法。
- ❑ 它可以启用发布 / 订阅模式。
- ❑ 它具有硬盘持久性的可选项。
- ❑ 它具有将操作追加到日志的可选项。
- ❑ 它支持 Lua 脚本。

现在，让我们看一下 Delinkcious 是如何使用 Redis 的。

在消息服务中持久化事件

消息服务将通过 StatefulSet 启动一个 Redis 实例，如下所示：

```
apiVersion: apps/v1
kind: StatefulSet
metadata:
  name: news-manager-redis
spec:
  serviceName: news-manager-redis
  replicas: 1
  selector:
    matchLabels:
      app: redis
      svc: news-manager
  template:
    metadata:
      labels:
        app: redis
        svc: news-manager
    spec:
      containers:
      - name: redis-primary
        image: redis:5.0.3-alpine
        imagePullPolicy: Always
        ports:
        - containerPort: 6379
          name: redis
        volumeMounts:
        - name: news-manager-redis
          mountPath: /data
```

```
volumeClaimTemplates:
- metadata:
    name: news-manager-redis
  spec:
    accessModes: [ "ReadWriteOnce" ]
    resources:
      requests:
        storage: 1Gi
```

它由一个无头服务支持：

```
apiVersion: v1
kind: Service
metadata:
  name: news-manager-redis
  labels:
    app: redis
    svc: news-manager
spec:
  selector:
    app: redis
    svc: news-manager
  type: None
  ports:
  - port: 6379
    name: redis
```

我们可以使用相同的技巧，通过使用 ConfigMap 向环境变量注入 Redis Pod 的 DNS
名称：

```
apiVersion: v1
kind: ConfigMap
metadata:
  name: news-manager-config
  namespace: default
data:
  PORT: "6060"
  NEWS_MANAGER_REDIS_SERVICE_HOST: "news-manager-redis-0.news-manager-
redis.default.svc.cluster.local"
  USER_DB_SERVICE_PORT: "6379"
```

资源都已就绪，让我们看一下代码是如何访问 Redis 的。在消息服务的 Run() 函数
中，如果 Redis 的环境变量不为空，则它将创建一个新的 Redis 存储：

```
redisHostname := os.Getenv("NEWS_MANAGER_REDIS_SERVICE_HOST")
redisPort := os.Getenv("NEWS_MANAGER_REDIS_SERVICE_PORT")

var store nm.Store
if redisHostname == "" {
store = nm.NewInMemoryNewsStore()
} else {
address := fmt.Sprintf("%s:%s", redisHostname, redisPort)
store, err = nm.NewRedisNewsStore(address)
```

```
if err != nil {
log.Fatal(err)
}
}
```

NewRedisNewStore() 函数在 pkg/new_manager/redis_news_store 中定义，它将创建一个新的 Redis 客户端（通过 go-redis 库），它还会调用客户端的 Ping() 方法以确保 Redis 已启动并正在运行，而且可以访问：

```
package news_manager

import (
 "github.com/go-redis/redis"
 "github.com/pelletier/go-toml"
 om "github.com/the-gigi/delinkcious/pkg/object_model"
 )

// RedisNewsStore manages a UserEvents data structure
 type RedisNewsStore struct {
 redis *redis.Client
 }

func NewRedisNewsStore(address string) (store Store, err error) {
 client := redis.NewClient(&redis.Options{
 Addr: address,
 Password: "", // use empty password for simplicity. should come from a
secret in production
 DB: 0, // use default DB
 })

_, err = client.Ping().Result()
 if err != nil {
 return
 }

store = &RedisNewsStore{redis: client}
 return
 }
```

RedisNewsStore 将事件存储在 Redis 列表中，该列表已序列化为 TOML，这全部在 AddEvent() 中实现，如下所示：

```
func (m *RedisNewsStore) AddEvent(username string, event *om.Event) (err
error) {
 t, err := toml.Marshal(*event)
 if err != nil {
 return
 }
err = m.redis.RPush(username, t).Err()
 return
 }
```

RedisNewsStore 实现 GetNews() 方法以按顺序提取事件。首先，它基于起始索引和最大页面大小计算起始索引和终止索引以查询事件列表。然后，它获取结果并将其序列化为 TOML，将其解组到 om.Event 结构体中，并将其追加到事件的结果列表中。

最后，它计算要提取的下一个索引（如果没有更多事件，则为 -1）：

```
const redisMaxPageSize = 10

func (m *RedisNewsStore) GetNews(username string, startIndex int) (events
[]*om.Event, nextIndex int, err error) {
 stop := startIndex + redisMaxPageSize - 1
 result, err := m.redis.LRange(username, int64(startIndex),
int64(stop)).Result()
 if err != nil {
 return
 }

for _, t := range result {
 var event om.Event
 err = toml.Unmarshal([]byte(t), &event)
 if err != nil {
 return
 }

events = append(events, &event)
 }

if len(result) == redisMaxPageSize {
 nextIndex = stop + 1
 } else {
 nextIndex = -1
 }

return
 }
```

此时，你应该对非关系型数据存储有一个很好的了解，包括何时使用它们以及如何将 Redis 集成为服务的数据存储。

8.8　小结

在本章中，我们讨论了存储和真实场景中的数据持久性这一非常重要的主题。我们了解了 Kubernetes 存储模型、存储接口和 StatefulSets。然后，我们讨论了如何在 Kubernetes 中管理关系型和非关系型数据，并迁移了一些 Delinkcious 服务以通过 StatefulSets 使用适当的持久存储，包括如何为 StatefulSet Pod 提供数据存储端点。最后，我们使用 Redis 为消息服务实现了一个非临时性的数据存储。此时，你应该清楚地了解 Kubernetes 如何管理存储，并能够为你的系统选择合适的数据存储，并将它们集成到 Kubernetes 集群与服务中。

在下一章中，我们将探讨无服务器计算这个令人兴奋的领域。我们将考虑何时使用无服务器模型，并讨论当前在 Kubernetes 中的解决方案，然后通过一些无服务器任务扩展我们的 Delinkcious。

8.9 扩展阅读

你可以阅读以下参考资料以获取更多信息：

❑ CSI：https://medium.com/google-cloud/understanding-the-container-storage-interface-csi-ddbeb966a3b。

❑ StatefulSet：https://kubernetes.io/docs/concepts/workloads/controllers/statefulset/。

❑ Cassandra：https://cassandra.apache.org/。

❑ Redis：http://redis.io/。

❑ **每个程序员都应该知道的延迟数据**：https://gist.github.com/jboner/284183。

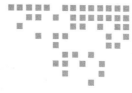
在 Kubernetes 上运行 Serverless 任务

本章我们将深入分析最热门的云原生技术：**无服务器计算**（或称 Function as a Service，FaaS）。我们将解释 Serverless 的含义（它的内容其实很丰富）以及它与微服务的比较。我们将使用 Nuclio Serverless 框架为 Delinkcious 实现和部署一个很酷的新功能，称为链接检查。最后，我们将简要介绍 Kubernetes 中进行 Serverless 计算的其他方法。本章将包含以下内容：

- ❏ 云中的 Serverless。
- ❏ Delinkcious 链接检查。
- ❏ 使用 Nuclio 实现 Serverless 链接检查。

9.1 技术需求

在本章中，我们将安装一个称为 Nuclio 的 Serverless 框架。首先，让我们创建一个专用的命名空间，如下所示：

```
$ kubectl create namespace nuclio
```

这是一个很安全的做法，因为 Nuclio 不会干扰集群的其余部分。接下来，我们将应用一些**基于角色的访问控制**（Role-Based Access Control，RBAC）权限。如果查看文件（在集群上运行它们之前应始终检查 Kubernetes 清单），会看到大多数权限仅限于 Nuclio 命名空间，并且有一些 Nuclio 自己创建的与**自定义资源定义**（Custom Resource Definition，CRD）的集群范围权限：

```
$ kubectl apply -f
https://raw.githubusercontent.com/nuclio/nuclio/master/hack/k8s/resources/n
uclio-rbac.yaml
```

现在让我们部署 Nuclio，它创建了一些 CRD，并部署了对应的控制器和仪表板服务。这是非常高效和直接的做法，如下所示：

```
$ kubectl apply -f
https://raw.githubusercontent.com/nuclio/nuclio/master/hack/k8s/resources/n
uclio.yaml
```

现在，让我们通过检查控制器和仪表板的 Pod 运行状况来验证安装是否成功：

```
$ kubectl get pods --namespace nuclio
NAME                                READY    STATUS     RESTARTS    AGE
nuclio-controller-556774b65-mtvmm   1/1      Running    0           22m
nuclio-dashboard-67ff7bb6d4-czvxp   1/1      Running    0           22m
```

仪表板很有帮助，但是它更适合即时的探索。对于更多的生产用途，最好使用 `nuctl` CLI 命令行工具。下一步我们从 https://github.com/nuclio/nuclio/releases 下载并安装 `nuctl`，然后像下面这样为 `symlink nuctl` 创建可执行路径：

```
$ cd /usr/local/bin
$ curl -LO
https://github.com/nuclio/nuclio/releases/download/1.1.2/nuctl-1.1.2-darwin
-amd64
$ ln -s nuctl-1.1.2-darwin-amd64 nuctl
```

最后，让我们配置 secret 去拉取镜像，以便 Nuclio 可以将函数部署到我们的集群中：

```
$ kubectl create secret docker-registry registry-credentials -n nuclio \
    --docker-username g1g1 \
    --docker-password $DOCKERHUB_PASSWORD \
    --docker-server registry.hub.docker.com \
    --docker-email the.gigi@gmail.com

secret "registry-credentials" created
```

还可以使用具有适当凭据的其他镜像仓库。在 Minikube 中，甚至可以使用本地仓库。然而，在示例中我们将使用 Docker Hub 来保持一致性。

本章代码

代码分别存放在下面两个 Git 代码仓库：

❑ 你可以在 https://github.com/PacktPublishing/Hands-On-Microservices-with-Kubernetes/
  tree/master/Chapter09 中找到代码示例。

❑ 你可以在 https://github.com/thegigi/delinkcious/releases/tag/v0.7 中找到更新的 Delinkcious
  应用程序。

9.2 云中的 Serverless

对于云中的 Serverless，通常有两种不同的定义，尤其是在 Kubernetes 的上下文中。第一个含义是不必管理集群的节点，此概念的一些很好的示例包括 AWS Fargate（https://aws.amazon.com/fargate/）和 **Azure 容器实例（Azure Container Instance，ACI）**（https://azure.microsoft.com/zh-cn/services/container-instances/）。Serverless 的第二个含义是代码没有部署为长期运行的服务，而是打包为可以按需以不同方式调用或触发的函数，该概念的一些很好的例子包括 AWS Lambda 和 Google Cloud Functions。下面让我们了解一下服务和 Serverless 功能之间的共性和差异。

9.2.1 微服务与 Serverless 函数

同样的代码，你既可以使用微服务的方式运行，也可以通过 Serverless 函数的方式运行，两者的区别主要在于可操作性。让我们比较下微服务和 Serverless 函数的操作属性，见表 9-1。

表　9-1

微服务	Serverless 函数
• 始终运行（可以缩减到至少一个实例） • 可以公开多个 endpoint（例如 HTTP 和 gRPC） • 要求你自己实现请求的处理和路由 • 可以监听事件 • 服务实例可以维护内存中的缓存、长连接和会话 • 在 Kubernetes 中，微服务直接由服务对象表示	• 按需运行（理论上；可以缩减为零） • 公开单个 endpoint（通常为 HTTP） • 可以由事件触发或者自动获得 endpoint • 通常对资源使用和最大运行时间有严格的限制 • 有时，它可能会冷启动（即从零开始扩展） • 在 Kubernetes 中，没有原生的 Serverless 函数概念（Jobs 和 CronJobs 有点接近）

这可以为你提供有关何时使用微服务或者 Serverless 函数的相对较好的指导。在以下情况下，微服务是正确的选择：

❑ 工作负载需要不间断运行，或几乎不间断运行。

❑ 每个请求运行时间很长，并且受到 Serverless 函数的限制。

❑ 工作负载之间的调用使用本地状态，无法轻松将其转移到外部数据存储中。

但是，如果你的工作负载在相对较短的时间内很少运行，那么你可能更喜欢使用 Serverless 函数。

此外，还有其他一些工程方面的考虑因素。例如，服务的概念大家更熟悉，并且通常具有各种支持库。开发人员可能更愿意使用服务，并且更喜欢使用单一范例将代码部署到系统。尤其是在 Kubernetes 中，有非常多的 Serverless 函数选项可供选择，通常很难做出正确的选择。另一方面，Serverless 函数通常支持敏捷和轻量级的部署模型，开发人员只需将一些代码放在一起，就可以神奇地开始在集群上运行，因为 Serverless 函数解决方案负责所有打包和部署的相关事情。

9.2.2 在 Kubernetes 上的 Serverless 函数模型

归根结底，Kubernetes 用于运行容器，因此你知道 Serverless 函数将被打包为容器。但是，有两种主要的方式来表示 Kubernetes 中的 Serverless 函数。第一种就是代码本身，本质上需要开发人员以某种形式提供函数（文件或者 Git 代码仓库）。第二种是将其构建为实际的容器，开发人员构建一个常规容器，Serverless 框架负责调度并作为一个函数运行。

1. 函数即代码

这种方法的好处是，作为开发人员，你可以完全避开构建镜像、对其进行标记、将其推送到镜像仓库，并将其部署到集群中，整个过程涵盖了绝大部分 Kubernetes 概念，例如部署、服务、ingress 和网络策略等。这对于一些即时的探索和一次性任务来说非常有用。

2. 函数即容器

这是开发人员熟悉的方式。你可以使用常规过程来构建容器，然后稍后将其作为 Serverless 函数部署到集群中。它仍然比常规服务更轻巧，因为你只需要在容器中实现一个函数，而不必使用成熟的 HTTP 或 gRPC 服务器或者注册器以监听某些事件。你可以获得 Serverless 函数解决方案带来的所有好处。

9.2.3 构建、配置和部署 Serverless 函数

你已经实现了 Serverless 函数，接下来你需要将其部署到集群中。无论是构建 Serverless 函数（如果是容器）还是将其提供为函数，通常都需要以某种方式进行配置，该配置可能包含诸如扩展限制、函数代码位置以及函数如何调用和触发的信息。然后，下一步是将函数部署到集群。你可以通过 CLI 或 Web UI 进行一次性部署，也可以与你的 CI/CD 流水线集成在一起。这主要取决于 Serverless 函数是主应用程序的一部分，还是以特定方式启动以进行故障排除或手动清理任务。

9.2.4 调用 Serverless 函数

一旦 Serverless 函数部署在集群中，它将处于休眠状态。将有一个控制器不断运行，随时可以调用或触发函数。控制器应该只占用很少的资源，而且只监听传入的请求或事件以触发函数。在 Kubernetes 中，如果你需要从集群外部调用函数，则可能会有一些其他的 ingress 配置。但是，最常见的用例是在内部调用函数，并对外公开功能完备的服务。现在我们了解了 Serverless 函数的全部含义，让我们为 Delinkcious 添加一些 Serverless 函数的能力。

9.3 Delinkcious 链接检查

Delinkcious 是一个链接管理系统。链接，或者说是**统一资源标识符**（Uniform Resource Identifier，URI），实际上只是指向特定资源的指针。链接可能存在两个问题，例如：

❏ 它们可能是损坏的（也就是说，它们指向不存在的资源）。

❑ 它们可能指向不良资源（例如钓鱼网站、病毒注入站点、仇恨言论或儿童色情等）。

检查链接并维护每个链接的状态是链接管理的重要方面。让我们从设计 Delinkcious 执行链接检查的方式开始。

9.3.1　设计链接检查

让我们从 Delinkcious 的角度考虑链接检查，我们应该将当前状态视为未来的改进之处。以下是一些假设：

❑ 链接可能是暂时或永久地损坏了。

❑ 链接检查可能是一项繁重的操作（尤其是在分析内容时）。

❑ 链接的状态可能随时更改（也就是说，如果删除指向的资源，则有效链接可能会突然失效）。

具体来说，Delinkcious 为用户冗余地存储了链接。如果两个用户添加相同的链接，它将为每个用户分别存储。这意味着，如果在添加链接时进行链接检查，并且如果 N 个用户添加了相同的链接，则每次都会对其进行检查。这样做效率很低，特别是许多用户可能会添加从一次检查中受益的热门链接。

考虑以下情况，情况会更糟糕：

❑ N 个用户添加链接 L。

❑ 为所有这 N 个用户执行 L 的链接检查。

❑ 另一个用户 $N + 1$，添加了相同的链接 L，该链接现在已经损坏（例如，托管公司删除了该页面）。

❑ 只有最后一个用户 $N + 1$，可以看到链接 L 的正确状态 – 无效。

❑ 前面所有 N 个用户仍认为该链接有效。

由于我们希望在本章中专注于 Serverless 函数，因此我们将接受 Delinkcious 为每个用户存储链接的方式中的这些限制，将来一个更有效、更健壮的设计可能具有的特性如下：

❑ 独立于用户存储所有链接。

❑ 添加链接的用户将与该链接相关联。

❑ 链接检查将自动为所有用户反映链接的最新状态。

在设计链接检查时，让我们考虑以下一些选项，以在添加新链接时检查链接：

❑ 添加链接时，只需在链接服务中运行链接检查代码。

❑ 添加链接时，调用单独的链接检查服务。

❑ 添加链接时，调用链接检查 Serverless 函数。

❑ 添加链接时，使其处于待处理状态，然后定期对所有最近添加的链接进行检查。

此外，由于链接随时可能损坏，因此定期对现有链接进行链接检查可能很有用。

让我们考虑第一个选项，即在链接管理器中运行链接检查。尽管它具有简单性的优点，但是会遇到一些问题，例如：

❑ 如果链接检查花费的时间太长（例如，如果目标无法访问或内容需要很长时间进行分类），则它将延迟用户添加链接的响应，甚至可能超时。

❑ 即使实际的链接检查是异步完成的，它仍然会以不可预测的方式占用链接服务的资源。

❑ 在不对链接管理器进行重大更改的情况下，没有简单的方法来安排定期检查链接或即时检查链接。

❑ 从概念上讲，链接检查是链接管理的一项独立职责，不应存在于同一个微服务中。

让我们考虑第二个选项，即实现专用的链接检查服务。此选项作为第一个选项解决了大多数问题，但可能会过度设计了。也就是说，当不需要经常检查链接时，这不是最佳选择。例如，如果大多数已添加的链接检查完成，或者仅定期进行链接检查。另外，对于为单个操作实现服务，检查链接似乎对服务而言不合适。

这使我们有了第三和第四种选择，并且可以使用 Serverless 函数解决方案有效地实现这两种选择，如图 9-1 所示。让我们从以下简单设计开始：

❑ 添加新链接时，链接管理器将调用 Serverless 函数。

❑ 新链接最初将处于挂起状态。

❑ Serverless 函数将仅检查链接是否可访问。

❑ Serverless 函数将通过 NATS 系统发送事件，链接管理器将订阅该事件。

❑ 收到事件后，链接管理器会将链接状态从挂起（pending）更新为有效（valid）或者无效（invalid）。

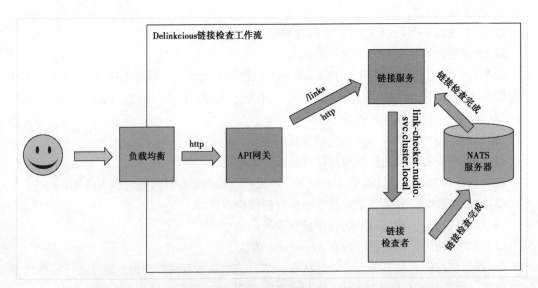

图 9-1　Delinkcious 链接检查工作流

有了这些可靠的设计，让我们继续实现它以将其与 Delinkcious 集成。

9.3.2　实现链接检查

这里，我们将实现独立于 Serverless 函数的链接检查功能。让我们从对象模型开始，然后将 Status 字段添加到我们的链接对象中，其可能的取值包括 pending、valid 和 invalid。我们在此处定义一个 alias 类型称为 LinkStatus，并为这些值定义常量。但是要注意，它不是像其他语言一样的强类型 enum，实际上它只是一个字符串：

```
const (
    LinkStatusPending = "pending"
    LinkStatusValid   = "valid"
    LinkStatusInvalid = "invalid"
)

type LinkStatus = string

type Link struct {
    Url         string
    Title       string
    Description string
    Status      LinkStatus
    Tags        map[string]bool
    CreatedAt   time.Time
    UpdatedAt   time.Time
}
```

我们还定义一个 CheckLinkRequest 对象，该对象将在后面派上用场。注意，每个请求都是针对特定用户的，并且包括链接的 URL：

```
type CheckLinkRequest struct {
    Username string
    Url      string
}
```

现在，让我们定义一个接口，LinkManager 将实现该接口，以便在链接检查完成时得到通知。这个接口非常简单，只包含一个可以告知接收者（在例子中为 LinkManager）用户、URL 和链接状态的方法：

```
type LinkCheckerEvents interface {
    OnLinkChecked(username string, url string, status LinkStatus)
}
```

让我们创建一个新的软件包 pkg/link_checker 来隔离此功能。它具有一个 CheckLink() 函数，该函数接受 URL 并使用内置的 Go HTTP 客户端调用其 HEAD HTTP 方法。如果结果小于 400，则认为成功，否则，将 HTTP 状态作为错误返回：

```
package link_checker

import (
    "errors"
    "net/http"
)
```

```
// CheckLinks tries to get the headers of the target url and returns error
if it fails
func CheckLink(url string) (err error) {
    resp, err := http.Head(url)
    if err != nil {
        return
    }
    if resp.StatusCode >= 400 {
        err = errors.New(resp.Status)
    }
    return
}
```

HEAD 方法仅返回几个标头，是检查链接是否可访问的有效方法，因为即使对于非常大的资源，标头也将是少量数据。显然，如果我们想将链接检查扩展到扫描和分析内容，这还不够好，但是现在对于我们的示例来说已经足够了。

根据我们的设计，当链接检查完成时，LinkManager 应该通过 NATS 接收带有检查结果的事件。这与消息服务监听链接事件（例如，添加的链接和链接更新的事件）非常相似。让我们为 NATS 集成实现另一个包 link_checker_events，这将允许我们发送和订阅链接检查事件。首先，我们需要一个事件对象，其中包含用户名、URL 和链接状态：

```
package link_checker_events

import (
    om "github.com/the-gigi/delinkcious/pkg/object_model"
)

type Event struct {
    Username string
    Url      string
    Status   om.LinkStatus
}
```

然后，我们需要能够通过 NATS 发送事件。eventSender 对象实现 LinkChecker-Events 接口，每当被调用时，它都会创建 link_checker_events.Event 并将其发布到 NATS：

```
package link_checker_events

import (
    "github.com/nats-io/go-nats"
    om "github.com/the-gigi/delinkcious/pkg/object_model"
    "log"
)

type eventSender struct {
    hostname string
    nats     *nats.EncodedConn
}
```

```
func (s *eventSender) OnLinkChecked(username string, url string, status
om.LinkStatus) {
    err := s.nats.Publish(subject, Event{username, url, status})
    if err != nil {
        log.Fatal(err)
    }
}

func NewEventSender(url string) (om.LinkCheckerEvents, error) {
    ec, err := connect(url)
    if err != nil {
        return nil, err
    }
    return &eventSender{hostname: url, nats: ec}, nil
}
```

该事件是在 `link_checker_events` 包中定义的，而不是在一般的 Delinkcious 对象模型中定义的，原因是创建此事件只是为了通过 NATS 与也在此软件包中实现的链接检查器监听器进行接口连接。无须在软件包外部公开此事件（除了让 NATS 对其进行序列化之外）。在 `Listen()` 方法中，代码连接到 NATS 服务器并在队列中订阅 NATS（这意味着即使多个订阅者订阅了同一队列，也只有一个监听器将处理每个事件）。

当订阅到队列的监听器函数从 NATS 接收到一个事件时，会将其转发到实现 `om.LinkCheckerEvents` 的事件接收器中（暂时忽略链接删除事件）：

```
package link_manager_events

import (
    om "github.com/the-gigi/delinkcious/pkg/object_model"
)

func Listen(url string, sink om.LinkManagerEvents) (err error) {
    conn, err := connect(url)
    if err != nil {
        return
    }

    conn.QueueSubscribe(subject, queue, func(e *Event) {
        switch e.EventType {
        case om.LinkAdded:
            {
                sink.OnLinkAdded(e.Username, e.Link)
            }
        case om.LinkUpdated:
            {
                sink.OnLinkUpdated(e.Username, e.Link)
            }
        default:
            // Ignore other event types
        }
    })

    return
}
```

如果你仔细观察，可能已经注意到这里缺少一个关键部分，即我们在设计中描述的调用链接检查。一切都已就绪并准备开始检查链接，但实际上没有人在调用链接检查器，这就是 `LinkManager` 用来调用 Serverless 函数的地方。

9.4 使用 Nuclio 实现 Serverless 链接检查

在深入研究 LinkManager 并结束 Delinkcious 中的链接检查内容之前，让我们先来熟悉下 Nuclio（https://nuclio.io/），并探索它是如何提供为 Delinkcious 提供一个非常有效的 Serverless 函数解决方案的。

9.4.1 Nuclio 简介

Nuclio 是一个完善的开源平台，可实现高性能的 Serverless 函数。它由 Iguazio 开发，并支持多个平台，例如 Docker、Kubernetes、GKE 和 Iguazio 本身。我们显然更关注 Kubernetes，但 Nuclio 也可以在其他平台上使用。它具有以下几个特点：

❑ 可以从源代码构建函数，也可以提供你自己的容器。
❑ 提供一个非常清晰的概念模型。
❑ 与 Kubernetes 有很好的集成。
❑ 提供一个称为 `nuctl` 的 CLI 命令行工具。
❑ 提供可交互使用的 Web 仪表板。
❑ 它具有大量的方法来部署、管理和调用 Serverless 函数。
❑ 提供 GPU 支持。
❑ 具有 24/7 支持的托管解决方案（需要付费）。

最后，如图 9-2 所示，它有个超酷的 logo！

图 9-2　nuclio 的 logo

现在，让我们使用 Nuclio 将链接检查功能构建并部署到 Delinkcious 中。

9.4.2　创建一个链接检查 Serverless 函数

第一步是创建 Serverless 函数，它包含两个部分：

❑　函数代码

❑　函数配置

让我们创建一个名为 fun 的专用目录，用于存储 Serverless 函数。Serverless 函数实际上并不适合我们现有的任何类别，它们不是普通软件包，不是服务，也不是命令。我们可以将函数代码及其配置作为 YAML 文件放在 link_checker 子目录下。以后，如果我们决定将其他函数建模为 Serverless 函数，则可以为每个函数创建其他对应的子目录：

```
$ tree fun
fun
└── link_checker
    ├── function.yaml
    └── link_checker.go
```

该函数本身在 link_checker.go 中实现。link_checker 函数负责在触发时检查链接，并将事件与结果一起发布到 NATS。让我们从导入和常量开始逐一讲解。我们的函数将利用 Nuclio Go SDK，该 SDK 提供了一个标准签名，我们将在后面进行介绍。它还会导入我们的 Delinkcious 包：object_model、link_checker 和 link_checker_events。

在这里，我们还基于大家熟悉的 Kubernetes DNS 名称形式定义了 NATS URL。注意，natsUrl 常量中包含了命名空间（默认命名空间）。link_checker　Serverless 函数将在 Nuclio 命名空间中运行，但会将事件发送到在默认名称空间中运行的 NATS 服务器。

这并不是问题，因为命名空间在网络级别上不是彼此隔离的（除非你明确创建网络策略）：

```
package main

import (
    "encoding/json"
    "errors"
    "fmt"
    "github.com/nuclio/nuclio-sdk-go"
    "github.com/the-gigi/delinkcious/pkg/link_checker"
    "github.com/the-gigi/delinkcious/pkg/link_checker_events"
    om "github.com/the-gigi/delinkcious/pkg/object_model"
)

const natsUrl = "nats-cluster.default.svc.cluster.local:4222"
```

在 Go 中实现 Nuclio Serverless 函数意味着实现具有特定签名的处理程序（handler）函数。该函数接受 Nuclio 上下文和 Nuclio 事件对象，两者都在 Nuclio Go SDK 中定义。该处理函数返回一个空接口（几乎可以返回任何东西）。但是，这里有一个用于 HTTP 调用功能的标准 Nuclio 响应对象。Nuclio 事件具有 `GetBody()` 方法，可用于获取该函数的输入。

在这里，我们使用 Delinkcious 对象模型中 `CheckLinkRequest` 中的标准 JSON 编码器对其进行解组。这是 `link_checker` 函数的调用者与函数本身之间的契约。由于 Nuclio 提供了通用签名，因此我们必须验证输入。如果不匹配，则 `json.Unmarshal()` 调用将失败，并且该函数将返回 400（即错误的请求）错误：

```
func Handler(context *nuclio.Context, event nuclio.Event) (interface{},
error) { r := nuclio.Response{ StatusCode: 200, ContentType:
"application/text", }

body := event.GetBody()
 var e om.CheckLinkRequest
 err := json.Unmarshal(body, &e)
 if err != nil {
     msg := fmt.Sprintf("failed to unmarshal body: %v", body)
     context.Logger.Error(msg)

     r.StatusCode = 400
     r.Body = []byte(fmt.Sprintf(msg))
     return r, errors.New(msg)

 }
```

此外，如果 `json.Unmarshal()` 执行成功，但 `CheckLinkRequest` 具有空的用户名或空的 URL，则它仍然是无效输入，并且该函数还将返回 400 错误：

```
username := e.Username
 url := e.Url
 if username == "" || url == "" {
     msg := fmt.Sprintf("missing USERNAME ('%s') and/or URL ('%s')",
username, url)
     context.Logger.Error(msg)

     r.StatusCode = 400
     r.Body = []byte(msg)
     return r, errors.New(msg)
 }
```

至此，该函数验证了输入，我们获得了用户名和 URL，并准备检查链接本身是否有效。只需调用我们之前实现的 `pkg/link_checker` 包的 `CheckLink()` 函数即可。状态初始化为 `LinkStatusValid`，如果检查返回错误，则将状态设置为 `LinkStatusInvalid`，如下所示：

```
status := om.LinkStatusValid
err = link_checker.CheckLink(url)
if err != nil {
status = om.LinkStatusInvalid
    }
```

但是，不要感到困惑！`pkg/link_checker` 包是实现 `CheckLink()` 函数的软件包。

相比之下，`fun/link_checker` 是一个 Nuclio Serverless 函数，它调用 `CheckLink()`。

　　该链接已检查完成，我们也有它的状态，现在是时候通过 **NATS** 发布结果了。同样，我们已经在 `pkg/link_checker_events` 中完成了所有的工作。该函数使用 `natsUrl` 常量创建一个新的事件发送者。如果创建失败，则该函数返回错误。如果事件发送者创建正确，它将调用其使有用户名、URL 和状态的 `OnLinkChecked()` 方法。最后，它返回 Nuclio 响应（初始化为 200 OK），并且没有错误，如下所示：

```
sender, err := link_checker_events.NewEventSender(natsUrl)
if err != nil {
    context.Logger.Error(err.Error())

    r.StatusCode = 500
    r.Body = []byte(err.Error())
    return r, err
}

sender.OnLinkChecked(username, url, status)
return r, nil
```

　　但是，代码只是故事的一半。让我们在 `fun/link_checker/function.yaml` 中查看函数配置，它看起来就像是标准的 **Kubernetes** 资源，然而这并不是巧合。

> ⓘ 你可以在 nuclio 文档中查询具体规范：https://nuclio.io/docs/latest/reference/function-configuration-reference/。

　　在下面的代码块中，我们指定 API 版本、类型（`NuclioFunction`），然后是规约。我们已填充了描述，运行时字段为 Golang，处理程序定义了实现处理程序函数的包和函数名称。我们还指定了最小和最大副本，在示例中两者均为 1。注意，Nuclio 没有提供将资源缩减为零的方法，每个部署函数始终至少有一个副本等待触发。配置的唯一定制部分是 `build` 命令，用于安装 `ca-certificates` 软件包，这里使用了 **Alpine Linux 软件包管理器（Alpine Linux Package Manager，APK**）系统。这是必需的，因为链接检查器也需要检查 HTTPS 链接，并且需要根 CA 证书：

```
apiVersion: "nuclio.io/v1beta1"
kind: "NuclioFunction"
spec:
  description: >
    A function that connects to NATS, checks incoming links and publishes
LinkValid or LinkInvalid events.
  runtime: "golang"
  handler: main:Handler
  minReplicas: 1
  maxReplicas: 1
  build:
    commands:
    - apk --update --no-cache add ca-certificates
```

一切都很好！我们创建了链接检查的 Serverless 函数和配置，现在让我们将其部署到集群中。

9.4.3 使用 nuctl 部署链接检查函数

Nuclio 部署函数时，它实际上会构建一个 Docker 镜像并将其推送到镜像仓库。我们将使用 Docker Hub，因此，首先我们需要登录：

```
$ docker login
Login with your Docker ID to push and pull images from Docker Hub. If you
don't have a Docker ID, head over to https://hub.docker.com to create one.
 Username: g1g1
 Password:
 Login Succeeded
```

函数名称必须遵循 DNS 命名规则，因此 link_checker 中的 " " 标记是不可接受的。我们将函数命名为 link-checker 并运行 nuctl deploy 命令，如下所示：

```
$ cd fun/link_checker
$ nuctl deploy link-checker -n nuclio -p . --registry g1g1


 nuctl (I) Deploying function {"name": "link-checker"}
 nuctl (I) Building {"name": "link-checker"}
 nuctl (I) Staging files and preparing base images
 nuctl (I) Pulling image {"imageName": "quay.io/nuclio/handler-builder-
golang-onbuild:1.1.2-amd64-alpine"}
 nuctl (I) Building processor image {"imageName": "processor-link-
checker:latest"}
 nuctl (I) Pushing image {"from": "processor-link-checker:latest", "to":
"g1g1/processor-link-checker:latest"}
 nuctl (I) Build complete {"result": {"Image":"processor-link-
checker:latest"...}}
 nuctl (I) Function deploy complete {"httpPort": 31475}
```

注意，在编写本书时，使用 nuctl 将函数部署到 Docker Hub 镜像仓库的文档不正确，我向 Nuclio 团队提交了一个 GitHub 问题（https://github.com/nuclio/nuclio/issues/1181），希望在你阅读本书时问题已经解决了。

该函数已部署到 Nuclio 命名空间，如下所示：

```
$ kubectl get nucliofunctions -n nuclio
 NAME              AGE
 link-checker      42m
```

查看所有配置的最佳方法同样是使用 nuctl：

```
$ nuctl get function -n nuclio -o yaml
 metadata:
 name: link-checker
 namespace: nuclio
```

```
spec:
alias: latest
build:
path: .
registry: g1g1
timestamp: 1554442452
description: |
A function with a configuration that connects to NATS, listens to LinkAdded
events, check the links and send LinkValid or LinkInvalid events.
handler: main:Handler
image: g1g1/processor-link-checker:latest
imageHash: "1554442427312071335"
maxReplicas: 1
minReplicas: 1
platform: {}
readinessTimeoutSeconds: 30
replicas: 1
resources: {}
runRegistry: g1g1
runtime: golang
serviceType: NodePort
targetCPU: 75
version: -1
```

如你所见，它从我们的 `function.yaml` 配置文件中借鉴来了很多东西。

我们已经使用 nuctl CLI 成功部署了链接检查 Serverless 函数，这对开发人员和 CI/CD 系统来说非常有用。现在让我们看一下如何使用 Nuclio Web UI 来部署函数。

9.4.4　使用 Nuclio 仪表板部署函数

Nuclio 有一个很棒的 Web UI 仪表板。Nuclio 仪表板做得很好，它作为服务已经安装在我们的集群中。要访问这个仪表板，首先，我们需要做一些端口转发：

```
$ kubectl port-forward -n nuclio $(kubectl get pods -n nuclio -l
nuclio.io/app=dashboard -o jsonpath='{.items[0].metadata.name}') 8070
```

接下来，我们可以浏览到 `localhost:8070` 并使用仪表板。仪表板使你可以直接从界面上查看、部署和测试（或调用）Serverless 函数，这对于即时探索非常有用。

如图 9-3 所示，我稍微修改了 `hello` 示例函数（通过 Python 实现）并进行了测试，结果显示成功。

一旦函数被部署到集群中，我们就可以通过不同的方式调用它。

9.4.5　直接调用链接检查函数

使用 nuctl 调用函数非常简单。我们只需要提供函数名称（`link-checker`）、命名空间、集群 IP 地址和函数的输入：

```
nuctl invoke link-checker -n nuclio --external-ips $(mk ip)
```

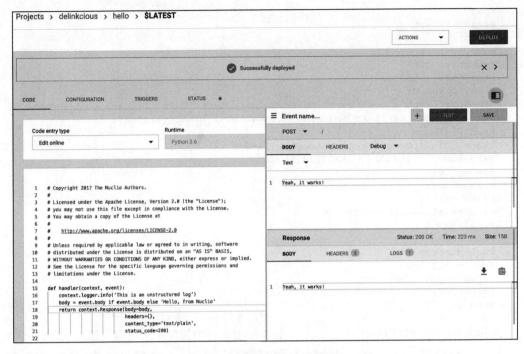

图 9-3 Nuclio 仪表板示例函数

9.4.6 在 LinkManager 中触发链接检查

当你开发函数并需要快速的编辑－部署－测试周期时，使用 nuctl 很不错。但是，在生产环境中，你更希望能够通过使用 HTTP 端点或触发器来调用该函数。对于 Delinkcious，最简单的方法是让 LinkManager 直接访问 HTTP 端点，我们只需将新链接添加到 LinkManager 的 AddLink() 方法即可。它仅使用用户名和 URL 调用 triggerLinkCheck，如下所示：

```
func (m *LinkManager) AddLink(request om.AddLinkRequest) (err error) {
    ...

    // Trigger link check asynchronously (don't wait for result)
    triggerLinkCheck(request.Username, request.Url)
    return
}
```

重要的是，AddLink() 方法不必等待链接检查完成。如果你还记得，该链接将立即以挂起状态存储，待检查完成后，状态将更改为有效或无效。为此，triggerLinkCheck() 函数会运行一个线程，该线程获得结果后立即返回控制权。

同时，线程将准备链接检查请求 om.CheckLinkRequest，这是 link_checker 函

数的处理程序所期望的输入。它通过 json.Marshal() 将其序列化为 JSON，并使用 Go
内置的 HTTP 客户端，将 POST 请求发送到 Nuclio 命名空间中的链接检查器函数 URL（访
问另一个命名空间中的 HTTP 端点没有问题）。这里，我们暂时忽略任何错误；如果出现问
题，则链接将保持待挂起状态，稍后我们可以决定如何处理：

```go
// Nuclio functions listen by default on port 8080 of their service IP
 const link_checker_func_url =
"http://link-checker.nuclio.svc.cluster.local:8080"


func triggerLinkCheck(username string, url string) {
    go func() {
        checkLinkRequest := &om.CheckLinkRequest{Username: username, Url:
url}
        data, err := json.Marshal(checkLinkRequest)
        if err != nil {
           return
        }
        req, err := http.NewRequest("POST", link_checker_func_url,
bytes.NewBuffer(data))
        req.Header.Set("Content-Type", "application/json")
        client := &http.Client{}
        resp, err := client.Do(req)
        if err != nil {
           return
        }
        defer resp.Body.Close()
    }()
  }
```

我们在这里做了很多工作，但是我们始终保持了松耦合架构，并随时准备好进行扩展。
这样设计的好处是添加更复杂的链接检查逻辑将变得非常容易，然后可以触发作为 NATS
事件的链接检查，而不是直接访问 HTTP 端点，甚至用完全不同的 Serverless 函数解决方案
代替 Nuclio 也不是问题。在下一节中，让我们简要地看一下其他的 Serverless 函数解决方
案选项。

9.5　其他 Kubernetes Serverless 框架

AWS Lambda 函数使 Serverless 函数在云中变得非常流行。Kubernetes 本身不是一个
功能完备的 Serverless 函数框架，但它提供了 Job 和 CronJob 这样非常接近的概念。除此之
外，社区还开发了许多 Serverless 函数解决方案（Nuclio 就是其中之一），以下是本节中将
要介绍的一些更流行、更成熟的选项：

❑ Kubernetes Job 和 CronJob
❑ KNative
❑ Fission

❏ Kubeless

❏ OpenFaas

9.5.1 Kubernetes Job 和 CronJob

Kubernetes 的部署和服务都是关于创建一组持续长时间运行的 Pod。Kubernetes Job 则是要运行一个或多个 Pod，直到其中一些 Pod 成功完成任务。创建作业时，它看起来非常像部署，只是重新启动策略应设置为 Never。

下面一段打印 "Yeah, it works in a Job!!!" 的 Kubernetes Job 代码（Python）：

```
apiVersion: batch/v1
kind: Job
metadata:
  name: yeah-it-works
spec:
  template:
    spec:
      containers:
      - name: yeah-it-works
        image: python:3.6-alpine
        command: ["python",  "-c", "print('Yeah, it works in a Job!!!')"]
      restartPolicy: Never
```

我现在可以运行此 Job，观察它的完成情况并检查日志，如下所示：

```
$ kubectl create -f job.yaml
 job.batch/yeah-it-works created

$ kubectl get po | grep yeah-it-works
yeah-it-works-flzl5                      0/1       Completed    0          116s

$ kubectl logs yeah-it-works-flzl5
Yeah, it works in a Job!!!
```

这几乎就是一个 Serverless 函数。当然，它并没有附带所有的功能，但核心功能是一致的：启动一个容器，运行它直到完成，然后返回结果。

CronJob 与 Job 类似，除了它是按计划触发的。如果你不想在第三方 Serverless 函数框架上产生其他依赖关系，则可以在 Job 和 CronJob 对象之上构建一套解决方案。

9.5.2 KNative

KNative（https://cloud.google.com/knative/）是 Serverless 函数领域一个相对较新的框架，但实际上我预测它会成为主流的解决方案，原因如下：

❏ 它是一个强大的解决方案，可以将资源缩减到零（与 Nuclio 不同）。

❏ 它可以在集群中构建镜像（使用 Kaniko）。

❏ 它是针对 Kubernetes 设计的。

❑ 它有 Google 云支持，可通过 Cloud Run 在 GKE 上使用（https://cloud.google.com/blog/products/serverless/announcing-cloudrun-the-newest-member-of-our-serverless-compute-stack）。

❑ 它以 Istio 服务网格为基础，并且 Istio 变得非常重要（具体见第 13 章）。

KNative 具有三个独立的组件，如下所示：

❑ 构建

❑ 服务

❑ 事件

它被设计为可插拔的，因此你可以使用自己的构建或事件组件。构建组件负责将源代码转换成镜像。服务组件负责扩展处理负载所需的容器数量，它可以随着产生更多负载而扩展或缩减，可以一直缩减数量到零。事件组件与 Serverless 函数中的生产和消费事件有关。

9.5.3　Fission

Fission（https://fission.io/）是 Platform9 的开源 Serverless 框架，支持多种语言，例如 Python、NodeJS、Go、C # 和 PHP，它可以扩展以支持更多其他语言。它维护一个随时可用的容器池，因此新函数调用的延迟很短，但代价是在没有负载时也不能将资源缩减到零。Fission 之所以与众不同，是因为它能够通过 Fission 工作流（https://fission.io/workflows/）进行函数的组合和串联——这类似于 AWS step 功能。Fission 其他一些有趣的功能包括：

❑ 可以与 Istio 集成以进行监控。

❑ 它可以通过 Fluentd 集成合并日志（Fluentd 作为 DaemonSet 自动安装）。

❑ 它提供了 Prometheus 集成，用于指标收集和可视化

9.5.4　Kubeless

Kubeless 是 Bitnami 的另一个 Kubernetes 原生框架。它使用函数、触发器和运行时的概念模型，这些模型是使用通过 ConfigMap 配置的 Kubernetes CRD 实现的。Kubeless 将 Kubernetes 部署用于函数 Pod，将 Pod 水平自动伸缩用于自动伸缩。这意味着 Kubeless 不会将资源缩减到零，因为 HPA 目前不支持。Kubeless 声名鹊起的主要理由之一就是其出色的 UI。

9.5.5　OpenFaas

OpenFaas（https://www.openfaas.com/）是最早的 FaaS 项目之一。它可以在 Kubernetes 或 Docker Swarm 上运行。由于它是跨平台的，因此它以通用且非 Kubernetes 的方式完成了许多工作。例如，可以通过对自己的函数容器管理将资源缩减到零。它还支持多种语言，甚至还支持二进制函数。

还有一个 OpenFaaS Cloud 项目，它使用一套完整的基于 GitOps 的 CI/CD 流水线来管理 Serverless 函数。与其他 Serverless 函数项目类似，OpenFaas 也有自己的 CLI 和 UI 进行管理和部署。

9.6　小结

在本章中，我们介绍并实现了 Delinkcious 的链接检查。首先，我们讨论了 Serverless 场景，包括它的两种常见含义，即不处理实例、节点或服务器，使用云函数服务。然后，我们在 Delinkcious 中实现了一个松耦合的解决方案以进行链接检查，该解决方案利用了我们的 NATS 消息系统在检查链接时分发事件。然后，我们介绍了 Nuclio，并用它来完成 Serverlss 函数的管理，让 LinkManager 在 Serverless 函数上启动链接检查，并在以后收到通知时可以更新链接状态。

最后，我们研究了 Kubernetes 上许多其他 Serverless 函数解决方案和框架。此时，你应该对 Serverless 计算和 Serverless 函数的内容有了深入的了解。你应该能够就你的系统和项目是否可以从 Serverless 函数中受益，以及采用哪种解决方案最合适做出明智的决定。显然，Serverless 计算的好处是实实在在的，并且这不是一种昙花一现的时尚。我预计 Kubernetes 中的 Serverless 解决方案最终将会合并到一起（可能围绕 KNative），并且将成为大多数 Kubernetes 部署的基石，即使它们不是核心 Kubernetes 的一部分。

在下一章中，我们将回到基础知识，并探讨我最喜欢的主题之一——测试。测试可以决定大型项目的成败，在微服务和 Kubernetes 的上下文中有很多经验可以应用。

9.7　扩展阅读

关于本章提到的技术的更多信息请参考以下链接：

- ❑ Nuclio 文档：https://nuclio.io/docs/latest。
- ❑ Kubernetes (Jobs – Run to Completion)：https://kubernetes.io/docs/concepts/workloads/controllers/jobs-run-to-completion/。
- ❑ CronJob：https://kubernetes.io/docs/concepts/workloads/controllers/cron-jobs/。
- ❑ KNative：https://cloud.google.com/knative/。
- ❑ Fission：https://fission.io/。
- ❑ Kubeless：https://kubeless.io/。
- ❑ OpenFaas：https://www.openfaas.com。

第 10 章 *Chapter 10*

微服务测试

软件是人类创造的最复杂的东西。大多数程序员无法编写 10 行代码而不会发生任何错误。现在，有了这个常识，我们再考虑编写由数十个、数百个或数千个交互组件组成的分布式系统所需的内容，这些交互组件是由大型团队使用大量第三方依赖项和大量数据驱动逻辑来设计和实现的，并且还需要相当多的配置。随着时间的推移，许多最初构建系统的架构师和工程师可能已经离开组织或者转而担任其他职务。需求也在不断变化，新技术会被引入，同时过程中可能会发现更好的实践。系统必须不断发展以适应这些变化。

最重要的是，在没有严格测试的情况下，你无法构建一个有效的生产系统。适当的测试是确保你的系统能够按预期工作并在将重大变更引入生产环境时立即发现问题的基础。基于微服务的架构为测试带来了一些独特的挑战，因为许多工作流都涉及多个微服务，并且可能难以控制所有相关微服务和数据存储中的测试条件。Kubernetes 也有自己在测试方面的挑战，因为它在幕后做了很多工作，这需要更多的工作来创建可预测和可重复的测试。

我们将在 Delinkcious 中演示这些类型的测试。我们尤其将专注于使用 Kubernetes 进行本地测试。然后，我们将讨论重要的隔离问题，该问题使我们可以在不影响生产环境的情况下运行端到端测试。最后，我们将看到如何处理数据密集型测试。

本章将涵盖以下主题：

❑ 单元测试。

❑ 集成测试。

❑ 使用 Kubernetes 进行本地测试。

❑ 隔离。

❑ 端到端测试。

❑ 管理测试数据。

10.1 技术需求

和之前一样，代码分别放在两个 Git 代码仓库：

❑ 你可以在 https://github.com/PacktPublishing/Hands-On-Microservices-with-Kubernetes/tree/master/Chapter10 中找到代码示例。

❑ 你可以在 https://github.com/the-gigi/delinkcious/releases/tag/v0.8 中找到更新的 Delinkcious 应用程序。

10.2 单元测试

单元测试是最简单的测试类型，可以很方便地集成到你的代码库中，虽然简单但是却带来了很大价值。当我们说这是最简单的方法时，我们假定你已经在使用最佳实践，例如适当的抽象、关注点分离、依赖项注入等。要知道测试那些难以阅读或理解的代码绝非易事！

让我们首先简短地介绍一下 Go 中的单元测试和 Ginkgo 测试框架，然后再回顾 Delinkcious 中的一些单元测试。

10.2.1 使用 Go 进行单元测试

Go 是一种现代语言，并且它充分认识到测试的重要性。Go 鼓励你拥有的每个 go 文件（比如 foo.go）都拥有对应的测试文件（比如 foo_test.go）。此外，它还提供了 testing 测试包，并且 Go 工具就有一个 test 测试命令。让我们看一个简单的例子，下面是一个包含 safeDivide() 函数的 foo.go 文件。此函数将整数相除，并返回结果或者错误。

如果分母不为零，则不返回错误，但是如果分母为零，则返回 division by zero 错误：

```
package main

import "errors"

func safeDivide(a int, b int) (int, error) {
        if b == 0 {
                return 0, errors.New("division by zero")
        }

        return a / b, nil
}
```

注意，当两个操作数均为整数时，Go 除法将使用整数除法。这样做是为了使两个整数相除的结果始终是整数（小数部分被舍弃）。例如，6/4 返回 1。

下面是名为 foo_test.go 的文件中的 Go 单元测试，它可以测试分母非零和分母为零两种情况，并使用 testing 测试包。每个 test 函数都接受一个指向 testing.T 对象

的指针。当测试失败时,它将调用 T 对象的 Errorf() 方法:

```go
package main

import (
        "testing"
)

func TestExactResult(t *testing.T) {
        result, err := safeDivide(8, 4)
        if err != nil {
                t.Errorf("8 / 4 expected 2, got error %v", err)
        }

        if result != 2 {
         t.Errorf("8 / 4 expected 2, got %d", result)
        }
}

func TestIntDivision(t *testing.T) {
        result, err := safeDivide(14, 5)
        if err != nil {
                t.Errorf("14 / 5 expected 2, got error %v", err)
        }

        if result != 2 {
                t.Errorf("14 / 5 expected 2, got %d", result)
        }
}

func TestDivideByZero(t *testing.T) {
        result, err := safeDivide(77, 0)
        if err == nil {
                t.Errorf("77 / 0 expected 'division by zero' error, got
result %d", result)
        }

        if err.Error() != "division by zero" {
                t.Errorf("77 / 0 expected 'division by zero' error, got
this error instead %v", err)
        }
}
```

我们可以使用 go test -v 命令运行测试,它是标准 Go 工具的一部分:

```
$ go test -v
=== RUN   TestExactResult
--- PASS: TestExactResult (0.00s)
=== RUN   TestIntDivision
--- PASS: TestIntDivision (0.00s)
=== RUN   TestDivideByZero
--- PASS: TestDivideByZero (0.00s)
PASS
ok      github.com/the-gigi/hands-on-microservices-with-kubernetes-
code/ch10     0.010s
```

所有测试都通过了，并且我们还可以看到运行测试花了多长时间。现在，让我们在程序中故意制造一个错误，修改 `safeDivide` 中的运算为减法而不是除法：

```
package main

 import "errors"

 func safeDivide(a int, b int) (int, error) {
         if b == 0 {
                 return 0, errors.New("division by zero")
         }

         return a - b, nil
 }
```

我们只期望除以零的测试能通过：

```
$ go test -v
=== RUN   TestExactResult
--- FAIL: TestExactResult (0.00s)
    foo_test.go:14: 8 / 4 expected 2,  got 4
=== RUN   TestIntDivision
--- FAIL: TestIntDivision (0.00s)
    foo_test.go:25: 14 / 5 expected 2,  got 9
=== RUN   TestDivideByZero
--- PASS: TestDivideByZero (0.00s)
FAIL
exit status 1
FAIL    github.com/the-gigi/hands-on-microservices-with-kubernetes-
code/ch10    0.009s
```

测试结果是我们所期望的。

当然，`testing` 测试包还包含很多内容，`T` 对象也还有许多可以使用的方法，还有用于基准测试和常见设置的工具。但是，从测试包的设计角度考虑，在 `T` 对象上调用方法并不理想。如果没有测试工具，则很难使用 `testing` 测试包来管理一组复杂的、多层的测试。这正是 Ginkgo 发挥作用的地方。下面我们认识一下 Ginkgo，因为我们也会设置 Delinkcious 使用 Ginkgo 进行单元测试。

10.2.2　使用 Ginkgo 和 Gomega 进行单元测试

Ginkgo（https://github.com/onsi/ginkgo）是 一 个 **行 为 驱 动 开 发**（Behavior-Driven Development，BDD）测试框架。它仍然使用内部的 `testing` 测试包，但允许你使用更好的语法编写测试。它与 Gomega（(https://github.com/onsi/gomega）也结合得很好，Gomega 是一个出色的断言库。以下是 Ginkgo 和 Gomega 可以带来的好处：

❑ 编写 BDD 风格的测试。

❑ 任意嵌套块（`Describe`、`Context`、`When`）。

❑ 良好的前置 / 后置支持（`BeforeEach`、`AfterEach`、`BeforeSuite`、`AfterSuite`）。

❑ 只专注于一项测试或者匹配正则表达式。

❏ 通过正则表达式跳过测试。

❏ 并行性。

❏ 与覆盖率和基准测试的集成。

让我们看看 Delinkcious 如何将 Ginkgo 和 Gomega 用于其单元测试。

10.2.3　Delinkcious 单元测试

我们以 `link_manager` 包中的 LinkManager 为例。它具有非常复杂的交互作用：它允许你管理数据存储、访问另一个微服务（社交图谱服务）、触发无服务器功能（链接检查器）以及响应链接检查事件。这听起来像是一组非常多样化的依赖关系，但是正如你将看到的那样，通过针对可测试性进行设计，可以在没有太多复杂性的情况下实现高阶测试。

可测试性设计

在正式编写测试之前，你需要花一段时间准备测试。即使你实践过**测试驱动设计（Test-Driven Design，TDD）**并且在代码实现之前编写测试，你仍然需要在编写测试之前设计要测试的代码接口（否则测试将调用哪些函数或方法？）。针对 Delinkcious，我们采取了一种非常谨慎的方法，包括抽象、分层和关注点分离。之前所有的辛勤工作现在要获得回报了。

让我们看一下 LinkManager 并仅考虑其依赖项：

```
package link_manager

import (
    "bytes"
    "encoding/json"
    "errors"
    "github.com/the-gigi/delinkcious/pkg/link_checker_events"
    om "github.com/the-gigi/delinkcious/pkg/object_model"
    "log"
    "net/http"
)
```

如你所见，LinkManager 依赖于 Delinkcious 对象模型抽象包、`link_checker_events` 和一些标准 Go 包。LinkManager 不依赖于任何其他 Delinkcious 组件的实现或任何第三方依赖项。在测试过程中，我们可以为所有依赖项提供替代（模拟）实现，并完全控制测试环境和结果。我们将在下一节中看到如何进行此操作。

10.2.4　模拟的艺术

理想情况下，对象在创建时应注入其所有依赖项。让我们看一下 NewLinkManager() 函数：

```
func NewLinkManager(linkStore LinkStore,
    socialGraphManager om.SocialGraphManager,
    natsUrl string,
```

```
        eventSink om.LinkManagerEvents,
        maxLinksPerUser int64) (om.LinkManager, error) {
        ...
    }
```

这几乎是理想的情况。我们获得了到链接存储、社交图谱管理器和事件接收器的接口。但是，这里没有注入两个依赖项：link_checker_events 和内置的 net/http 包。让我们从模拟链接存储、社交图谱管理器和链接管理器事件接收器开始，然后再考虑更复杂的情况。

LinkStore 是在内部定义的接口：

```
package link_manager

import (
    om "github.com/the-gigi/delinkcious/pkg/object_model"
)

type LinkStore interface {
    GetLinks(request om.GetLinksRequest) (om.GetLinksResult, error)
    AddLink(request om.AddLinkRequest) (*om.Link, error)
    UpdateLink(request om.UpdateLinkRequest) (*om.Link, error)
    DeleteLink(username string, url string) error
    SetLinkStatus(username, url string, status om.LinkStatus) error
}
```

在 pkg/link_manager/mock_social_graph_manager.go 文件中，我们可以找到一个实现 om.SocialGraphManager 的模拟社交图谱管理器，并始终从 GetFollowers() 方法返回提供给 newMockSocialGraphManager() 函数的关注者。这是一种在不同测试中重用同一模拟的好方法，每次测试都需要从 GetFollowers() 获得不同的固定响应。其他方法仅返回 nil 的原因是 LinkManager 并未调用其他方法，因此无须提供实际的响应：

```
package link_manager
type mockSocialGraphManager struct { followers map[string]bool }
func (m *mockSocialGraphManager) Follow(followed string, follower string)
error { return nil }

func (m *mockSocialGraphManager) Unfollow(followed string, follower string)
error { return nil }

func (m *mockSocialGraphManager) GetFollowing(username string)
(map[string]bool, error) { return nil, nil }

func (m *mockSocialGraphManager) GetFollowers(username string)
(map[string]bool, error) { return m.followers, nil }

func newMockSocialGraphManager(followers []string) *mockSocialGraphManager
{ m := &mockSocialGraphManager{ map[string]bool{}, } for _, f := range
followers { m.followers[f] = true }
```

```
return m

}
```

事件接收器稍微有点不同。我们有兴趣验证当调用各种不同的操作（例如 AddLink()）时，LinkManager 是否会正确通知事件接收器。为此，我们可以创建一个测试事件接收器，该接收器实现 om.LinkManagerEvents 接口并跟踪即将发生的事件。下面是 pkg/link_manager/test_event_sink.go 文件中的代码，testEventSink 结构体为每种事件类型保留一个映射，其中键是用户名，值是链接列表。它会响应各种事件来更新这些映射：

```
package link_manager

import ( om "github.com/the-gigi/delinkcious/pkg/object_model" )

type testEventsSink struct { addLinkEvents map[string][]om.Link
updateLinkEvents map[string][]om.Link deletedLinkEvents map[string][]string
}

func (s testEventsSink) OnLinkAdded(username string, link om.Link) { if
s.addLinkEvents[username] == nil { s.addLinkEvents[username] = []*om.Link{}
} s.addLinkEvents[username] = append(s.addLinkEvents[username], link) }

func (s testEventsSink) OnLinkUpdated(username string, link om.Link) { if
s.updateLinkEvents[username] == nil { s.updateLinkEvents[username] =
[]*om.Link{} } s.updateLinkEvents[username] =
append(s.updateLinkEvents[username], link) }

func (s *testEventsSink) OnLinkDeleted(username string, url string) { if
s.deletedLinkEvents[username] == nil { s.deletedLinkEvents[username] =

[]string{} } s.deletedLinkEvents[username] =
append(s.deletedLinkEvents[username], url) }

func newLinkManagerEventsSink() testEventsSink { return &testEventsSink{
map[string][]om.Link{}, map[string][]*om.Link{}, map[string][]string{}, } }
```

现在模拟已经准备就绪，让我们开始使用 Ginkgo 测试套件。

1. 引导你的测试套件

Ginkgo 建立在 Go 的 testing 测试包之上，你可以通过 go test 直接运行 Ginkgo 测试，这非常方便，尽管 Ginkgo 还提供了一个 Ginkgo 的 CLI，包含更多的选项。要引导包的测试套件，可以执行 ginkgo bootstrap 命令，它将生成一个名为 <package>_suite_test.go 的文件，该文件将所有 Ginkgo 测试连接到标准 Go 测试，并导入 ginkgo 包和 gomega 包。下面是 link_manager 包的测试套件文件：

```
package link_manager
import ( "testing"
```

```
.  "github.com/onsi/ginkgo"
.  "github.com/onsi/gomega"
)
func TestLinkManager(t *testing.T) { RegisterFailHandler(Fail) RunSpecs(t,
"LinkManager Suite") }
```

有了测试套件文件之后，我们就可以开始编写一些单元测试了。

2. 实现 LinkManager 单元测试

让我们看一下获取和添加链接的测试。这里包含了很多内容，它们全部在 pkg/link_manager/in_memory_link_manager_test.go 文件中。首先，让我们导入 ginkgo、gomega 和 delinkcious 等对象模型：

```
package link_manager
import ( .  "github.com/onsi/ginkgo" .  "github.com/onsi/gomega" om
"github.com/the-gigi/delinkcious/pkg/object_model" )
```

Ginkgo 的 Describe 块描述了文件中的所有测试，并定义了将被多个测试使用的变量：

```
var _ = Describe("In-memory link manager tests", func() { var err error var
linkManager om.LinkManager var socialGraphManager mockSocialGraphManager
var eventSink testEventsSink
```

在每次测试之前都会调用 BeforeEach() 函数，它创建了一个新的模拟社交图谱管理器（其中 liat 是唯一的关注者）和一个新的事件接收器，并使用这些依赖项以及内存中的链接存储对新的 LinkManager 进行初始化，从而利用依赖项注入的实践：

```
BeforeEach(func() {
    socialGraphManager = newMockSocialGraphManager([]string{"liat"})
    eventSink = newLinkManagerEventsSink()
    linkManager, err = NewLinkManager(NewInMemoryLinkStore(),
        socialGraphManager,
        "",
        eventSink,
        10)
    Ω(err).Should(BeNil())
})
```

下面是实际的测试。注意，定义测试的 BDD 样式看起来有点像英语，"*It should add and get links*"。让我们对内容进行拆解。首先，该测试通过调用 GetLinks() 并使用 Gomega 的 Ω 运算符断言结果为空，从而确保 "gigi" 用户目前没有链接：

```
It("should add and get links", func() {
    // No links initially
    r := om.GetLinksRequest{
        Username: "gigi",
    }
    res, err := linkManager.GetLinks(r)
    Ω(err).Should(BeNil())
    Ω(res.Links).Should(HaveLen(0))
```

下面是添加链接的部分，为了确保没有错误发生：

```
// Add a link
 r2 := om.AddLinkRequest{
     Username: "gigi",
     Url:      "https://golang.org/",
     Title:    "Golang",
     Tags:     map[string]bool{"programming": true},
 }
 err = linkManager.AddLink(r2)
 Ω(err).Should(BeNil())
```

现在，该测试调用 GetLinks() 并期望返回刚刚添加的链接：

```
res, err = linkManager.GetLinks(r)
 Ω(err).Should(BeNil())
 Ω(res.Links).Should(HaveLen(1))
     link := res.Links[0]
     Ω(link.Url).Should(Equal(r2.Url))
     Ω(link.Title).Should(Equal(r2.Title))
```

最后，测试确保事件接收器记录了对 follower "liat" 的 OnLinkAdded() 调用：

```
    // Verify link manager notified the event sink about a single added
vent for the follower "liat"
    Ω(eventSink.addLinkEvents).Should(HaveLen(1))
    Ω(eventSink.addLinkEvents["liat"]).Should(HaveLen(1))
    Ω(*eventSink.addLinkEvents["liat"][0]).Should(Equal(link))
    Ω(eventSink.updateLinkEvents).Should(HaveLen(0))
    Ω(eventSink.deletedLinkEvents).Should(HaveLen(0))
})
```

这是一个非常典型的单元测试，它执行了以下任务：

❑ 控制测试环境。

❑ 模拟依赖项（社交图谱管理器）。

❑ 提供用于传出的交互的记录占位符（测试事件接收器记录了链接管理器事件）。

❑ 执行被测试代码（获取链接和添加链接）。

❑ 验证响应（开始时没有链接，添加后正常返回一个链接）。

❑ 验证所有传出的交互（事件接收器接收到 OnLinkAdded() 事件）。

我们没有在这里测试出现错误的情况，但是这部分内容很容易添加进去。你添加一个错误的输入，然后再检查测试代码是否返回了预期的错误。

10.2.5　你应该测试一切吗

答案是不！测试提供了很多价值，但它也有成本，增加测试的边际价值会逐渐下降。测试一切是极其困难的，即使这不是不可能完成的任务。考虑到测试开发需要花费时间，因此它可能会减慢对系统的更改（你需要更新测试），并且在依赖关系更改时可能需要更改测试。测试还需要时间和资源来运行，这可能会减慢编辑 - 测试 - 部署的周期。此外，测试本身也可能存在问题。因此，你需要找到判断需要多少测试的最佳位置。

单元测试非常有价值，但这还远远不够。对于基于微服务的架构来说尤为如此，在该架构中，这些微小的组件单独运行没有问题，但合在一起就可能出现问题导致无法正常工作。这也是集成测试该发挥作用的地方。

10.3　集成测试

集成测试是一个包含多个相互交互的组件的测试。集成测试意味着测试完整的子系统，而不需要或很少进行模拟。

Delinkcious 有几个针对特定服务的集成测试。这些测试不是自动化的 Go 测试，它们不使用 Ginkgo 或标准的 Go 测试。它们是可执行的程序，一旦出现错误就会触发崩溃（panic）。这些程序旨在测试跨服务的交互以及服务如何与第三方组件（例如实际的数据存储）集成。例如，link_manager_e2e 测试执行以下步骤：

1）以本地进程的方式启动社交图谱服务和链接服务。

2）在 Docker 容器中启动 Postgres DB 数据库。

3）针对链接服务运行测试。

4）验证结果。

让我们看看这一切是如何进行的。导入包的列表包括 Postgres Golang 驱动程序（lib/pq）、几个 Delinkcious 包和几个标准 Go 包（context、log 和 os）。注意，pq 被导入为下划线 "_"，这意味着 pq 名称不可用。以这种命名模式导入库的原因是它只需要运行一些初始化代码，而不需要从外部访问。具体来说，pq 通过标准 Go database/sql 库注册 Go 驱动程序：

```
package main
import ( "context" _ "github.com/lib/pq" "github.com/the-
gigi/delinkcious/pkg/db_util" "github.com/the-
gigi/delinkcious/pkg/link_manager_client" om "github.com/the-
gigi/delinkcious/pkg/object_model" . "github.com/the-
gigi/delinkcious/pkg/test_util" "log" "os" )
```

让我们再来看一些用于设置测试环境的函数，首先从初始化数据库开始。

10.3.1　初始化测试数据库

initDB() 函数通过传递数据库名称（link_manager）来调用 RunLocalDB() 函数。这一步很重要，因为如果你是从头开始的，它也需要创建数据库。然后，为确保测试始终从头开始，它将删除 tags 和 links 数据表，如下所示：

```
func initDB() { db, err := db_util.RunLocalDB("link_manager") Check(err)
tables := []string{"tags", "links"}
 for _, table := range tables {
```

```
        err = db_util.DeleteFromTableIfExist(db, table)
        Check(err)
    }
}
```

10.3.2　运行服务

该测试具有两个单独的函数来运行服务。这些函数非常相似，它们先设置环境变量然后再调用 RunService() 函数，我们将很快对其进行介绍。两种服务都依赖于环境变量 PORT 的值，并且每个服务都不同。这意味着我们必须串行而不是并行地启动服务，否则，服务可能最终在错误的端口上进行监听：

```
func runLinkService(ctx context.Context) {
    // Set environment
    err := os.Setenv("PORT", "8080")
    Check(err)

    err = os.Setenv("MAX_LINKS_PER_USER", "10")
    Check(err)

    RunService(ctx, ".", "link_service")
}

func runSocialGraphService(ctx context.Context) {
    err := os.Setenv("PORT", "9090")
    Check(err)

    RunService(ctx, "../social_graph_service", "social_graph_service")
}
```

10.3.3　运行实际测试

main() 函数是整个测试的驱动，它首先打开链接管理器和社交图谱管理器之间的相互认证，然后初始化数据库并运行服务（前提是环境变量 RUN_XXX_SERVICE 的值为 true）：

```
func main() {
    // Turn on authentication
    err := os.Setenv("DELINKCIOUS_MUTUAL_AUTH", "true")
    Check(err)

    initDB()

    ctx := context.Background()
    defer KillServer(ctx)

    if os.Getenv("RUN_SOCIAL_GRAPH_SERVICE") == "true" {
        runSocialGraphService(ctx)
    }

    if os.Getenv("RUN_LINK_SERVICE") == "true" {
        runLinkService(ctx)
    }
```

现在可以进行实际的测试了。它使用链接管理器客户端连接到本地主机上（运行链接服务的地方）的 8080 端口。然后，它调用 `GetLinks()` 方法并打印结果（应为空），再调用 `AddLink()` 添加一个链接，最后再次调用 `GetLinks()` 并打印结果（应为一个链接）：

```
// Run some tests with the client
    cli, err := link_manager_client.NewClient("localhost:8080")
    Check(err)

    links, err := cli.GetLinks(om.GetLinksRequest{Username: "gigi"})
    Check(err)
    log.Print("gigi's links:", links)

    err = cli.AddLink(om.AddLinkRequest{Username: "gigi",
        Url:   "https://github.com/the-gigi",
        Title: "Gigi on Github",
        Tags:  map[string]bool{"programming": true}})
    Check(err)

    links, err = cli.GetLinks(om.GetLinksRequest{Username: "gigi"})
    Check(err)
    log.Print("gigi's links:", links)
```

这个集成测试不是自动化的。它是为交互使用而设计的，开发人员可以在其中运行和调试各个服务。如果发生错误，它会立即退出。测试过程中每个操作的结果也都简单明了地打印到屏幕上。

测试的其他部分将检查 `UpdateLink()` 和 `DeleteLink()` 操作：

```
    err = cli.UpdateLink(om.UpdateLinkRequest{Username: "gigi",
        Url:         "https://github.com/the-gigi",
        Description: "Most of my open source code is here"},
    )

    Check(err)
    links, err = cli.GetLinks(om.GetLinksRequest{Username: "gigi"})
    Check(err)
    log.Print("gigi's links:", links)

    err = cli.DeleteLink("gigi", "https://github.com/the-gigi")
    Check(err)
    Check(err)
    links, err = cli.GetLinks(om.GetLinksRequest{Username: "gigi"})
    Check(err)
    log.Print("gigi's links:", links)
}
```

通过链接管理器客户端库进行测试确保了从客户端到服务，再到相关微服务及其数据存储的整个链都能正常工作。

下面介绍测试辅助函数，它对我们尝试在本地测试和调试微服务之间的复杂交互时非常有帮助。

10.3.4　实现数据库测试辅助函数

在进行深入的代码研究之前，让我们先考虑一下想要完成的工作。我们希望创建一个本地的、空的数据库，并将其作为 Docker 容器启动，但前提是它之前还没有运行过。为此，我们需要检查 Docker 容器是否已经在运行，是否应该重新启动它，或者是否应该运行一个新的容器。然后，我们将尝试连接到目标数据库或创建对应的数据库（如果它不存在）。如果需要，服务将负责创建模式，因为一些通用的数据库实用程序对特定服务的数据库模式一无所知。

db_util 包中的 db_util.go 文件包含所有辅助函数。首先，我们导入标准 Go database/sql 包和 squirrel 包（一种能生成 SQL 而不是 ORM 的流式风格的 Go 库）。Postgres 驱动程序库 pq 同样也被导入：

```
package db_util

import (
    "database/sql"
    "fmt"
    sq "github.com/Masterminds/squirrel"
    _ "github.com/lib/pq"
    "log"
    "os"
    "os/exec"
    "strconv"
    "strings"
)
```

dbParams 结构体包含连接到数据库所需的信息，并且 defaultDbParams() 函数可方便地获取使用默认值填充的结构体：

```
type dbParams struct {
    Host     string
    Port     int
    User     string
    Password string
    DbName   string
}

func defaultDbParams() dbParams {
    return dbParams{
        Host:     "localhost",
        Port:     5432,
        User:     "postgres",
        Password: "postgres",
    }
}
```

你可以通过传递 dbParams 结构体中的信息来调用 connectToDB() 函数。如果一切正常，你将获得数据库的句柄（*sql.DB），以后可用于访问数据库：

```
func connectToDB(host string, port int, username string, password string,
dbName string) (db *sql.DB, err error) {
    mask := "host=%s port=%d user=%s password=%s dbname=%s
sslmode=disable"
    dcn := fmt.Sprintf(mask, host, port, username, password, dbName)
    db, err = sql.Open("postgres", dcn)
    return
}
```

完成所有准备工作之后，让我们看看 RunLocalDB() 函数如何工作。首先，它运行 docker ps -f name=postgres 命令，该命令列出了正在运行的名为 postgres 的 Docker 容器（只能有一个）：

```
func RunLocalDB(dbName string) (db *sql.DB, err error) {
    // Launch the DB if not running
    out, err := exec.Command("docker", "ps", "-f", "name=postgres", "--
format", "{{.Names}}").CombinedOutput()
    if err != nil {
        return
    }
```

如果输出为空，则意味着没有容器在运行，因此它会在容器停止的情况下尝试重新启动该容器。如果仍然不行，它将运行使用 postgres:alpine 镜像的新容器，将标准端口 5432 公开给本地主机。注意命令中的 -z 标志，它指示 Docker 在后台（非阻塞）模式下运行容器，从而允许该函数继续执行。如果由于任何原因未能启动新容器，它将放弃并返回错误：

```
    s := string(out)
    if s == "" {
        out, err = exec.Command("docker", "restart",
"postgres").CombinedOutput()
        if err != nil {
            log.Print(string(out))
            _, err = exec.Command("docker", "run", "-d", "--name",
"postgres",
                "-p", "5432:5432",
                "-e", "POSTGRES_PASSWORD=postgres",
                "postgres:alpine").CombinedOutput()
        }
        if err != nil {
            return
        }
    }
```

至此，我们在容器中运行了 Postgres DB。接下来，我们可以使用 defaultDBParams() 函数并调用 sureDB() 函数对其进行检查：

```
p := defaultDbParams()
db, err = EnsureDB(p.Host, p.Port, p.User, p.Password, dbName)
return
}
```

为了确保数据库已经准备就绪，我们需要连接到 postgres 实例的 Postgres 数据库。每个 postgres 实例都有几个内置数据库，其中就包括 `postgres` 数据库。postgres 实例的 Postgres 数据库可用来获取有关实例的信息和元数据。特别是，我们可以查询 `pg_database` 表来检查目标数据库是否存在。如果它不存在，我们可以通过执行 `CREATE database <db name>` 命令来创建它。最后，我们连接到目标数据库并返回句柄。和往常一样，如果发生任何错误，系统将返回错误：

```
// Make sure the database exists (creates it if it doesn't)

func EnsureDB(host string, port int, username string, password string,
dbName string) (db *sql.DB, err error) { // Connect to the postgres DB
postgresDb, err := connectToDB(host, port, username, password, "postgres")
if err != nil { return }

// Check if the DB exists in the list of databases
 var count int
 sb := sq.StatementBuilder.PlaceholderFormat(sq.Dollar)
 q := sb.Select("count(*)").From("pg_database").Where(sq.Eq{"datname":
dbName})
 err = q.RunWith(postgresDb).QueryRow().Scan(&count)
if err != nil {
    return
}

// If it doesn't exist create it
if count == 0 {
    _, err = postgresDb.Exec("CREATE database " + dbName)
    if err != nil {
        return
    }
}

db, err = connectToDB(host, port, username, password, dbName)
return
}
```

以上是对自动设置用于本地测试的数据库的深入研究。在许多情况下，即使是微服务以外的场景，它也同样适用。

10.3.5　实现服务测试辅助函数

让我们看一下服务测试的一些辅助函数。`test_util` 软件包非常基础，并使用 Go 标准包作为依赖项：

```
package test_util

import ( "context" "os" "os/exec" )
```

它提供了一个错误检查功能以及两个用于运行和停止服务的功能。

1. 检查错误

Go 语言最烦人的地方之一就是你必须一直进行显式的错误检查。以下代码片段非常常见。我们调用一个函数返回一个结果和一个错误，然后检查错误，如果它不是 nil，我们再做一些别的事情（通常，我们只是返回）：

```
...
 result, err := foo()
 if err != nil {
     return err
 }
...
```

Check() 函数通过判断这个错误只会引起崩溃并退出程序 (或当前的 Go 例程)，从而使错误检查更加简洁。这是在测试方案中可以接受的选择，在这种方案中，一旦遇到任何故障，你都希望能够退出程序：

```
func Check(err error) { if err != nil { panic(err) } }
```

借助 Check() 函数，前面的代码段可以缩短为以下内容：

```
...
 result, err := foo()
 Check(err)
...
```

如果你的代码有许多错误需要检查，那么这些看起来很小的改变会逐渐累积起来为你节省不少时间。

2. 运行本地服务

RunService() 是最重要的辅助函数之一。因为微服务通常依赖于其他微服务，因此在测试服务时，测试代码通常需要运行依赖的服务。以下代码会在 target 目录中构建 Go 服务并执行它：

```
// Build and run a service in a target directory
func RunService(ctx context.Context, targetDir string, service string) {
    // Save and restore later current working dir
    wd, err := os.Getwd()
    Check(err)
    defer os.Chdir(wd)

    // Build the server if needed
    os.Chdir(targetDir)
    _, err = os.Stat("./" + service)
    if os.IsNotExist(err) {
        _, err := exec.Command("go", "build", ".").CombinedOutput()
        Check(err)
    }

    cmd := exec.CommandContext(ctx, "./"+service)
    err = cmd.Start()
    Check(err)
}
```

运行服务很重要，但是在测试结束时，停止测试时启动的所有服务并进行清理也同样重要。

3. 停止本地服务

停止服务只需调用上下文的 `Done()` 方法，非常简单。它可以向使用上下文的任何代码发出完成信号：

```
func StopService(ctx context.Context) { ctx.Done() }
```

如你所见，运行 Delinkcious 涉及很多工作，甚至包括在没有 Kubernetes 的帮助下本地运行部分 Delinkcious。当 Delinkcious 运行时，它非常适合调试和故障排查，但是创建和维护这个设置非常烦琐且容易出错。

而且，即使所有集成测试都没问题，它们也不能完全复制到 Kubernetes 集群，并且可能还有许多没有捕获的故障模式。因此，接下来让我们看看如何使用 Kubernetes 本身进行本地测试。

10.4　使用 Kubernetes 进行本地测试

Kubernetes 的一大特点是相同的集群可以在任何地方运行。对于现实世界的系统，如果你使用的服务在本地不可用，或者访问本地的速度非常慢或者成本非常高，这并不是一件小事。关键是你要在高保真度和便利性之间找到一个平衡点。

让我们编写一个冒烟测试，它通过获取链接、添加链接和检查链接状态的主要工作流来测试 Delinkcious。

10.4.1　编写冒烟测试

Delinkcious 冒烟测试不是自动化的。它可以是，但是需要特殊设置才能使其在 CI/CD 环境中工作。对于真实的生产系统，强烈建议你进行自动化的冒烟测试（以及其他测试）。

代码位于 `cmd/smoke_test` 目录中，其中包含单个文件 `smoke.go`。它通过 API 网关公开的 REST API 来访问 Delinkcious。因为没有客户端库，所以我们可以用任何语言编写测试。我选择使用 Go 来保持语言一致性，并重点介绍如何直接使用 URL、查询字符串和 JSON 有效负载序列化来使用 Go 中的原始 REST API。我还会使用 Delinkcious 对象模型链接作为序列化目标。

该测试需要一个已安装 Delinkcious 的本地 Minikube 集群已启动并正在运行。以下是冒烟测试的流程：

1）删除我们的测试链接以重新开始。

2）获取链接（并打印它们）。

3）添加一个测试链接。

4）再次获取链接（新链接应处于待处理状态）。

5）等待几秒钟。

6）再获得一次链接（新链接现在应该处于有效状态）。

这个简单的冒烟测试验证了 Delinkcious 功能的重要部分，例如：

❑ 访问 API 网关的多个端点（GET 链接、POST 新链接、DELETE 链接）。

❑ 验证调用者身份（通过访问令牌）。

❑ API 网关会将请求转发到链接管理器服务。

❑ 链接管理器服务将触发链接检查器无服务器函数。

❑ 链接检查器将通过 NATS 通知链接管理器新链接的状态。

稍后，我们将测试扩展到社交关系的创建，其中将涉及社交图谱管理器以及检查新闻服务，这将建立全面的端到端测试。出于冒烟测试的目的，上述工作流程已经足够了。

让我们从导入列表开始，它包括很多 Go 的标准包，以及 Delinkcious object_model（Link 结构体）包和 test_util 包（Check() 函数）。我们可以轻松避免这些依赖关系，但是我们对它们已经很熟悉了，并且导入也很方便：

```
package main

import ( "encoding/json" "errors" "fmt" om "github.com/the-
gigi/delinkcious/pkg/object_model" . "github.com/the-
gigi/delinkcious/pkg/test_util" "io/ioutil" "log" "net/http" net_url
"net/url" "os" "os/exec" "time" )
```

下一部分定义了一些变量。delinkciousUrl 将在后面初始化，delinkciousToken 应该在环境变量中可用，httpClient 是标准的 Go HTTP 客户端，我们将使用它来调用 Delinkcious REST API：

```
var ( delinkciousUrl string delinkciousToken =
os.Getenv("DELINKCIOUS_TOKEN") httpClient = http.Client{} )
```

完成这些准备工作后，我们就可以专注于测试本身。它非常简单，看起来很像冒烟测试的高阶版本。它使用以下命令从 Minikube 获取 Delinkcious URL：

```
$ minikube service api-gateway --url http://192.168.99.161:30866
```

然后，它将调用 DeleteLink()、GetLinks() 和 AddLink() 函数，如下所示：

```
func main() { tempUrl, err := exec.Command("minikube", "service", "api-
gateway", "--url").CombinedOutput() delinkciousUrl =
string(tempUrl[:len(tempUrl)-1]) + "/v1.0" Check(err)

// Delete link
deleteLink("https://github.com/the-gigi")

// Get links
getLinks()

// Add a new link
```

```
addLink("https://github.com/the-gigi", "Gigi on Github")

// Get links again
getLinks()

// Wait a little and get links again
time.Sleep(time.Second * 3)
getLinks()

}
```

GetLinks() 函数构造合适的 URL、创建一个新的 HTTP 请求、将身份认证令牌添加到标头（如 API 网关社交网站登录认证要求），并访问 /links 端点。当响应返回时，它检查状态码并检查是否有错误（有错误就退出）。如果一切正常，它会将响应的 body 反序列化为 om.GetLinksResult 结构体并打印链接：

```
func getLinks() { req, err := http.NewRequest("GET",
string(delinkciousUrl)+"/links", nil) Check(err)

req.Header.Add("Access-Token", delinkciousToken)
 r, err := httpClient.Do(req)
 Check(err)

 defer r.Body.Close()

 if r.StatusCode != http.StatusOK {
     Check(errors.New(r.Status))
 }

 var glr om.GetLinksResult
 body, err := ioutil.ReadAll(r.Body)

 err = json.Unmarshal(body, &glr)
 Check(err)

 log.Println("======= Links =======")
 for _, link := range glr.Links {
     log.Println(fmt.Sprintf("title: '%s', url: '%s', status: '%s'",
link.Title, link.Url, link.Status))
 }

}
```

addLink() 函数非常相似，除了它使用 POST 方法并且仅检查响应是否具有 OK 状态之外。该函数使用一个 URL 和一个标题构造一个 URL（包括对查询字符串进行编码）以符合 API 网关规范。如果状态不是 OK，它将使用 body 内容作为错误消息：

```
func addLink(url string, title string) { params := net_url.Values{}
params.Add("url", url) params.Add("title", title) qs := params.Encode()

log.Println("===== Add Link ======")
 log.Println(fmt.Sprintf("Adding new link - title: '%s', url: '%s'", title,
```

```
url))

    url = fmt.Sprintf("%s/links?%s", delinkciousUrl, qs)
    req, err := http.NewRequest("POST", url, nil)
    Check(err)

    req.Header.Add("Access-Token", delinkciousToken)
    r, err := httpClient.Do(req)
    Check(err)
    if r.StatusCode != http.StatusOK {
        defer r.Body.Close()
        bodyBytes, err := ioutil.ReadAll(r.Body)
        Check(err)
        message := r.Status + " " + string(bodyBytes)
        Check(errors.New(message))
    }

}
```

太棒了！现在让我们实际运行测试。

运行测试

在运行测试之前，我们应该导出 DELINKCIOUS_TOKEN，并确保 Minikube 正在运行：

```
$ minikube status host: Running kubelet: Running apiserver: Running
kubectl: Correctly Configured: pointing to minikube-vm at 192.168.99.160
```

要运行测试，我们只需输入以下内容：

```
$ go run smoke.go
```

结果将打印到控制台。这里已经有一个无效的链接即 http://gg.com。然后，测试添加了新链接 https://github.com/the-gigi。新链接的状态最初处于 pending 状态，几秒钟后链接检查通过，它变为 valid 状态：

```
2019/04/19 10:03:48 ======= Links ======= 2019/04/19 10:03:48 title: 'gg',
url: 'http://gg.com', status: 'invalid' 2019/04/19 10:03:48 ===== Add Link
====== 2019/04/19 10:03:48 Adding new link - title: 'Gigi on Github', url:
'https://github.com/the-gigi' 2019/04/19 10:03:49 ======= Links =======
2019/04/19 10:03:49 title: 'gg', url: 'http://gg.com', status: 'invalid'
2019/04/19 10:03:49 title: 'Gigi on Github', url:
'https://github.com/the-gigi', status: 'pending' 2019/04/19 10:03:52
======= Links ======= 2019/04/19 10:03:52 title: 'gg', url:
'http://gg.com', status: 'invalid' 2019/04/19 10:03:52 title: 'Gigi on
Github', url: 'https://github.com/the-gigi', status: 'valid'
```

10.4.2 Telepresence

Telepresenced（https://www.telepresence.io/）是一种特殊的工具。它使你可以在本地运行服务，就像它在 Kubernetes 集群中运行一样。为什么它会做这件事情呢？可以考虑我们刚刚实现的冒烟测试。如果检测到故障，我们想做以下三件事：

❑ 找出根本原因。

❑ 修复它。

❑ 验证修复是否生效。

由于我们只是在 Kubernetes 集群上运行冒烟测试时发现了这个故障，所以可能是本地单元测试没有检测到的故障。找到根本原因的正常方法（除了离线查看代码之外）是添加一组日志语句、添加实验性调试代码、注释掉不相关的部分并部署修改后的代码、重新运行冒烟测试，并尝试理解哪里出了问题。

将修改后的代码部署到 Kubernetes 集群通常需要以下步骤：

1）修改代码。

2）将修改后的代码推送到 Git 代码仓库（仅用于调试的更改会影响 Git 历史记录）。

3）构建镜像（通常需要运行各种测试）。

4）将新镜像推送到镜像仓库。

5）将新镜像部署到集群。

这个过程很烦琐，并且不支持临时的探索和快速的编辑 - 调试 - 修复周期。我们将在第 11 章中介绍一些工具，它们可以跳过向 Git 代码仓库推送和自动构建镜像，但是镜像仍然可以构建并部署到集群中。

使用 Telepresence 只需在本地更改代码，然后 Telepresence 确保本地服务成为集群的一部分。它看到的是相同的环境和 Kubernetes 资源，它可以通过内部网络与其他服务通信，它实际上就是集群的一部分。

Telepresence 通过在集群内安装代理来实现这一点，代理可以与本地服务进行通信，这是非常巧妙的。接下来让我们安装 Telepresence 并开始使用它。

1. 安装 Telepresence

安装 Telepresence 需要 FUSE 文件系统：

```
brew cask install osxfuse
```

开始安装 Telepresence：

```
brew install datawire/blackbird/telepresence
```

2. 通过 Telepresence 运行本地链接服务

让我们通过 Telepresence 在本地运行链接管理器服务。首先，为了证明确实是在本地运行服务，我们可以修改服务代码。例如，我们可以在获取链接时打印一条消息，即 "**** Local link service here! calling GetLinks() ****"。

然后将其添加到 svc/link_service/service/transport.go 中的 GetLinks 端点：

```
func makeGetLinksEndpoint(svc om.LinkManager) endpoint.Endpoint { return
func(_ context.Context, request interface{}) (interface{}, error) {
fmt.Println("**** Local link service here! calling GetLinks() ****") req :=
```

```
request.(om.GetLinksRequest) result, err := svc.GetLinks(req) res :=
getLinksResponse{} for _, link := range result.Links { res.Links =
append(res.Links, newLink(link)) } if err != nil { res.Err = err.Error()
return res, err } return res, nil } }
```

现在，我们可以构建本地链接服务（使用 Telepresence 推荐的标志），并与本地服务交换 `link-manager` 部署：

```
$ cd svc/service/link_service
$ go build -gcflags "all=-N -l" .

$ telepresence --swap-deployment link-manager --run ./link_service
T: How Telepresence uses sudo:
https://www.telepresence.io/reference/install#dependencies
T: Invoking sudo. Please enter your sudo password.
Password:
T: Starting proxy with method 'vpn-tcp', which has the following
limitations: All processes are affected, only one telepresence can run per
machine, and you can't use other VPNs. You may need to add cloud hosts and
headless services with --also-proxy.
T: For a full list of method limitations see
https://telepresence.io/reference/methods.html
T: Volumes are rooted at $TELEPRESENCE_ROOT. See
https://telepresence.io/howto/volumes.html for details.
T: Starting network proxy to cluster by swapping out Deployment link-
manager with a proxy
T: Forwarding remote port 8080 to local port 8080.

T: Guessing that Services IP range is 10.96.0.0/12. Services started after
this point will be inaccessible if are outside this range; restart
telepresence if you can't access a new Service.
T: Setup complete. Launching your command.
2019/04/20 01:17:06 DB host: 10.100.193.162 DB port: 5432
2019/04/20 01:17:06 Listening on port 8080...
```

请注意，当你用以下任务交换部署时，Telepresence 需要 `sudo` 权限：

❑ 为用于 Go 程序的 `vpn-tcp` 方法修改本地网络（通过 `sshuttle` 和 `pf/iptables`）。

❑ 运行 `docker` 命令（为了 Linux 上的某些配置）。

❑ 挂载远程文件系统以便在 Docker 容器中进行访问。

为了测试更改，让我们再次运行冒烟测试：

```
$ go run smoke.go
2019/04/21 00:18:50 ======= Links ======= 2019/04/21 00:18:50 ===== Add
Link ====== 2019/04/21 00:18:50 Adding new link - title: 'Gigi on Github',
url: 'https://github.com/the-gigi' 2019/04/21 00:18:50 ======= Links
======= 2019/04/21 00:18:50 title: 'Gigi on Github', url:
'https://github.com/the-gigi', status: 'pending' 2019/04/21 00:18:54
======= Links ======= 2019/04/21 00:18:54 title: 'Gigi on Github', url:
'https://github.com/the-gigi', status: 'valid'
```

查看我们的本地服务输出，可以看到它确实是在冒烟测试运行时被调用的：

```
**** Local link service here! calling GetLinks() ****
**** Local link service here! calling GetLinks() ****
```

你可能还记得，冒烟测试访问集群中的 API 网关，因此调用本地服务的事实表明它确实在集群中运行。一个有趣的事实是，Kubernetes 日志没有捕获本地服务的输出。如果我们搜索日志，什么也找不到，以下命令不会产生任何输出：

```
$ kubectl logs svc/link-manager | grep "Local link service here"
```

现在，让我们看看如何将 GoLand 调试器附加到正在运行的本地服务中。

3. 使用 GoLand 进行在线调试

这简直是调试的圣杯！我们将使用 GoLand 交互式调试器连接到本地链接服务，并且它将作为 Kubernetes 集群的一部分运行，没有比这更好的了。让我们开始吧：

1）首先，按照此处链接的说明准备将 GoLand 附加到本地 Go 进程：

https://blog.jetbrains.com/go/2019/02/06/debugging-with-goland-getting-started/#debugging-a-running-application-on-the-local- machine。

2）然后，单击 GoLand 中的 `Run | Attach to Process` 菜单选项，将显示如图 10-1 所示的对话框。

不幸的是，当 GoLand（成功地）附加到该进程时，Telepresence 错误地认为本地服务已退出，并拆除了通往 Kubernetes 集群及其控制流程的通道。

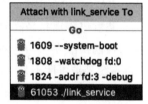

图 10-1　GoLand 菜单选项

本地链接服务还在继续运行，但它不再连接到集群。我为 Telepresence 团队提了一个 GitHub 问题：https://github.com/telepresenceio/telepresence/issues/1003。

后来我联系了 Telepresence 开发人员，又深入研究了代码，并贡献了一个最后合并的修复程序。

请参阅以下 PR（添加 Telepresence 对将调试器附加到进程的支持）：https://github.com/telepresenceio/telepresence/pull/1005。

> 💡 如果你使用的是 VS Code 进行 Go 语言编程，则可以按照以下信息尝试：https://github.com/Microsoft/vscode-go/wiki/Debugging-Go-code-using-VS-Code。

到目前为止，我们已经编写了一个独立的冒烟测试，并使用了 Telepresence 来调试本地服务，这些服务被看作是 Kubernetes 集群的一部分。但是对于交互式开发来说，它没有任何改进。下一节将讨论测试隔离。

10.5　隔离测试

隔离是测试的一个关键主题。其核心思想是测试应该与生产环境隔离，甚至与其他共享环境隔离。如果测试不是独立的,那么测试所做的更改会影响这些环境,反之亦然(对这些环境的外部更改会破坏做出假设的测试)。另一级隔离级是在测试之间,如果你的测试是并行运行的,并且对相同的资源进行了更改,那么可能会出现各种竞态条件,并且测试之间可能会相互干扰并导致错误。

如果测试不是并行运行,也可能会出现这种情况,比如忽略清理测试 A 可能会导致破坏测试 B 的更改。隔离可能帮助改善的另一种情况是多个团队或开发人员希望测试不兼容的更改。如果两个开发人员对共享环境进行了不兼容的更改,那么其中至少有一个会失败。隔离级别各不相同,它们通常与成本成反比:即隔离程度越高的测试,设置成本越高。

让我们考虑以下隔离方法:
❑ 隔离集群
❑ 隔离命名空间
❑ 跨集群 / 命名空间

10.5.1　隔离集群

集群级隔离是最高程度的隔离,你可以在完全独立于生产集群的其他集群中运行测试。此方法的挑战在于如何使测试集群与生产集群保持同步。在软件方面,这对于一个好的 CI/CD 系统来说可能不是太困难,但是填充和迁移数据通常是非常复杂的。

测试集群有两种形式:
❑ 每个开发人员都有自己的集群。
❑ 执行系统测试的专用集群。

1. 每个开发人员都有自己的集群

为每个开发人员创建一个集群属于终极隔离。开发人员不必担心破坏其他人的代码或受到其他人代码的影响。但是,这种方法也有一些显著的缺点,例如:
❑ 为每个开发人员提供一个成熟的集群通常是非常昂贵的。
❑ 所供应的集群通常与生产系统不具有高保真度。
❑ 通常仍然需要另一个集成环境来协调来自多个团队 / 开发人员的更改。
使用 Kubernetes 可以将 Minikube 用作每个开发人员的本地集群,从而避免一些缺点。

2. 执行系统测试的专用集群

为系统测试创建专用的集群是在部署到生产环境之前巩固更改并再次测试它们的好方法。测试集群可以运行更严格的测试,依赖外部资源,并与第三方服务交互。这样的测试集群也是昂贵的资源,必须要小心地管理它们。

10.5.2　隔离命名空间

命名空间隔离是一种轻量级的隔离形式。它们可以与生产系统并行运行,并重用生产环境中的一些资源（例如控制平面）。同步数据要容易得多，尤其是在 Kubernetes 上编写一个自定义控制器来同步数据。此外，根据生产命名空间来审计测试命名空间是一个不错的选择。

测试命名空间的缺点是隔离级别较低。默认情况下，不同命名空间中的服务仍然可以相互通信。如果你的系统已经使用了多个命名空间，那么你必须非常小心地将测试环境与生产环境隔离。

多租户系统

多租户系统是完全隔离的实体共享相同物理或虚拟资源的系统。Kubernetes 命名空间提供了几种机制来支持这一方式。你可以定义防止命名空间之间连接的网络策略（与 Kubernetes API 服务器的交互除外），也可以定义每个命名空间的资源配额和限制，以防止恶意命名空间占用所有集群资源。如果你的系统已经设置好了多租户，那么可以将测试命名空间视为另一个租户。

10.5.3　跨集群 / 命名空间

有时，你的系统被部署到多个协调的命名空间甚至多个集群中。在这种情况下，你需要更多地关注如何设计模拟相同架构的测试，但要注意测试不要与生产命名空间或集群交互。

10.6　端到端测试

端到端测试对于复杂的分布式系统非常重要。我们为 Delinkcious 编写的冒烟测试是端到端测试的一个例子，但是还有其他几个类别。端到端测试通常在专用环境（如预生产环境）上运行，但在某些情况下，它们也在生产环境上运行（需要投入大量精力）。由于端到端测试通常需要运行很长时间，而且设置起来可能很慢、开销很大，所以每次提交都运行它们是不太可取的。相反，定期（每晚、每个周末或每个月）或在特别时间点（例如，在重要的发布之前）运行它们是很常见的。

端到端测试有几种类型，我们将在下面的几个小节中探讨一些最重要的类别，例如：

❏　验收测试

❏　回归测试

❏　性能测试

10.6.1　验收测试

验收测试是一种验证系统行为是否符合预期的测试形式，由系统干系人决定什么是可接受的。它可以像冒烟测试一样简单，也可以像测试代码中的所有可能路径、所有故障模式和所有支线（例如，哪些消息被写入日志文件）一样复杂。一组良好的验收测试的主要好处是，它是一种强制功能，可以用对非工程类干系人（如产品经理和最高管理层）有意义的术语来描述系统。理想的情况（但是我在 IT 实践中从未见过）是业务干系人能够自己编写和维护验收测试。

这在设计理念上接近于可视化编程。我个人认为所有的自动化测试都应该由开发人员来编写和维护，但是你所处的环境可能会有所不同。Delinkcious 目前只公开了一个 REST API，没有一个面向用户的 Web 应用程序。现在，大多数系统都有 Web 应用程序，它们是验收测试的边界。在浏览器中运行验收测试是很常见的，其中不乏一些优秀的框架。如果你更喜欢使用 Go，Agouti（https://agouti.org/）是一个很好的选择，它可以与 Ginkgo 和 Gomega 紧密集成，也可以通过 PhantomJS、Selenium 或 ChromeDriver 驱动浏览器。

10.6.2　回归测试

当你只想确保新系统不会偏离当前系统的行为时，回归测试是一个不错的选择。如果你有全面的验收测试，那么你只需确保新版本的系统通过所有的验收测试，就像以前的版本所做的那样。但是，如果你的验收测试覆盖率不足，可以通过使用相同的输入对当前系统和新系统进行轮番轰炸式的测试，并验证输出是否相同，从而获得某种程度的信心。这也可以通过模糊测试来实现，即生成随机输入。

10.6.3　性能测试

性能测试是一个庞大的主题。这里的目标是度量系统的性能，而不是其响应的正确性。话虽如此，但错误可以显著地影响性能。请你考虑以下错误处理选项：

❑ 遇到错误时立即返回。

❑ 重试五次，并在每两次之间等待一秒钟。

现在，根据这两种策略，考虑一个通常需要两秒钟处理的请求。在简单的性能测试中，此类请求的大量错误将在使用第一种策略时提高性能（因为请求不会被立即处理并返回），但是在使用第二种策略时将降低性能（请求将在失败之前重试五秒钟）。

微服务架构通常利用异步处理、队列和其他机制，这使得度量系统的实际性能具有挑战性。不仅如此，它还会涉及许多网络调用，而这些调用可能不稳定。

此外，性能不仅仅与响应时间有关，它还会与 CPU 和内存利用率、大量的外部 API 调用、对网络存储的访问等有关系。性能也与可用性和成本紧密相关。在一个复杂的云原生分布式系统中，性能测试通常可以通知和指导架构设计决策。

正如你所看到的，端到端测试是一个相当复杂的问题，必须仔细设计，因为端到端测试的价值和成本都是举足轻重的。使用端到端测试最难管理的资源之一是测试数据，下面就让我们来看看管理测试数据的一些方法以及它们的优缺点。

10.7　管理测试数据

使用 Kubernetes 部署大量软件（包括由许多组件组成的软件）非常容易，就像在经典的微服务架构中一样。然而，数据的动态性就要差得多。不过，我们有不同的方法来生成和维护测试数据，不同的测试数据管理策略适用于不同类型的端到端测试。让我们看看合成数据、人工测试数据和生产环境快照。

10.7.1　合成数据

合成数据是通过编程方式生成的测试数据，使用这类数据的优缺点如下：

❑ 优点：

 ❍ 易于控制和更新，因为它是通过编程生成的。

 ❍ 容易创建坏数据来测试错误处理。

 ❍ 很容易创建大量数据。

❑ 缺点：

 ❍ 必须编写代码来生成它。

 ❍ 它可能与实际数据的格式不同步。

10.7.2　人工测试数据

人工测试数据类似于合成数据，但它是你手动创建的，使用这类数据的优缺点如下：

❑ 优点：

 ❍ 易于控制，包括验证输出应该是什么。

 ❍ 可以根据示例数据进行微调。

 ❍ 可快速启动（不需要编写和维护代码）。

 ❍ 不需要过滤或去除匿名信息。

❑ 缺点：

 ❍ 烦琐且容易出错。

 ❍ 很难生成大量的测试数据。

 ❍ 很难跨多个微服务生成相关数据。

 ❍ 当数据格式变化时必须手动更新。

10.7.3　生产环境快照

生产环境快照实际上记录的是真实的数据并使用它来填充你的测试系统，使用这类数据的优缺点如下：

❑ 优点：

 ❍ 对真实数据的高保真度。

❑ 确保测试数据始终与生产数据同步。
❑ **缺点：**
  ❑ 需要过滤和脱敏数据。
  ❑ 数据可能不支持所有测试场景（例如错误处理）。
  ❑ 可能很难收集所有相关数据。

10.8　小结

在本章中，我们讨论了测试的主题及其各种风格：单元测试、集成测试和各种端到端测试，我们还深入研究了测试是如何构建的。我们演示了链接管理器单元测试，添加了一个新的冒烟测试，并引入了 Telepresence，以便在本地修改代码的同时，针对实际的 Kubernetes 集群加速编辑 – 测试 – 调试生命周期。

然而，测试也是有成本的，一味盲目地添加越来越多的测试并不能使你的系统变得更好或者具有更高的质量。在测试的数量和质量之间有许多重要的权衡，例如开发和维护测试所需的时间、运行测试所需的时间和资源，以及测试早期发现的问题的数量和复杂性。你应该有足够的环境来为你的系统做出这些艰难的决定，并选择最适合你的测试策略。

同样重要的是要记住测试会随着系统的发展而变化，当风险越来越高时，即使对于同一组织，测试水平也必须要提高。如果你是一个业余开发人员，拥有一个测试版产品并且只有几个非正式的测试用户，你可能不需要那么严格的测试（除非它能节省你的开发时间）。但是，随着公司的发展，用户逐渐聚集，更多的人使用你的产品进行关键任务应用程序，代码中出现问题产生的影响会促使系统需要更严格的测试。

在下一章中，我们将研究 Delinkcious 的各种部署用例和情况。Kubernetes 及其生态系统提供了许多有趣的选项和工具。我们将既考虑使用健壮部署的生产环境，也会研究面向开发人员的快速迭代场景。

10.9　扩展阅读

有关本章内容的详细介绍，你可以查阅以下参考资料：
❑ **Go 语言 testing 测试包：**https://golang.org/pkg/testing/。
❑ **Ginkgo：**http://onsi.github.io/ginkgo/。
❑ **Gomega：**http://onsi.github.io/gomega/。
❑ **Agouti：**https://agouti.org/。
❑ **Telepresence：**https://telepresence.io/。

第 11 章 *Chapter 11*

微服务部署

在本章中，我们将处理两个相关但又独立的主题：生产部署和开发部署。这两个领域的关注点、流程和工具大不相同。生产部署和开发部署的目标都是将新软件部署到集群，但其他所有方面都不相同。生产部署希望保持系统稳定、能够获得可预测的构建和部署经验，并且最重要的是，识别并能够回滚糟糕的部署。开发部署希望为每个开发人员提供隔离的部署、快速的部署周期以及避免使用临时开发版本混淆源代码控制或**持续集成 / 持续部署（CI/CD）**系统（包括镜像仓库）。因此，不同的重点有助于将生产部署与开发部署隔离。

在本章中，我们将介绍以下主题：

❑ Kubernetes 部署。

❑ 多环境部署。

❑ 理解部署策略（滚动更新、蓝绿部署、金丝雀部署）。

❑ 回滚部署。

❑ 管理版本和升级。

❑ 本地开发部署。

11.1　技术需求

在本章我们将安装包括如下工具在内的很多工具：

❑ KO

❑ Ksync

❑ Draft

❑ Skaffold

❑ Tilt

你无须提前安装它们。

本章代码

代码分别存放在下面两个 Git 代码仓库中：

❑ 你可以在 https://github.com/PacktPublishing/Hands-On-Microservices-with-Kubernetes/
tree/master/Chapter11 中找到代码示例。

❑ 你 可 以 在 https://github.com/the-gigi/delinkcious/releases/tag/v0.9 中 找 到 更 新 的
Delinkcious 应用程序。

11.2　Kubernetes 部署

我们在第 1 章中简要讨论了部署，并且几乎在每一章中都使用了 Kubernetes 部署。但
是，在深入研究更复杂的模式和策略之前，有必要回顾一下基本构建模块以及 Kubernetes
部署、Kubernetes 服务与扩展或自动扩展之间的关系。

部署是 Kubernetes 资源，可通过 ReplicaSet 管理 Pod。Kubernetes ReplicaSet 是一组
Pod，由一组具有一定数量副本的通用标签标识。ReplicaSet 与其 Pod 之间的连接是 Pod 元
数据中的 ownerReferences 字段。ReplicaSet 控制器可确保始终运行正确数量的副本。
如果 Pod 因任何原因终止，则 ReplicaSet 控制器将安排一个新 Pod 代替它。图 11-1 说明了
这种关系。

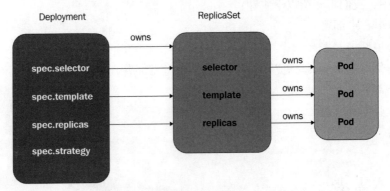

图 11-1　Deployment 和 ReplicaSet

我们还可以使用 kubectl 观察元数据中的所有权链。首先，让我们获取社交图谱管理器
Pod 的名称，并从 ownerReferences 元数据中找到对应 ReplicaSet 所有者的名称：

```
$ kubectl get po -l svc=social-graph,app=manager
NAME READY STATUS RESTARTS AGE
social-graph-manager-7d84ffc5f7-bst7w 1/1 Running 53 20d
```

```
$ kubectl get po social-graph-manager-7d84ffc5f7-bst7w -o
jsonpath="{.metadata.ownerReferences[0]['name']}"
 social-graph-manager-7d84ffc5f7

 $ kubectl get po social-graph-manager-7d84ffc5f7-bst7w -o
jsonpath="{.metadata.ownerReferences[0]['kind']}"
 ReplicaSet
```

接下来，我们将获得拥有 ReplicaSet 的部署的名称：

```
$ kubectl get rs social-graph-manager-7d84ffc5f7 -o
jsonpath="{.metadata.ownerReferences[0]['name']}"
 graph-manager

 $ kubectl get rs social-graph-manager-7d84ffc5f7 -o
jsonpath="{.metadata.ownerReferences[0]['kind']}"
 Deployment
```

因此，如果 ReplicaSet 控制器负责管理 Pod 的数量，那么 Deployment 对象会做什么呢？Deployment 对象封装了部署的概念，包括部署策略和部署记录。它还提供了面向部署的操作，例如更新部署和回滚部署，我们将在后面的小节进行介绍。

11.3　多环境部署

在本节中，我们将在新的 staging 命名空间中为 Delinkcious 创建一个预生产环境。staging 命名空间将是默认命名空间的完整副本，后者将被用作我们的生产环境。

首先，让我们创建 staging 命名空间：

```
$ kubectl create ns staging
namespace/staging created
```

然后，在 Argo CD 中，我们可以创建一个名为 staging 的新项目，如图 11-2 所示。

现在，我们需要配置所有服务，以便 Argo CD 可以将它们同步到预生产环境。我们有大量的服务，在 UI 中逐个操作可能有点枯燥。因此，我们将使用 Argo CD CLI 和一个名为 bootstrap_staging.py 的 Python 3 程序来自动执行该过程，该程序假设以下内容都已经满足：

❑ 预生产命名空间已创建完成。

❑ Argo CD CLI 已安装并在可执行路径中。

❑ 可通过 localhost 上的 8080 端口访问 Argo CD 服务。

❑ Argo CD 管理员密码已配置为环境变量。

要在 localhost 上的 8080 端口公开 Argo CD 服务，我们可以运行以下命令：

```
kubectl port-forward -n argocd svc/argocd-server 8080:443
```

让我们把该程序分解一下并逐步了解其工作原理。你可以通过自动化 CLI 工具来开发自己的自定义 CI/CD 解决方案，这是一个很好的基础。唯一的依赖项是 **Python** 的标准库模块：`subprocess`（允许你运行命令行工具）和 `os`（用于访问环境变量）。在这里，我们只需要运行 Argo CD CLI。

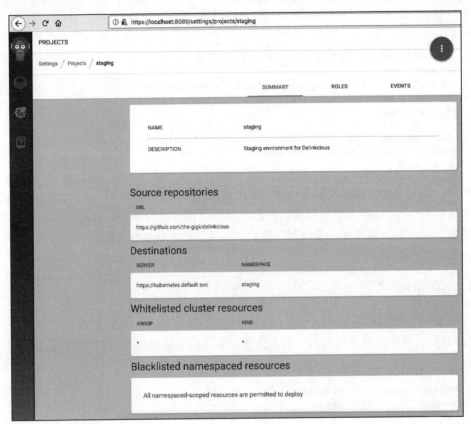

图 11-2　在 Argo CD 中创建 staging 项目

`run()` 函数隐藏了所有实现细节，并提供了一个方便的接口，你只需要在其中将参数作为字符串传递即可。`run()` 函数将准备适当的命令列表，该命令列表可以传递给 `subprocess` 模块的 `check_output()` 函数用于捕获输出，并将其从字节解码为字符串：

```
import os
 import subprocess

def run(cmd):
    cmd = ('argocd ' + cmd).split()
    output = subprocess.check_output(cmd)
    return output.decode('utf-8')
```

`login()` 函数调用 `run()`，它首先从环境变量中获取管理员密码，并构造带有所有必要标志的正确的命令字符串，以便你可以以管理员用户的身份登录 Argo CD：

```
def login():
    host = 'localhost:8080'
    password = os.environ['ARGOCD_PASSWORD']
    cmd = f'login {host} --insecure --username admin --password
{password}'
    output = run(cmd)
    print(output)
```

get_apps() 函数接收一个命名空间参数，并在其中返回 Argo CD 应用程序的相关字段。此函数将在 default 命名空间和 staging 命名空间上使用。该函数调用 app list 命令，解析输出，并使用相关信息填充 Python 字典：

```
def get_apps(namespace):
    """ """
    output = run(f'app list -o wide')
    keys = 'name project namespace path repo'.split()
    apps = []
    lines = output.split('\n')
    headers = [h.lower() for h in lines[0].split()]
    for line in lines[1:]:
        items = line.split()
        app = {k: v for k, v in zip(headers, items) if k in keys}
        if app:
            apps.append(app)
    return apps
```

create_project() 函数需要所有必要的信息来创建新的 Argo CD 项目。注意，多个 Argo CD 项目可以共存于同一个 Kubernetes 命名空间中。它还允许访问所有集群资源，这是创建应用程序所必需的。由于我们已经在 Argo CD UI 中创建了该项目，因此无须在该程序中使用它，但是最好先保留它，以防将来需要创建更多项目：

```
def create_project(project, cluster, namespace, description, repo):
    """ """
    cmd = f'proj create {project} --description {description} -d
{cluster},{namespace} -s {repo}'
    output = run(cmd)
    print(output)

    # Add access to resources
    cmd = f'proj allow-cluster-resource {project} "*" "*"'
    output = run(cmd)
    print(output)
```

最后一个通用函数称为 create_app()，它需要创建 Argo CD 应用程序所需的所有必要信息。它假定 Argo CD 在目标集群中运行，因此 --dest-server 始终为 https://kubernetes.default.svc：

```
def create_app(name, project, namespace, repo, path):
    """ """
    cmd = f"""app create {name}-staging --project {project} --dest-server
https://kubernetes.default.svc
```

```
                    --dest-namespace {namespace} --repo {repo} --path {path}"""
    output = run(cmd)
    print(output)
```

copy_apps_from_default_to_staging() 函数使用我们之前声明的一些函数。它从默认命名空间获取所有应用程序，对其进行迭代，并在 staging 项目和 staging 命名空间中创建相同的应用程序：

```
def copy_apps_from_default_to_staging():
    apps = get_apps('default')

    for a in apps:
        create_app(a['name'], 'staging', 'staging', a['repo'], a['path'])
```

main 函数如下：

```
def main():
    login()
    copy_apps_from_default_to_staging()

    apps = get_apps('staging')
    for a in apps:
        print(a)

 if __name__ == '__main__':
    main()
```

现在我们有了两个环境，让我们考虑一些部署的工作流程和提升策略。每当有更改推送，GitHub CircleCI 都会检测到它。如果所有测试都通过，它将为每个服务构建一个新镜像，并将其推送到 Docker Hub。那在部署方面应该做些什么呢？Argo CD 具有同步策略，我们可以将它们配置为在 Docker Hub 上有新镜像时自动同步／部署。例如，一种常见的做法是自动部署到预生产环境，然后只有在通过各种测试（例如，冒烟测试）后才会部署到生产环境。从预生产环境提升到生产环境可以是自动的也可以是手动的。

没有一个适合所有人的答案。即使在同一组织内，对于具有不同需求的项目或服务，也经常采用不同的部署策略。

下面让我们看一些更常见的部署策略以及它们可以支持哪些用例。

11.4 理解部署策略

在 Kubernetes 中部署新版本的服务意味着用 N 个运行 $X + 1$ 版本的 Pod 替换服务的 N 个运行 X 版本的 Pod，即从运行 X 版本的 N 个 Pod，到运行 X 版本的 Pod 变为零，最后到运行 $X + 1$ 版本的 N 个 Pod，有多种部署方法可以实现。Kubernetes 部署支持两种现成的策略：重新创建 Recreate 和滚动更新 RollingUpdate（后者是部署的默认策略）。蓝绿部署和金丝雀部署是另外两种流行的策略。在深入研究各种部署策略以及它们的优缺点之前，了解 Kubernetes 中更新部署的过程很重要。

当且仅当部署约定中的 Pod 模板更改时，才会部署一组新的 Pod。当你更改 Pod 模板的镜像版本或容器的标签时，通常会发生这种情况。请注意，扩展部署（增加或减少其副本数量）不是更新，因此不使用部署策略，所有新添加的 Pod 将使用与当前运行的 Pod 相同版本的镜像。

11.4.1　重新部署

一种简单直接的方法是终止所有运行版本 X 的 Pod，然后创建一个新部署，其中 Pod 模板规约中的镜像版本设置为 $X+1$。这种方法有两个问题：

- ❏ 新的 Pod 上线之前，该服务将不可用。
- ❏ 如果新版本存在问题，则该服务将一直不可用，直到反向操作回滚到原来的状态（暂时忽略错误和数据损坏）。

该部署策略适合于开发阶段，或者你可以接受发生短暂中断的情况，但是你要确保没有同时存在多个版本的混合。短时间中断有时是可以接受的，例如，如果该服务已经将其任务从队列中取出，并且该服务在升级到新版本时短暂关闭不会造成不利影响。另一种情况是，如果你想更改服务的公共 API 或者它的依赖项不能实现向后兼容。在这种情况下，当前的 Pod 必须全部终止，并且必须部署新的 Pod。对于不兼容更改的多阶段部署有一些解决方案，但是在某些情况下，切断连接并支付短时间中断的成本更容易被接受。

要启用此策略，请编辑部署的清单，将策略类型更改为 `Recreate`，然后删除 `rollingUpdate` 部分（仅当类型为 `RollingUpdate` 时才使用）：

```
$ kubectl edit deployment user-manager
 deployment.extensions/user-manager edited

 $ kubectl get deployment user-manager -o yaml | grep strategy -A 1
    strategy:
      type: Recreate
```

对于大多数服务，你希望在升级时能够保持服务连续性和零停机时间，以及在发现问题时可以立即回滚，滚动更新策略可以解决这些情况。

11.4.2　滚动更新

Kubernetes 的默认部署策略就是 `RollingUpdate`（滚动更新）：

```
$ kubectl get deployment social-graph-manager -o yaml | grep strategy -A 4
    strategy:
      rollingUpdate:
        maxSurge: 25%
        maxUnavailable: 25%
      type: RollingUpdate
```

滚动更新的工作方式如下：Pod 的总数（旧的和新的）将是当前副本数加上最大激增 maxSurge 的数量。部署控制器将开始用新的 Pod 替换旧的 Pod，并确保不超过限制。max

Surge 可以是绝对的数字（例如 4）或百分比（例如 25%）。例如，如果部署的副本数为 4，max Surge 为 25%，则可以先添加一个新的 Pod，然后终止一个旧的 Pod。maxUnavailable 是部署期间低于副本数的 Pod 数量。图 11-3 说明了滚动更新的工作方式。

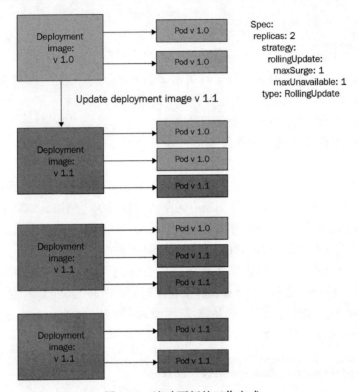

图 11-3　滚动更新的工作方式

当新版本与当前版本兼容时，滚动更新才有意义。准备好处理请求的活动 Pod 的数量保持在你使用 maxSurge 和 maxUnavailable 指定的副本数的合理范围内，然后逐渐将所有旧的 Pod 替换为新的 Pod，整体服务没有中断。

但是，有时你必须立即更换所有 Pod，对于必须保持可用的关键服务，Recreate 策略又不起作用。这就是蓝绿部署可以发挥作用的地方了。

11.4.3　蓝绿部署

蓝绿部署是一种常见的部署模式。它不更新现有部署，而是使用新版本创建一个全新的部署。最初新版本不接收流量，然后，当确认新部署已经启动并运行（甚至可以对其进行运行冒烟测试）时，只需将所有流量从当前版本切换到新版本。如果切换到新版本后遇到任何问题，则可以立即将所有流量切换回以前的部署，该部署仍在运行。如果确信新部署的运行良好，则可以销毁先前的部署。

蓝绿部署的最大优势之一是它们不必在单个 Kubernetes 部署级别上运行，这对于必须同时更新多个交互服务的微服务架构来说至关重要。如果你尝试通过同时更新多个 Kubernetes 部署来做到这一点，那么可能有些服务已经被替换而有些服务却没有（即使你接受了 Recreate 策略的成本）。如果单个服务在部署期间遇到问题，则现在必须回滚所有其他服务。使用蓝绿部署可以免受这些问题的影响，并且可以完全控制何时需要跨所有服务同时切换到新版本。

如何从蓝色（当前版本）切换到绿色（新版本）呢？一个在 Kubernetes 中可以使用的传统方法是在负载均衡器级别执行此操作。大多数需要这种复杂部署策略的系统都具有负载均衡器。使用负载均衡器切换流量时，绿色部署包括一个绿色 Kubernetes 部署和一个绿色 Kubernetes 服务，以及任何其他需要更改的资源，例如密钥和配置映射。如果需要更新多个服务，那么将拥有一组相互引用的绿色资源集合。

如果有像 contour 这样的 ingress 控制器，那么它通常可以用来将流量从蓝色切换到绿色，或者再切换为绿色。

图 11-4 说明了蓝绿部署的工作方式。

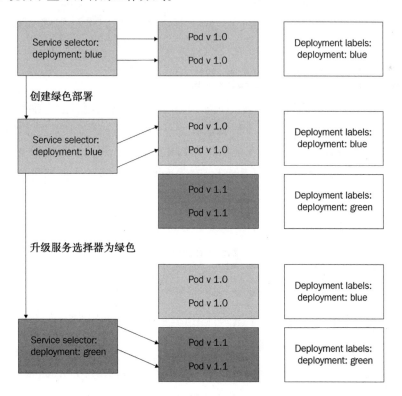

图 11-4 蓝绿部署的工作方式

让我们为链接管理器服务进行一次单个服务的蓝绿部署。我们将起点称为蓝色，并且希望在不中断服务的情况下部署绿色版本的链接管理器。以下是我们的实施计划步骤：

1）添加 deployment：blue 标签到当前的 link-manager 部署中。

2）更新 link-manager 服务选择器以匹配 deployment：blue 标签。

3）实现新版本的 LinkManager，该版本以 [green] 字符串为每个链接的描述添加前缀。

4）添加 deployment：green 标签到部署的 Pod 模板规约中。

5）修改版本号。

6）让 CircleCI 创建一个新版本。

7）将新版本部署为名为 green-link-manager 的单独部署。

8）更新 link-manager 服务选择器以匹配 deployment：green 标签。

9）验证从服务返回的链接的描述，包括 [green] 前缀。

这听起来可能很复杂，但是就像许多 CI/CD 流程一样，一旦建立了模式，就可以围绕它自动化并构建工具，无须人工参与即可执行复杂的工作流程，或在关键时刻（例如，在真正部署到生产环境之前）进行人工审查和批准。让我们详细介绍一下这些步骤。

1. 添加 deployment:blue 标签

除了现有的 svc：link 和 app：manager 标签外，我们可以编辑部署并手动添加 deployment：blue 标签：

```
$ kubectl edit deployment link-manager
deployment.extensions/link-manager edited
```

因为我们更改了标签，所以将触发 Pod 的重新部署。让我们验证新的 Pod 是否具有 deployment:blue 标签。下面是一个非常有意思的 kubectl 命令，它使用自定义列显示与 svc=link 和 app=manager 匹配的所有 Pod 的名称、部署标签和 IP 地址。

如你所见，所有三个 Pod 都具有 deployment:blue 标签，正如预期的那样：

```
$ kubectl get po -l svc=link,app=manager
  -o custom
columns="NAME:.metadata.name,DEPLOYMENT:.metadata.labels.deployment,IP:.sta
tus.podIP"
NAME                             DEPLOYMENT IP
link-manager-65d4998d47-chxpj    blue        172.17.0.37
link-manager-65d4998d47-jwt7x    blue        172.17.0.36
link-manager-65d4998d47-rlfhb    blue        172.17.0.35
```

我们还可以验证 IP 地址是否与 link-manager 服务的端点匹配：

```
$ kubectl get ep link-manager
 NAME ENDPOINTS AGE
 link-manager 172.17.0.35:8080,172.17.0.36:8080,172.17.0.37:8080 21d
```

现在，Pod 已标记为 blue 标签，接下来我们需要更新服务。

2. 更新 link-manager 服务以仅匹配蓝色 Pod

你可能还记得，该服务将与任何带有 svc：link 和 app：manager 标签的 Pod 进行匹配：

```
$ kubectl get svc link-manager -o custom-columns=SELECTOR:.spec.selector
SELECTOR
map[app:manager svc:link]
```

添加 `deployment:blue` 标签并不会干扰上述匹配。但是，在准备绿色部署时，我们应确保该服务仅与当前蓝色部署的 Pod 匹配。

让我们在服务的 `selector` 中添加 `deployment: blue` 标签：

```
selector: app: manager svc: link deployment: blue
```

我们可以使用以下命令来验证它是否有效：

```
$ kubectl get svc link-manager -o custom-columns=SELECTOR:.spec.selector
SELECTOR
map[app:manager deployment:blue svc:link]
```

在切换到绿色版本之前，让我们对代码进行更改以明确标识它是另一个版本。

3. 在每个链接的描述前面加上 [green]

让我们在链接服务的传输层中进行此操作。

我们的目标文件是 https://github.com/the-gigi/delinkcious/blob/master/svc/link_service/service/transport.go#L26。

代码变更很小，在 `newLink()` 函数中，我们将在描述前面加上 `[green]` 字符串：

```
func newLink(source om.Link) link {
return link{
Url: source.Url,
Title: source.Title,
Description: "[green] " + source.Description,
Status: source.Status,
Tags: source.Tags,
CreatedAt: source.CreatedAt.Format(time.RFC3339),
UpdatedAt: source.UpdatedAt.Format(time.RFC3339), } }
```

为了部署新的绿色版本，我们需要创建一个新镜像，这需要增加 Delinkcious 版本号。

4. 增加版本号

Delinkcious 版本在 `[build.sh]` 文件中维护，该文件位于 https://github.com/the-gigi/delinkcious/blob/master/build.sh#L6，可从该文件中调用 CircleCI `[.circleci/config.yml]` 文件（https://github.com/the-gigi/delinkcious/blob/master/.circleci/config.yml#L2 8）。

`STABLE_TAG` 变量控制着版本号。当前版本是 `0.3`，让我们将其增加到 `0.4`：

```
#!/bin/bash
set -eo pipefail
IMAGE_PREFIX='g1g1' STABLE_TAG='0.4'
TAG="{CIRCLE_BUILD_NUM}" ...
```

增加了版本号，下面我们准备让 CircleCI 构建新镜像。

5. 使用 CircleCI 构建新镜像

多亏有 GitOps 和 CircleCI 自动化，这一步仅涉及将我们的更改推送到 GitHub。CircleCI 检测到更改、构建新代码、创建新的 Docker 镜像，并将其推送到 Docker Hub 镜像仓库，如图 11-5 所示。

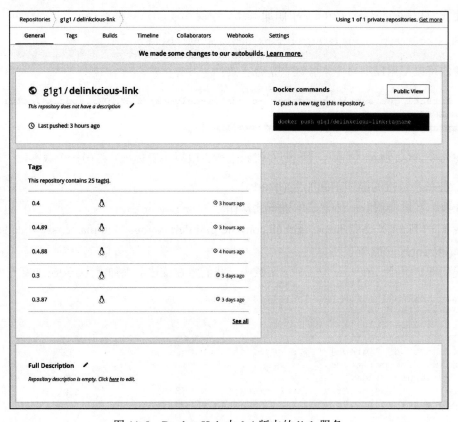

图 11-5　Docker Hub 中 0.4 版本的 link 服务

现在已经构建了新镜像并将其推送到 Docker Hub 镜像仓库中，我们可以将其作为绿色版本部署到集群中。

6. 部署新（绿色）版本

在 Docker Hub 上有了新的 `delinkcious-link:0.4` 镜像，让我们将其部署到集群中。我们希望新部署与当前（蓝色）部署 `link-manager` 同时存在。创建一个名为 `green-link-manager` 的新部署，它与蓝色部署的区别如下：

❑ 部署名称为 `green-link-manager`。

❑ Pod 模板中的规约有 `deployment: green` 标签。

❑ 镜像的版本是 `0.4`。

```
apiVersion: apps/v1
kind: Deployment
metadata:
  name: green-link-manager
  labels:
    svc: link
    app: manager
    deployment: green
spec:
  replicas: 3
  selector:
    matchLabels:
      svc: link
      app: manager
      deployment: green
  template:
    metadata:
      labels:
        svc: link
        app: manager
        deployment: green
    spec:
      serviceAccount: link-manager
      containers:
      - name: link-manager
        image: g1g1/delinkcious-link:0.4
        imagePullPolicy: Always
        ports:
        - containerPort: 8080
        envFrom:
        - configMapRef:
            name: link-manager-config
        volumeMounts:
        - name: mutual-auth
          mountPath: /etc/delinkcious
                readOnly: true
            volumes:
            - name: mutual-auth
              secret:
                secretName: link-mutual-auth
```

接下来让我们进行部署：

```
$ kubectl apply -f green_link_manager.yaml
deployment.apps/green-link-manager created
```

在更新服务使用绿色部署之前，先查看一下集群中 Pod 的运行情况。如你所见，蓝色
部署和绿色部署都在运行：

```
$ kubectl get po -l svc=link,app=manager -o custom-
columns="NAME:.metadata.name,DEPLOYMENT:.metadata.labels.deployment"
NAME                                    DEPLOYMENT
green-link-manager-5874c6cd4f-2ldfn     green
green-link-manager-5874c6cd4f-mvm5v     green
green-link-manager-5874c6cd4f-vcj9s     green
```

```
link-manager-65d4998d47-chxpj          blue
link-manager-65d4998d47-jwt7x          blue
link-manager-65d4998d47-rlfhb          blue
```

7. 更新 link-manager 服务以使用绿色部署

首先，确保该服务仍在使用蓝色部署。当获得链接描述时，不应该看到有任何 [green] 前缀：

```
$ http "${DELINKCIOUS_URL}/v1.0/links" "Access-Token:
${DELINKCIOUS_TOKEN}"'
HTTP/1.0 200 OK
Content-Length: 214
Content-Type: application/json
Date: Tue, 30 Apr 2019 06:02:03 GMT
Server: Werkzeug/0.14.1 Python/3.7.2

{
    "err": "",
    "links": [
        {
            "CreatedAt": "2019-04-30T06:01:47Z",
            "Description": "nothing to see here...",
            "Status": "invalid",
            "Tags": null,
            "Title": "gg",
            "UpdatedAt": "2019-04-30T06:01:47Z",
            "Url": "http://gg.com"
        }
    ]
}
```

此处的描述为"nothing to see here..."。这次，我们将替换 kubectl edit 交互式编辑，改为使用 kubectl patch 命令应用补丁将部署标签从 blue 切换为 green。下面是我们要使用的补丁文件 green-patch.yaml：

```
spec:
  selector:
    deployment: green
```

应用这个补丁：

```
$ kubectl patch service/link-manager --patch "$(cat green-patch.yaml)"
 service/link-manager patched
```

最后一步是验证服务目前使用的是绿色部署。

8. 验证服务使用绿色 Pod

从服务中的选择器开始，进行如下操作：

```
$ kubectl get svc link-manager -o jsonpath="{.spec.selector.deployment}"
 green
```

好的，选择器结果为绿色。再次获取链接信息，看看 [green] 前缀是否显示：

```
$ http "${DELINKCIOUS_URL}/v1.0/links" "Access-Token:
${DELINKCIOUS_TOKEN}"'

HTTP/1.0 200 OK
Content-Length: 221
Content-Type: application/json
Date: Tue, 30 Apr 2019 06:19:43 GMT
Server: Werkzeug/0.14.1 Python/3.7.2

{
 "err": "",
 "links": [
 {
 "CreatedAt": "2019-04-30T06:01:47Z",
 "Description": "[green] nothing to see here...",
 "Status": "invalid",
 "Tags": null,
 "Title": "gg",
 "UpdatedAt": "2019-04-30T06:01:47Z",
 "Url": "http://gg.com"
 }
 ]
 }
```

现在的描述为"[green] nothing to see here..."。

接下来，我们可以删除蓝色部署，让服务继续使用绿色部署运行：

```
$ kubectl delete deployment link-manager
 deployment.extensions "link-manager" deleted


$ kubectl get po -l svc=link,app=manager
NAME                                    READY   STATUS    RESTARTS   AGE
green-link-manager-5874c6cd4f-2ldfn     1/1     Running   5          1h
green-link-manager-5874c6cd4f-mvm5v     1/1     Running   5          1h
green-link-manager-5874c6cd4f-vcj9s     1/1     Running   5          1h
```

至此，我们在 Delinkcious 上成功执行了蓝绿部署。下面再讨论最后一种模式，即金丝雀部署。

11.4.4　金丝雀部署

金丝雀部署是另一种复杂的部署模式，考虑到了具有大量用户的大型分布式系统的情况。你想引入该服务的新版本，并且已尽力测试了新的更改，但是生产系统过于复杂，无法在预生产环境中完全模仿，不能确定新版本不会引起一些问题。这时候应当使用金丝雀部署，其思想是必须在生产环境中对某些更改进行测试，然后才能合理地确定它们可以按预期进行。金丝雀部署模式可以在新版本出现问题时限制可能造成的损害范围。

Kubernetes 上的金丝雀部署可以在大多数 Pod 上运行当前版本，而只有少数使用新版本的 Pod 运行。大多数请求将由当前版本处理，只有一小部分将由新版本处理。

这里假设使用轮询的负载均衡算法（默认设置），或者任何其他能在所有 Pod 中均匀分配请求的算法。

图 11-6 说明了金丝雀部署的情形。

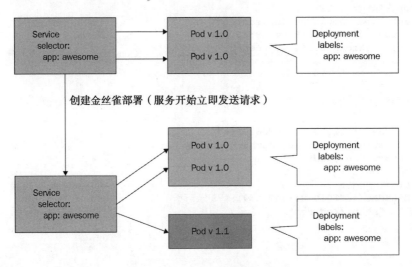

图 11-6　金丝雀部署的工作方式

注意，金丝雀部署要求当前版本和新版本可以共存。例如，如果更改涉及模式更改，然后当前版本与新版本不兼容，那么金丝雀部署将无法正常工作。

金丝雀部署的好处是，它可以使用现有的 Kubernetes 对象工作，并且可以由运维人员从外部进行配置，无须自定义代码或在集群中安装其他组件。但是，基础金丝雀部署有几个限制：

❑ 粒度为 K/N（极端的情况是单例，其中 $N=1$）。

❑ 无法控制对同一服务的不同请求的不同百分比（例如，仅对读请求的金丝雀部署）。

❑ 无法控制对同一用户的所有请求（使用相同版本）。

在某些情况下，这些限制过于严格，需要更换其他解决方案。复杂的金丝雀部署通常会利用应用程序级别的能力，可以通过 ingress 对象、服务网格或专用的应用程序级流量整形器来完成，我们将在第 13 章中介绍一个示例。

现在是时候手动进行链接服务的金丝雀部署了。

1. 为 Delinkcious 使用金丝雀部署

创建金丝雀部署与蓝绿部署非常相似。link-manager 服务目前正在使用绿色部署，这意味着它具有一个 deployment: green 标签选择器。金丝雀一般是黄色的，因此我们将创建一个代码为黄色新版本，并在链接描述前添加 [yellow] 前缀。我们的目标是将 10% 的请求发送到新版本，为了实现这一目标，我们先将当前版本部署扩展到 9 个副本，并创建包含 1 个 Pod 的新版本部署。这里有一个金丝雀部署的小技巧，它将从服务选择器中删除部署标签，这意味着它将选择两类 Pod，即带有 deployment: green 或者 deployment: yellow 标签的 Pod。也可以从部署中删除标签（不会基于此标签进行选择），但是最好将它们保留为元数据，以防未来会进行另一个蓝绿部署。

以下是我们的实施计划步骤：

1）构建新版本的代码。

2）创建一个副本数为 1 的新版本部署，标记为 deployment: yellow。

3）将当前的绿色部署扩展到 9 个副本。

4）更新服务以选择标签 svc: link 和 app: manager（忽略 deployment: <color>）。

5）针对该服务执行多次查询，并验证金丝雀部署所服务的请求比率是否为 10%。

代码更改很简单，只需要将 [green] 替换为 [yellow] 即可：

```go
func newLink(source om.Link) link {
    return link{
        Url:          source.Url,
        Title:        source.Title,
        Description: "[green] " + source.Description,
        Status:       source.Status,
        Tags:         source.Tags,
        CreatedAt:    source.CreatedAt.Format(time.RFC3339),
        UpdatedAt:    source.UpdatedAt.Format(time.RFC3339),
    }
}
```

然后，需要将 build.sh 中的版本从 0.4 增加到 0.5：

```bash
#!/bin/bash

set -eo pipefail

IMAGE_PREFIX='g1g1'
STABLE_TAG='0.4'

TAG="${STABLE_TAG}.${CIRCLE_BUILD_NUM}"
...
```

一旦将代码推送到 GitHub，CircleCI 就会构建并推送一个新镜像到 DockerHub：g1g1/delinkcious-link:0.5。

此时，可以使用新的 0.5 版本、单个副本和更新的标签创建部署 yellow_link_manager.yaml：

```yaml
---
apiVersion: apps/v1
kind: Deployment
metadata:
  name: yellow-link-manager
  labels:
    svc: link
    app: manager
```

```
      deployment: yellow
spec:
  replicas: 1
  selector:
    matchLabels:
      svc: link
      app: manager
      deployment: yellow
  template:
    metadata:
      labels:
        svc: link
        app: manager
        deployment: yellow
    spec:
      serviceAccount: link-manager
      containers:
      - name: link-manager
        image: g1g1/delinkcious-link:0.5
        imagePullPolicy: Always
        ports:
        - containerPort: 8080
        envFrom:
        - configMapRef:
            name: link-manager-config
        volumeMounts:
        - name: mutual-auth
          mountPath: /etc/delinkcious
          readOnly: true
      volumes:
      - name: mutual-auth
        secret:
          secretName: link-mutual-auth
```

下一步就是进行金丝雀部署：

```
$ kubectl apply -f yellow_link_manager.yaml
 deployment.apps/yellow-link-manager created
```

在将服务更改为包括金丝雀部署之前，首先将绿色部署扩展到 9 个副本，以便一旦激活金丝雀即可接收 90% 的流量：

```
$ kubectl scale --replicas=9 deployment/green-link-manager
deployment.extensions/green-link-manager scaled
```

```
$ kubectl get po -l svc=link,app=manager
NAME                                      READY   STATUS     RESTARTS   AGE
green-link-manager-5874c6cd4f-2ldfn       1/1     Running    10         15h
green-link-manager-5874c6cd4f-9csxz       1/1     Running    0          52s
green-link-manager-5874c6cd4f-c5rqn       1/1     Running    0          52s
green-link-manager-5874c6cd4f-mvm5v       1/1     Running    10         15h
green-link-manager-5874c6cd4f-qn4zj       1/1     Running    0          52s
green-link-manager-5874c6cd4f-r2jxf       1/1     Running    0          52s
green-link-manager-5874c6cd4f-rtwsj       1/1     Running    0          52s
green-link-manager-5874c6cd4f-sw27r       1/1     Running    0          52s
green-link-manager-5874c6cd4f-vcj9s       1/1     Running    10         15h
yellow-link-manager-67847d6b85-n97b5      1/1     Running    4          6m20s
```

现在有 9 个绿色的 Pod 和 1 个黄色的（金丝雀）Pod 在运行。更新该服务仅基于 `svc:link` 和 `app: manager` 标签进行选择，这将使服务包括所有 10 个 Pod，为此我们需要删除 `deployment: green` 标签。

以前使用的 YAML 补丁文件方法在这里不起作用，因为它只能添加或更新标签。这次将使用 JSON 补丁，其内容包括删除操作和在选择器中指定部署键的路径。

请注意，在应用补丁之前，选择器具有 `deployment: green` 标签，而在应用补丁之后，仅保留了 `svc: link` 和 `app: manager` 标签：

```
$ kubectl get svc link-manager -o custom-
columns=NAME:.metadata.name,SELECTOR:.spec.selector
NAME            SELECTOR
link-manager    map[app:manager deployment:green svc:link]


$ kubectl patch svc link-manager --type=json -p='[{"op": "remove", "path":
"/spec/selector/deployment"}]'
service/link-manager patched

$ kubectl get svc link-manager -o custom-
columns=NAME:.metadata.name,SELECTOR:.spec.selector
NAME            SELECTOR
link-manager    map[app:manager svc:link]
```

我们将向 Delinkcious 发送 30 个 GET 请求并查看描述：

```
$ for i in {1..30}
> do
>   http "${DELINKCIOUS_URL}/v1.0/links" "Access-Token:
${DELINKCIOUS_TOKEN}" | jq .links[0].Description
> done

"[green] nothing to see here..."
"[yellow] nothing to see here..."
"[green] nothing to see here..."
"[green] nothing to see here..."
"[green] nothing to see here..."
"[green] nothing to see here..."
"[green] nothing to see here..."
"[green] nothing to see here..."
"[green] nothing to see here..."
"[yellow] nothing to see here..."
"[green] nothing to see here..."
"[green] nothing to see here..."
"[green] nothing to see here..."
"[green] nothing to see here..."
"[yellow] nothing to see here..."
"[green] nothing to see here..."
"[yellow] nothing to see here..."
"[yellow] nothing to see here..."
"[green] nothing to see here..."
"[green] nothing to see here..."
"[green] nothing to see here..."
```

```
"[green] nothing to see here..."
"[yellow] nothing to see here..."
"[green] nothing to see here..."
"[green] nothing to see here..."
"[green] nothing to see here..."
"[green] nothing to see here..."
"[green] nothing to see here..."
"[green] nothing to see here..."
```

有趣的是，结果中有 24 个绿色响应和 6 个黄色响应，黄色响应比预期的要高得多（平均三个）。再次运行几次测试，第二轮又得到 6 个黄色响应，第三轮得到 1 个黄色响应。这些测试都是在 Minikube 上运行的，负载均衡可能有点特殊，不过验证金丝雀部署还算成功。

2. 使用金丝雀部署进行 A/B 测试

金丝雀部署也可以用于支持 A/B 测试。只要有足够的 Pod 来处理负载，就可以部署任意数量的版本。每个版本都可以包含用于记录相关数据的特殊代码，然后你可以从中获得一些见解，并将用户行为与特定版本关联起来。这是可能的，但是你可能需要构建大量工具和约定以使其可用。如果 A/B 测试是设计工作流程的重要组成部分，建议使用已有的 A/B 测试解决方案，不要重复造轮子。

接下来，让我们考虑一下当出现问题并且需要尽快回滚到正常工作状态时该怎么办。

11.5　回滚部署

在部署之后如果生产环境中出现了问题，最佳实践的响应是回滚所做的更改，并返回到已知可以正常工作的最后一个版本。具体的解决方法取决于你采用的部署模式，让我们依次进行介绍。

11.5.1　回滚标准部署

Kubernetes 部署会保留部署的历史记录。例如，如果编辑用户管理器部署并将镜像版本设置为 0.5，则可以看到当前有两个修订版本：

```
$ kubectl get po -l svc=user,app=manager -o
jsonpath="{.items[0].spec.containers[0].image}"
g1g1/delinkcious-user:0.5

$ kubectl rollout history deployment user-manager
deployment.extensions/user-manager
REVISION    CHANGE-CAUSE
1           <none>
2           <none>
```

默认情况下 CHANGE-CAUSE 列是不记录的。让我们进行另一个更改将版本设置为 0.4，但这次使用 --record=true 标志：

```
$ kubectl edit deployment user-manager --record=true
deployment.extensions/user-manager edited

$ kubectl rollout history deployment user-manager
deployment.extensions/user-manager
REVISION   CHANGE-CAUSE
1          <none>
2          <none>
3          kubectl edit deployment user-manager --record=true
```

再让我们回滚到原始的 0.3 版本，那将是修订版 1。可以通过在特定修订版上使用 `rollout history` 命令来查看此内容：

```
$ kubectl rollout history deployment user-manager --revision=1
deployment.extensions/user-manager with revision #1
Pod Template:
  Labels:       app=manager
    pod-template-hash=6fb9878576
    svc=user
  Containers:
   user-manager:
    Image:      g1g1/delinkcious-user:0.3
    Port:       7070/TCP
    Host Port:      0/TCP
    Limits:
      cpu:      250m
      memory:       64Mi
    Requests:
      cpu:      250m
      memory:       64Mi
    Environment Variables from:
      user-manager-config     ConfigMap     Optional: false
    Environment:      <none>
    Mounts:       <none>
  Volumes:        <none>
```

如你所见，修订版 1 的镜像版本为 0.3。回滚部署的命令如下：

```
$ kubectl rollout undo deployment user-manager --to-revision=1
 deployment.extensions/user-manager rolled back

$ kubectl get deployment user-manager -o
jsonpath="{.spec.template.spec.containers[0].image}"
 g1g1/delinkcious-user:0.3
```

回滚将使用与滚动更新相同的机制，逐渐替换 Pod，直到所有正在运行的 Pod 都具有正确的版本。

11.5.2　回滚蓝绿部署

Kubernetes 并不直接支持蓝绿部署。从绿色切换为蓝色（假设蓝色部署的 Pod 仍在运行）非常简单，你只需更改服务选择器，然后将其设置为 `deployment: blue`（而不是

deployment: green)。从蓝色到绿色的即时转换（反之亦然）是蓝绿部署模式的初衷，因此回滚如此简单也就不足为奇了。一旦切换回蓝色部署后，就可以删除绿色部署并找出问题所在。

11.5.3 回滚金丝雀部署

金丝雀部署的回滚可以说更加容易。大多数 Pod 都运行了经过验证的真实版本，金丝雀部署的 Pod 只处理少量请求。如果你发现金丝雀部署有问题，只需删除该部署，你的主要部署将继续处理传入的请求。如有必要（例如，你的金丝雀部署提供了少量但可观的流量），则可以扩展主要部署以弥补金丝雀部署 Pod 的缺失。

11.5.4 回滚模式、API 或负载的更改

你选择的部署策略通常取决于新版本引入的更改的性质。例如，如果你的更改涉及重大的数据库模式更改，例如将表 A 分为两个表 B 和 C，那么你就不能简单地部署从 B 和 C 读取 / 写入的新版本。数据库需要首先被迁移。但是，如果更改遇到问题并想回滚到以前的版本，那么你将遇到同样的问题。你的旧版本将尝试读取 / 写入表 A，但是该表已不存在。如果你更改某些网络协议上的配置文件或有效负载的格式，也可能会发生相同的问题。如果不进行协调，API 的更改可能会破坏客户端。

解决这些兼容性问题的方法是在多个部署中执行那些更改，其中每个部署都与先前的部署完全兼容，这需要一些计划和工作。考虑将表 A 分为表 B 和表 C 的情况，假设现在使用的是 1.0 版，最终要使用 2.0 版。

我们的第一个更改将被标记为 1.1 版，它将执行以下操作：

❏ 创建表 B 和表 C（但保留表 A）。

❏ 更改代码写入表 B 和表 C。

❏ 更改代码以从 A、B 和 C 读取并合并结果（旧数据来自 A，新数据来自 B 和 C）。

❏ 如果需要删除数据，则仅将其做标记删除。

我们部署 1.1 版，如果发现有问题就回滚到 1.0 版。所有的旧数据仍在表 A 中，该表与 1.0 版完全兼容。我们可能丢失或破坏了表 B 和表 C 中的少量数据，但这是没有及早进行测试而付出的代价。1.1 版可能是金丝雀部署，因此仅丢失了少量请求。

然后，我们发现问题，加以解决并部署 1.2 版，这与 1.1 版向表 B 和表 C 的写入但从表 A、表 B 和表 C 读取的方式类似，并且也不会从表 A 删除数据。

我们需要观察一段时间，直到确信 1.2 版将按预期运行。

下一步是迁移数据。我们将表 A 中的数据写入表 B 和表 C。活动部署版本 1.2 将继续从表 B 和表 C 读取数据，并且仅合并来自表 A 的数据。我们仍将所有旧数据保留在表 A 中，直到完成所有代码更改为止。

此时，所有数据都在表 B 和表 C 中。我们部署版本 1.3，该版本将忽略表 A 并完全对

表 B 和表 C 起作用。

我们会再次观察，如果 1.3（或者 1.4、1.5）遇到任何问题，则可以回到 1.2 版。但是，在某个时候，代码将按预期工作，然后我们可以将最终版本重命名或重新标记为 2.0，或者其他新版本。

最后一步是删除表 A。

这可能是一个缓慢的过程，需要在部署新版本时运行大量测试，但是当你进行可能会破坏数据的危险更改时，这是必需的。

当然，你需要在开始之前备份数据，但是对于高吞吐量的系统，即使是糟糕的升级过程中的短暂中断，代价也可能是非常昂贵的。

最重要的是，包含模式更改的更新非常复杂。管理它的方法是执行多阶段升级，其中每个阶段都与上一个阶段兼容。仅当你证明当前阶段可以正常工作时，才可以继续前进。每个微服务拥有自己的数据存储的好处在于，至少数据库模式更改被限制在单个服务中，并且不需要跨多个服务进行协调。

11.6 管理版本和依赖

管理版本是一个棘手的话题。在基于微服务的架构中，微服务可能具有许多依赖关系，以及许多内部和外部的客户端。资源版本控制有几种类别，它们都需要不同的管理策略和版本控制方案。

11.6.1 管理公有 API 接口

公有 API 是在集群外部使用的网络 API，通常由大量用户或开发人员使用，他们可能与你的组织没有正式关系。公有 API 可能需要身份验证，但有时可能是匿名的。公有 API 的版本控制方案通常仅涉及主要版本，例如 V1、V2 等。Kubernetes API 是这种版本控制方案的一个很好的例子，尽管它也具有 API 组的概念并使用 alpha 和 beta 限定符，这么做是迎合开发人员的需求。

到目前为止，Delinkcious 有一个使用 `<major>.<minor>` 版本控制方案的公有 API：

```
api = Api(app)
resource_map = (
    (Link, '/v1.0/links'),
    (Followers, '/v1.0/followers'),
    (Following, '/v1.0/following'),
)
```

对于我们示例来说，仅使用主要版本就足够了，让我们对其进行更改（当然还包括所有受影响的测试）：

```
api = Api(app)
resource_map = (
```

```
    (Link, '/v1/links'),
    (Followers, '/v1/followers'),
    (Following, '/v1/following'),
)
```

注意，即使在本书中进行了很多重大的更改，我们仍保持相同的版本。因为到目前为止我们还没有外部用户，因此可以自由更改公有 API。但是，一旦我们正式发布了应用程序，如果在不更改 API 版本的情况下进行了重大更改，则需要考虑给用户带来的负担。这其实是一个非常糟糕的反模式。

11.6.2　管理跨服务依赖

跨服务依赖性作为内部 API 通常具有良好的定义和文档。但是，对实现或契约的细微更改可能会严重影响其他服务。例如，如果我们更改 object_model/types.go 中的结构体，则可能需要修改许多代码。在经过良好测试的单体仓库中，这不是什么问题，因为进行更改的开发人员可以确保所有相关的使用者和测试都已更新。但是，许多系统是通过多仓库构建的，因此识别所有使用者可能是一项挑战。在这种情况下，很多重大更改带来的问题只有在部署后才能发现。

Delinkcious 是一个单体仓库，实际上它的端点 URL 中根本没有使用任何版本控制方案。下面是社交图谱管理器的 API：

```
r := mux.NewRouter()
r.Methods("POST").Path("/follow").Handler(followHandler)
r.Methods("POST").Path("/unfollow").Handler(unfollowHandler)
r.Methods("GET").Path("/following/{username}").Handler(getFollowingHandler)

r.Methods("GET").Path("/followers/{username}").Handler(getFollowersHandler)
```

如果你不打算运行同一服务的多个版本，则可以采用这种方法。在大型系统中，这不是一种可扩展的方法，总会有一些用户不希望立即升级到最新版本。

11.6.3　管理第三方依赖

系统通常存在三种第三方依赖：

❑ 构建软件需要的库和包（如第 2 章中所述）。

❑ 代码通过 API 访问的第三方服务。

❑ 用于维护和运行系统的服务。

例如，如果你在云中运行系统，那么云提供商就是一个很大的依赖项（Kubernetes 可以帮助降低风险）。另一个很好的例子是使用第三方服务作为 CI/CD 解决方案。

选择第三方依赖项时，你放弃了某些（或很多）控制权。你应始终考虑当第三方依赖项突然变得不可用或不可接受时，会发生什么情况，出现这种情况的原因有很多：

❑ 开源项目被放弃或失去动力。

❑ 第三方服务提供商关闭。

❑ 类库有太多安全漏洞。

❑ 服务有太多宕机。

假设你对依赖项已经做出了自己的选择，那么考虑以下两种情况：

❑ 升级新版本的库。

❑ 升级第三方服务的新 API 版本。

每次此类升级都需要对系统中使用这些依赖项的所有组件（库或服务）进行相应的升级。通常，这些升级不应修改任何服务的 API，也不应该修改库的公共接口。它们可能会更改你的服务的配置文件（当然我们希望它能做得更好，例如消耗更少的内存、具有更高的性能等）。

升级服务很简单，你只需部署依赖于新的第三方依赖项的服务的新版本即可。第三方库的更改可能会涉及更多，你需要确定所有依赖于该第三方库的库，然后升级你的库并确定使用其中任何一个库（现在已升级）的服务，然后也升级这些服务。

强烈建议对库和包使用语义版本控制。

11.6.4　管理基础设施和工具链

基础设施和工具链也必须仔细管理，甚至进行版本控制。在大型系统中，CI/CD 流水线通常会调用各种脚本来自动执行重要任务，例如迁移数据库、预处理数据和供应云资源等，而这些内部工具可能会发生巨大变化。在基于容器的系统中，另一个重要类别是基础镜像的版本。代码方法的基础设施与 GitOps 方法都提倡版本控制，并利用源代码控制系统（Git）进行管理。

到目前为止，我们已经讨论了许多有关实际部署以及如何安全可靠地发展和升级大型系统的困难之处。让我们将目光再聚焦到开发人员身上，他们有很多完全不同的要求和关注点，需要在集群中可以快速地编辑 - 测试 - 调试。

11.7　本地开发部署

开发人员希望能够快速迭代。当对代码做出一些更改时，我希望尽快地运行测试，如果出现问题也能尽快修复。我们已经看到了单元测试的效果，但是，当系统使用微服务架构打包容器并部署到 Kubernetes 集群时还不够。要真正评估变更的影响，通常必须构建一个镜像（其中可能包括更新 Kubernetes 清单，例如部署、密钥和 ConfigMap）并将其部署到集群中。针对 Minikube 在本地进行开发非常棒，但是即使部署到本地 Minikube 集群也需要花费时间和精力。在第 10 章中，我们使用 Telepresence 对交互式调试取得了很好的效果。但是，Telepresence 存在其自身的缺点，它并不总是这项工作的最佳工具。在下面的几个小节中，我们将介绍其他几种在某些情况下可能是更好的备选方案。

11.7.1 Ko

Ko（https://github.com/google/ko）是一个非常有趣的特定于 Go 的工具，其目标是简化和隐藏构建镜像的过程。Ko 的想法是，在 Kubernetes 部署中，将镜像仓库中的镜像路径替换为 Go 导入路径。Ko 将读取此导入路径、构建 Docker 镜像、将其发布到镜像仓库（如果使用 Minikube，则是发布到本地），然后将其部署到集群。Ko 提供了指定基础镜像并将静态数据包括在生成的镜像中的方法。

让我们先试一试，你可以通过标准的 `go get` 命令安装 Ko：

```
go get github.com/google/ko/cmd/ko
```

Ko 要求你在 `GOPATH` 路径中工作。由于种种原因，我通常不使用 `GOPATH`（Delinkcious 使用不要求 `GOPATH` 的 Go 模块）。为了采用 Ko，可以使用以下代码：

```
$ export GOPATH=~/go
$ mkdir -p ~/go/src/github.com/the-gigi
$ cd ~/go/src/github.com/the-gigi
$ ln -s ~/git/delinkcious delinkcious
$ cd delinkcious
$ go get -d ./...
```

在这里，复制 GO 期望的 `GOPATH` 下的目录结构，包括将 GitHub 上的路径复制到 Delinkcious。然后，使用 `go get -d ./...` 递归地获得了 Delinkcious 的所有依赖项。

最后的准备步骤是将 Ko 设置为本地开发。Ko 构建镜像时，我们不应将其推送到 Docker Hub 或任何远程镜像仓库。我们想要一个快速的本地开发周期，Ko 可让你以多种方式执行此操作，一个最简单的方法如下：

```
export KO_DOCKER_REPO=ko.local
```

其他方式包括配置文件或在运行 Ko 时传递 `-L` 标志。

现在，我们可以继续使用 Ko。下面是 `ko-link-manager.yaml` 文件，其中镜像被替换为链接管理器服务的 Go 导入路径（github.com/thegigi/delinkcious/svc/link_service）。注意，我将 `imagePullPolicy` 策略从 `Always` 更改为 `IfNotPresent`。

`Always` 策略是安全并且生产就绪的策略，但是在本地工作时，它将忽略本地 Ko 镜像，而是从 Docker Hub 中拉取：

```
---
apiVersion: apps/v1
kind: Deployment
metadata:
  name: ko-link-manager
  labels:
    svc: link
    app: manager
spec:
  replicas: 1
  selector:
```

```
    matchLabels:
      svc: link
      app: manager
  template:
    metadata:
      labels:
        svc: link
        app: manager
    spec:
      serviceAccount: link-manager
      containers:
      - name: link-manager
        image: "github.com/the-gigi/delinkcious/svc/link_service"
        imagePullPolicy: IfNotPresent
        ports:
        - containerPort: 8080
        envFrom:
        - configMapRef:
            name: link-manager-config
        volumeMounts:
        - name: mutual-auth
          mountPath: /etc/delinkcious
          readOnly: true
      volumes:
      - name: mutual-auth
        secret:
          secretName: link-mutual-auth
```

下一步是在此修改后的部署清单上运行 Ko：

```
$ ko apply -f ko_link_manager.yaml
 2019/05/01 14:29:31 Building github.com/the-
gigi/delinkcious/svc/link_service
 2019/05/01 14:29:34 Using base gcr.io/distroless/static:latest for
github.com/the-gigi/delinkcious/svc/link_service
 2019/05/01 14:29:34 No matching credentials were found, falling back on
anonymous
 2019/05/01 14:29:36 Loading
ko.local/link_service-1819ff5de960487aed3f9074cd43cc03:1c862ed08cf571c6a82a
3e4a1eb2d79dbe122fc4901e73f88b51f0731d4cd565
 2019/05/01 14:29:38 Loaded
ko.local/link_service-1819ff5de960487aed3f9074cd43cc03:1c862ed08cf571c6a82a
3e4a1eb2d79dbe122fc4901e73f88b51f0731d4cd565
 2019/05/01 14:29:38 Adding tag latest
 2019/05/01 14:29:38 Added tag latest
deployment.apps/ko-link-manager configured
```

为了测试部署效果，让我们运行冒烟测试：

```
$ go run smoke.go
2019/05/01 14:35:59 ======= Links =======
2019/05/01 14:35:59 ===== Add Link ======
2019/05/01 14:35:59 Adding new link - title: 'Gigi on Github', url:
'https://github.com/the-gigi'
2019/05/01 14:36:00 ======= Links =======
2019/05/01 14:36:00 title: 'Gigi on Github', url:
```

```
'https://github.com/the-gigi', status: 'pending', description: '[yellow] '
 2019/05/01 14:36:04 ======= Links =======
 2019/05/01 14:36:04 title: 'Gigi on Github', url:
'https://github.com/the-gigi', status: 'valid', description: '[yellow] '
```

一切都很顺利，链接描述包含金丝雀部署中的 [yellow] 前缀。让我们将其更改为 [ko] 并查看 Ko 重新部署的速度：

```
func newLink(source om.Link) link {
    return link{
        Url:         source.Url,
        Title:       source.Title,
        Description: "[ko] " + source.Description,
        Status:      source.Status,
        Tags:        source.Tags,
        CreatedAt:   source.CreatedAt.Format(time.RFC3339),
        UpdatedAt:   source.UpdatedAt.Format(time.RFC3339),
    }
}
```

在修改后的代码上再次运行 Ko 只需 19 秒，一直到在集群中完成部署，速度惊人：

```
$ ko apply -f ko_link_manager.yaml
 2019/05/01 14:39:37 Building github.com/the-
gigi/delinkcious/svc/link_service
 2019/05/01 14:39:52 Using base gcr.io/distroless/static:latest for
github.com/the-gigi/delinkcious/svc/link_service
 2019/05/01 14:39:52 No matching credentials were found, falling back on
anonymous
 2019/05/01 14:39:54 Loading
ko.local/link_service-1819ff5de960487aed3f9074cd43cc03:1af7800585ca70a390da
7e68e6eef506513e0f5d08cabc05a51c453e366ededf
 2019/05/01 14:39:56 Loaded
ko.local/link_service-1819ff5de960487aed3f9074cd43cc03:1af7800585ca70a390da
7e68e6eef506513e0f5d08cabc05a51c453e366ededf
 2019/05/01 14:39:56 Adding tag latest
 2019/05/01 14:39:56 Added tag latest
deployment.apps/ko-link-manager configured
```

冒烟（smoke）测试没有问题，描述中现在包含 [ko] 前缀而不是 [yellow]，这证明 Ko 像预想的那样正常工作，并且非常快速地构建了 Docker 容器并将其部署到集群中：

```
$ go run smoke.go
 2019/05/01 22:12:10 ======= Links =======
 2019/05/01 22:12:10 ===== Add Link ======
 2019/05/01 22:12:10 Adding new link - title: 'Gigi on Github', url:
'https://github.com/the-gigi'
 2019/05/01 22:12:10 ======= Links =======
 2019/05/01 22:12:10 title: 'Gigi on Github', url:
'https://github.com/the-gigi', status: 'pending', description: '[ko] '
 2019/05/01 22:12:14 ======= Links =======
 2019/05/01 22:12:14 title: 'Gigi on Github', url:
'https://github.com/the-gigi', status: 'valid', description: '[ko] '
```

让我们看一看 Ko 构建的镜像，为了做到这一点，需要 SSH 到 Minikube 节点查看 Docker 镜像：

```
$ mk ssh
             _             _
          _         _ ( )          ( )
       ___ ___  (_)  ___ (_)| |/')  _   | |      ___
     /' _ ` _ `\| |/' _ `\| |, <  ( ) ( )| `\ /'_`\
     | ( ) ( ) || || ( ) || | \`\ | (_) || |_) )( ___/
     (_) (_) (_)(_)(_) (_)(_) (_)`\___/'(_,__/''`\____)

$ docker images | grep ko
 ko.local/link_service-1819ff5de960487aed3f9074cd43cc03
1af7800585ca70a390da7e68e6eef506513e0f5d08cabc05a51c453e366ededf
9188384722a5          49 years ago          14.1MB
 ko.local/link_service-1819ff5de960487aed3f9074cd43cc03                        latest
9188384722a5          49 years ago          14.1MB
```

由于某种原因，该镜像的创建日期似乎是 Unix 元年（1970 年）开始的时间。除此之外，一切看起来都不错。注意，该镜像比常规链接管理器大，因为 Ko 默认情况下使用 gcr.io/distroless/base:latest 作为基础镜像，而 Delinkcious 使用的是 SCRATCH 镜像，你可以使用 .ko.yaml 配置文件覆盖基础镜像。简而言之，Ko 易于安装、配置，并且效果很好。尽管如此，在以下方面还是太局限了：

❑ 只支持 Go。

❑ 必须将代码放在 GOPATH 中，并使用标准的 Go 目录结构（在 Go 1.11+ 模块出现后已过时）。

❑ 必须修改清单文件（或者从 Go 导入路径拷贝）。

在将新的 Go 服务集成到 CI/CD 系统之前，先进行测试是一个不错的选择。

11.7.2 Ksync

Ksync 是一个非常有趣的工具，它根本不构建镜像，而是直接在本地目录和集群中正在运行的容器内的远程目录之间同步文件。没有比这再精简的了，特别是同步到本地 Minikube 集群。不过，它的简单是有代价的。对于使用动态语言（例如 Python 和 Node）实现的服务，Ksync 尤其适用，这些动态语言可以在同步更改后重新加载应用程序。如果你的应用程序不能热重载，则 Ksync 可以在每次更改后重新启动容器。让我们开始体验下吧：

1）安装 Ksync 非常简单，但是在将其传输到 bash 之前，请先检查要安装的内容！

```
curl https://vapor-ware.github.io/gimme-that/gimme.sh | bash
```

如果愿意，也可以使用 go 命令安装它：

```
go get github.com/vapor-ware/ksync/cmd/ksync
```

2）我们还需要启动 Ksync 的集群端组件，该组件将在每个节点上创建一个 DaemonSet 来监听更改并将其反映到正在运行的容器中：

```
ksync init
```

3）现在我们告诉 Ksync 开始监控更改，这是一项阻塞操作，Ksync 将会持续监控。可以在单独的终端或选项卡中运行它：

```
ksync watch
```

4）设置的最后一部分是在一个或多个目标 Pod 上的本地目录和远程目录之间建立映射。和往常一样，我们通过标签选择器来识别 Pod。唯一使用动态语言的 Delinkcious 服务是 API 网关，因此我们将在这里使用它：

```
cd svc/api_gateway_service ksync create --selector=svc=api-gateway
$PWD /api_gateway_service
```

5）可以通过修改 API 网关来测试 Ksync 是否正常工作，例如向 get() 方法添加一个 Ksync 消息：

```python
def get(self):
    """Get all links
    """
    username, email = _get_user()
    parser = RequestParser()
    parser.add_argument('url_regex', type=str, required=False)
    parser.add_argument('title_regex', type=str, required=False)
    parser.add_argument('description_regex', type=str,
required=False)
    parser.add_argument('tag', type=str, required=False)
    parser.add_argument('start_token', type=str, required=False)
    args = parser.parse_args()
    args.update(username=username)
    r = requests.get(self.base_url, params=args)

    if not r.ok:
        abort(r.status_code, message=r.content)

    result = r.json()
    result.update(ksync='Yeah, it works!')
    return result
```

6）过几秒钟就会看到 Ksync 的 "Yeah, it works!" 消息，说明验证成功：

```
$ http "${DELINKCIOUS_URL}/v1/links" "Access-Token:
${DELINKCIOUS_TOKEN}"'
HTTP/1.0 200 OK Content-Length: 249 Content-Type: application/json
Date: Thu, 02 May 2019 17:17:07 GMT Server: Werkzeug/0.14.1
Python/3.7.2
{ "err": "", "ksync": "Yeah, it works!", "links": [ { "CreatedAt":
"2019-05-02T05:12:10Z", "Description": "[ko] ", "Status": "valid",
"Tags": null, "Title": "Gigi on Github", "UpdatedAt":
"2019-05-02T05:12:10Z", "Url": "https://github.com/the-gigi" } ] }
```

总结一下，Ksync 是非常精简和快速的，它不需要构建镜像并将它们推送到镜像仓库，然后再部署到集群。如果你所有的工作负载都使用动态语言，那么使用 Ksync 无疑是很容易的。

11.7.3　Draft

Draft 是微软（最初来自 Deis）提供的一个工具，它可以让你在没有 Dockerfile 的情况下快速构建镜像，它使用各种语言的标准构建包。Draft 不允许提供自己的基础镜像，这会导致以下两个问题：

❑ 你的服务可能不仅仅是代码，而且可能取决于你在 Dockerfile 中设置的内容。

❑ Draft 使用的基础镜像太大。

Draft 依赖于 Helm，因此你必须在集群上安装 Helm，其安装非常灵活，并且支持多种方法。

可以确定的是，Draft 在 Windows 上运行良好，这与云原生领域中的许多其他工具将 Windows 看作是二等操作系统不同。由于 Microsoft Azure 和 AKS 是 Kubernetes 生态系统的杰出贡献者，这种心态正在开始发生变化。让我们来试用一下 Draft。

1）在 macOS 上安装 draft（假设你已经安装了 Helm）非常简单，只需执行以下操作：

```
brew install azure/draft/draft
```

2）让我们配置 Draft 将其镜像直接推送到 Minikube（与 Ko 相同）：

```
$ draft init
$ draft init Installing default plugins... Installation of default
plugins complete Installing default pack repositories...
Installation of default pack repositories complete $DRAFT_HOME has
been configured at /Users/gigi.sayfan/.draft. Happy Sailing!
$ eval $(minikube docker-env)
```

和之前一样，让我们为描述增加 [draft] 前缀：

```
func newLink(source om.Link) link { return link{ Url: source.Url,
Title: source.Title, Description: "[draft]" + source.Description,
Status: source.Status, Tags: source.Tags, CreatedAt:
source.CreatedAt.Format(time.RFC3339), UpdatedAt:
source.UpdatedAt.Format(time.RFC3339), } }
```

3）通过调用 draft create 命令来准备，并使 --app 参数选择 Helm 发布名称：

```
$ draft create --app draft-link-manager --> Draft detected Go
(67.381270%) --> Ready to sail
```

4）将其部署到集群：

```
$ draft up
Draft Up Started: 'draft-link-manager': 01D9XZD650WS93T46YE4QJ3V70
draft-link-manager: Building Docker Image: SUCCESS (9.0060s) draft-
link-manager: Pushing Docker Image
```

不幸的是，Draft 卡在了 Pushing Docker Image 的阶段，也许这是最新版本的问题。不过总体而言，Draft 非常简单，但也过于局限：它创建的镜像太大，而且无法提供自定义的基础镜像，文档也非常少。建议仅当你使用 Windows 并且其他工具不能很好地工作的情况下使用它。

11.7.4 Skaffold

Skaffold（https://skaffold.dev/）是一个非常完整的解决方案。它非常灵活，支持本地开发和与 CI/CD 的集成，并且具有出色的文档，下面是 Skaffold 的一些特点：

- ❑ 支持检测代码更改，镜像构建、推送和部署。
- ❑ 可以直接将源文件同步到 Pod（就像 Ksync 一样）。
- ❑ 它具有复杂的概念模型，其中包含构建者、测试人员、部署人员、标签策略和推送策略等。
- ❑ 每个方面都可以自定义。
- ❑ 通过端到端运行 Skaffold 与 CI/CD 流水线集成，或将特定阶段用作构建块。
- ❑ 通过配置文件、用户级配置、环境变量或命令行标志对每个环境进行配置。
- ❑ 它是一种客户端工具，无须在集群中安装任何东西。
- ❑ 自动将容器端口转发到本地。
- ❑ 聚合来自部署的 Pod 的日志。

图 11-7 说明了 Skaffold 的工作流程。

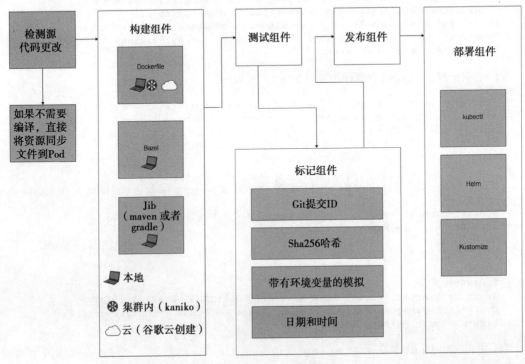

图 11-7　Skaffold 工作流程图

让我们安装 Skaffold 并使用它：

```
$ brew install skaffold
```

接下来，在 `link_service` 目录中创建一个配置文件。Skaffold 会询问一些问题，例如数据库和服务使用的 Dockerfile：

```
$ skaffold init ? Choose the dockerfile to build image postgres:11.1-alpine
None (image not built from these sources) ? Choose the dockerfile to build
image g1g1/delinkcious-link:0.6 Dockerfile WARN[0014] unused dockerfiles
found in repository: [Dockerfile.dev] apiVersion: skaffold/v1beta9 kind:
Config build: artifacts: - image: g1g1/delinkcious-link:0.6 deploy:
kubectl: manifests: - k8s/configmap.yaml - k8s/db.yaml -
k8s/link_manager.yaml - k8s/secrets.yaml
Do you want to write this configuration to skaffold.yaml? [y/n]: y
Configuration skaffold.yaml was written You can now run [skaffold build] to
build the artifacts or [skaffold run] to build and deploy or [skaffold dev]
to enter development mode, with auto-redeploy.
```

让我们尝试使用 Skaffold 构建镜像：

```
$ skaffold build Generating tags... - g1g1/delinkcious-link:0.6 ->
g1g1/delinkcious-link:0.6:v0.6-79-g6b178c6-dirty Tags generated in
2.005247255s Starting build... Found [minikube] context, using local docker
daemon. Building [g1g1/delinkcious-link:0.6]... Sending build context to
Docker daemon 10.75kB Complete in 4.717424985s FATA[0004] build failed:
building [g1g1/delinkcious-link:0.6]: build artifact: docker build: Error
response from daemon: invalid reference format
```

结果失败了。我做了一些搜索，在 GitHub 上发现了一个开放问题：

`https://github.com/GoogleContainerTools/skaffold/issues/1749`

Skaffold 是一个很好的解决方案，它所做的不仅仅是本地开发，不过它有着陡峭的学习曲线（例如，同步文件需要手动设置每个目录和文件类型）。如果你喜欢它的模型并在 CI/CD 解决方案中使用它，那么将其用于本地开发也是有意义的。不过，使用之前一定要仔细查看，然后再下定决心。如果你具有类似于 Delinkcious 的混合系统，那么它可以构建镜像，也可以直接同步文件，这是一个很大的优势。

11.7.5　Tilt

最后一个要介绍的是 Tilt（但并非不重要）。到目前为止，Tilt 是我最喜欢的开发工具，它非常全面和灵活。它以 Tiltfile 为核心使用 Starlark（https://github.com/bazelbuild/starlark/）语言编写，Starlark 是 Python 的一个子集。Tilt 的特殊之处在于，它不仅可以自动构建镜像并将其部署到集群中或同步文件，还可以提供一个完整的实时开发环境，该环境可提供大量信息、高亮显示事件和错误，并使你能够深入了解集群中正在发生的事情。

首先安装 Tilt：

```
brew tap windmilleng/tap brew install windmilleng/tap/tilt
```

我为链接服务编写了一个非常通用的 Tiltfile：

```
# Get all the YAML files
script = """python -c 'from glob import glob;
print(",".join(glob("k8s/*.yaml")))'""" yaml_files =
str(local(script))[:-1] yaml_files = yaml_files.split(',') for f in
yaml_files: k8s_yaml(f)


# Get the service name
script = """import os; print('-
'.join(os.getcwd().split("/")[-1].split("_")[:-1]))""" name =
str(local(script))[:-1]
docker_build('g1g1/delinkcious-' + name, '.', dockerfile='Dockerfile.dev')
```

我们把它分解一下并进行分析。首先，我们需要 k8s 子目录下的所有 YAML 文件，针对不同服务的 YAML 文件列表也不同。Skylark 类似于 Python，但是你不能使用 Python 库。例如，glob 库非常适合枚举带有通配符的文件。下面是 Python 代码，用于列出 k8s 子目录中所有带有 .yaml 后缀的文件：

```
Python 3.7.3 (default, Mar 27 2019, 09:23:15) [Clang 10.0.1
(clang-1001.0.46.3)] on darwin Type "help", "copyright", "credits" or
"license" for more information. >>> from glob import glob >>>
glob("k8s/*.yaml") ['k8s/db.yaml', 'k8s/secrets.yaml',
'k8s/link_manager.yaml', 'k8s/configmap.yaml']
```

我们无法在 Starlark 中直接执行此操作，但可以使用 local() 函数，该函数允许运行任何命令并捕获输出。因此，可以通过 Tilt 的 local() 函数通过一个小的脚本运行 Python 解释器来执行上面的 Python 代码：

```
script = """python -c 'from glob import glob;
print(",".join(glob("k8s/*.yaml")))'""" yaml_files =
str(local(script))[:-1]
```

这里有一些额外的细节。首先，我们将从 glob 返回的文件列表转换成逗号分隔的字符串。但是，local() 函数返回一个称为 Blob 的 Tilt 对象，而我们只需要一个普通的字符串，因此通过 str() 函数包装 local() 调用将 blob 转换为字符串。最后，删除最后一个字符（[:-1]），这是一个换行符（因为使用了 Python 的 print() 函数）。

最终结果是在 yaml_files 变量中有一个字符串，该字符串是所有 YAML 清单的逗号分隔列表。接下来，将此逗号分隔的字符串拆分为 Python/Starlark 文件名列表：

```
yaml_files = yaml_files.split(',')
```

对于每个文件，我们调用 Tilt 的 k8s_yaml() 函数。此函数告诉 Tilt 监控这些文件的更改：

```
for f in yaml_files: k8s_yaml(f)
```

接下来重复与之前相同的技巧，并执行 Python 单行代码从当前目录名称中提取服务名称。所有 Delinkcious 服务目录均遵循相同的命名约定，即 <service name>_service。

这个单行代码拆分当前目录，处理掉最后一部分（始终是 service），并通过"-"作为分隔符将这些组件重新连接起来。

现在，我们需要获取服务名称：

```
script = """import os; print('-
'.join(os.getcwd().split("/")[-1].split("_")[:-1])),""" name =
str(local(script))[:-1]
```

有了服务名称，最后一步是通过调用 Tilt 的 docker_build() 函数来构建镜像，Delinkcious 使用的 Docker 镜像的命名约定为 g1g1/delinkcious-<service name>。这里还使用了一个特殊的 Dockerfile.dev，它与正式版 Dockerfile 不同，并且更便于调试和故障排除。如果你未指定 dockerfile 参数，则默认值为 Dockerfile：

```
docker_build('g1g1/delinkcious-' + name, '.', dockerfile='Dockerfile.dev')
```

这似乎有点复杂而且令人费解，但是好处是可以将此文件拖放到任何服务目录中，并且可以照常工作。

对于链接服务，对应的命令如下：

```
k8s_yam('k8s/db.yaml') k8s_yam('k8s/secrets.yaml')
k8s_yam('k8s/link_manager.yaml') k8s_yam(''k8s/configmap.yaml'')
docker_build('g1g1/delinkcious-link, '.', dockerfile='Dockerfile.dev')
```

这还不错，但是每次添加新清单时，都必须记住要更新 Tiltfile，并且需要为每个服务保留一个单独的 Tiltfile。接下来开始让 Tilt 工作起来，输入 tilt up 命令，可以看到如图 11-8 所示的文本界面：

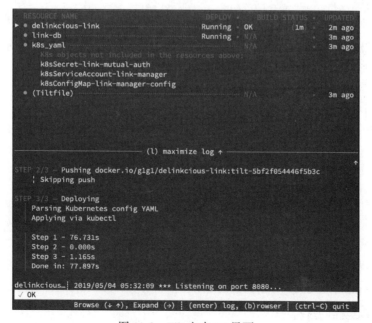

图 11-8　Tilt 文本 UI 界面

你可以在 Tilt 控制台中执行许多操作，包括查看日志和错误。Tilt 会不断显示更新和系统状态，并始终尝试显示最有用的信息。

有趣的是，Tilt 用自己的标签构建镜像：

```
$ kubectl get po link-manager-654959fd78-9rnnh -o
jsonpath="{.spec.containers[0].image}"
docker.io/g1g1/delinkcious-link:tilt-2b1afed5db0064f2
```

让我们进行一些更改，看看 Tilt 是如何反应的：

```
func newLink(source om.Link) link { return link{ Url: source.Url, Title:
source.Title, Description: "[tilt] " + source.Description, Status:
source.Status, Tags: source.Tags, CreatedAt:
source.CreatedAt.Format(time.RFC3339), UpdatedAt:
source.UpdatedAt.Format(time.RFC3339), } }
```

Tilt 检测到更改并构建了新镜像，然后立即将其部署到集群中：

```
$ http "${DELINKCIOUS_URL}/v1/links" "Access-Token: ${DELINKCIOUS_TOKEN}"
HTTP/1.0 200 OK Content-Length: 221 Content-Type: application/json Date:
Sat, 04 May 2019 07:38:32 GMT Server: Werkzeug/0.14.1 Python/3.7.2
{ "err": "", "links": [ { "CreatedAt": "2019-05-04T07:38:28Z",
"Description": "[tilt] nothing to see here...", "Status": "pending",
"Tags": null, "Title": "gg", "UpdatedAt": "2019-05-04T07:38:28Z", "Url":
"http://gg.com" } ] }
```

让我们尝试使用文件同步。必须在调试模式下运行 Flask 才能热重载工作，这很简单，只需要在 Dockerfile 中将 FLASK_DEBUG = 1 添加到 ENTRYPOINT：

```
FROM g1g1/delinkcious-python-flask-grpc:0.1 MAINTAINER Gigi Sayfan
"the.gigi@gmail.com" COPY . /api_gateway_service WORKDIR
/api_gateway_service EXPOSE 5000 ENTRYPOINT FLASK_DEBUG=1 python run.py
```

你可以考虑是否要使用单独的 Dockerfile.dev 文件，就像链接服务一样。下面是使用 Tilt 的实时更新功能的 API 网关服务的 Tiltfile：

```
# Get all the YAML files
yaml_files = str(local("""python -c 'from glob import glob;
print(",".join(glob("k8s/*.yaml")))'"""))[:-1] yaml_files =
yaml_files.split(',') for f in yaml_files: k8s_yaml(f)
# Get the service name
script = """python -c 'import os; print("-
".join(os.getcwd().split("/")[-1].split("_")[:-1]))'""" name =
str(local(script))[:-1]
docker_build('g1g1/delinkcious-' + name, '.', live_update=[ # when
requirements.txt changes, we need to do a full build
fall_back_on('requirements.txt'), # Map the local source code into the
container under /api_gateway_service sync('.', '/api_gateway_service'), ])
```

这时，可以运行 tilt up 并访问服务的 /links 端点：

```
$ http "${DELINKCIOUS_URL}/v1/links" "Access-Token: ${DELINKCIOUS_TOKEN}"
HTTP/1.0 200 OK
Content-Length: 221
```

```
Content-Type: application/json
Date: Sat, 04 May 2019 20:39:42 GMT
Server: Werkzeug/0.14.1 Python/3.7.2
{
"err": "",
"links": [ {
"CreatedAt": "2019-05-04T07:38:28Z",
"Description": "[tilt] nothing to see here...",
"Status": "pending",
"Tags": null,
"Title": "gg",
"UpdatedAt": "2019-05-04T07:38:28Z",
"Url": "http://gg.com"
} ]
}
```

Tilt 将显示该请求和成功的 200 响应，如图 11-9 所示。

图 11-9　使用 Tilt 构建 API 网关

让我们再进行一些更改，看看 Tilt 是否可以检测到并同步容器中的代码。在 resources.
py 文件中，将键值对 tilt:Yeah, sync works!! 添加到获取链接的结果中。

```
class Link(Resource): host = os.environ.get('LINK_MANAGER_SERVICE_HOST',
'localhost') port = os.environ.get('LINK_MANAGER_SERVICE_PORT', '8080')
base_url = 'http://{}:{}/links'.format(host, port)
def get(self):
    """Get all links
    """
    username, email = _get_user()
    parser = RequestParser()
    parser.add_argument('url_regex', type=str, required=False)
    parser.add_argument('title_regex', type=str, required=False)
    parser.add_argument('description_regex', type=str, required=False)
```

```
parser.add_argument('tag', type=str, required=False)
parser.add_argument('start_token', type=str, required=False)
args = parser.parse_args()
args.update(username=username)
r = requests.get(self.base_url, params=args)

if not r.ok:
    abort(r.status_code, message=r.content)
r['tilt'] = 'Yeah, sync works!!!'
return r.json()
```

如图 11-10 所示，Tilt 检测到 `resources.py` 中的代码更改并将新文件复制到容器中。

图 11-10　使用 Tilt 同步 API 网关代码

再次访问端点并观察结果，Tilt 依然按预期工作，在结果的链接之后，我们得到了预期的键值对：

```
$ http "${DELINKCIOUS_URL}/v1/links" "Access-Token:
${DELINKCIOUS_TOKEN}"

HTTP/1.0 200 OK
Content-Length: 374
Content-Type: application/json
Date: Sat, 04 May 2019 21:06:13 GMT
Server: Werkzeug/0.14.1 Python/3.7.2
{
 "err": "",
"links":
[ {
"CreatedAt": "2019-05-04T07:38:28Z",
"Description": "[tilt] nothing to see here...",
"Status": "pending",
```

```
"Tags": null,
"Title": "gg", "UpdatedAt":
"2019-05-04T07:38:28Z",
"Url": "http://gg.com"
} ],
"tilt": "Yeah,
sync works!!!"
}
```

总体而言，Tilt 做得非常好。它基于一个可靠的概念模型，并且比其他任何工具都更好地解决了本地开发问题。Tiltfile 和 Starlark 强大而简洁，它支持完整的 Docker 构建和动态语言的文件同步。

11.8　小结

在本章中，我们讨论了与 Kubernetes 部署相关的广泛主题。首先深入研究了 Kubernetes 部署对象，考虑并实施了针对多个环境的部署（例如，预生产环境和生产环境）。我们深入研究了高级部署策略，例如滚动更新、蓝绿部署和金丝雀部署，并在 Delinkcious 上对所有这些策略进行了演示。然后，我们研究了部署回滚以及管理依赖项和版本的关键主题。之后，我们又关注了本地开发，并调查了多种工具以进行快速迭代，在这些迭代中你可以更改代码，然后将它们自动部署到集群中。最后，我们介绍了 Ko、Ksync、Draft、Skaffold 和我个人最喜欢的 Tilt。

现在，你应该对各种部署策略以及何时在系统上使用它们有了深刻的了解，并具有了使用 Kubernetes 本地开发工具的实战经验，你可以将这些工具集成到你的工作流中。

在下一章中，我们讨论另一个话题，仔细地监控我们的系统。我们将研究故障模式、如何设计自修复系统、自动缩放、配置和性能。然后，我们还将考虑日志、收集指标和分布式跟踪。

11.9　扩展阅读

更多信息请参考：
❑ KO：https://github.com/google/ko。
❑ Ksync：https://vapor-ware.github.io/ksync/。
❑ Draft：https://draft.sh/。
❑ Skaffold：https://skaffold.dev/。
❑ Tilt：https://docs.tilt.dev。

第 12 章

监控、日志和指标

在本章中，我们将重点介绍在 Kubernetes 上运行大型分布式系统的运维、如何设计系统以及应考虑哪些因素，以确保一流的运维状态。系统总是会发生故障，你必须准备好进行检测、排除故障并尽快做出响应。Kubernetes 提供了一些开箱即用的最佳实践：

❑ 自愈
❑ 自动扩展
❑ 资源管理

但是，集群管理员和开发人员必须了解这些功能的工作原理、配置和交互方式，以便正确地理解它们。高可用性、健壮性、性能、安全性和成本之间始终存在平衡。同样重要的是要意识到，所有这些因素及其之间的关系会随着时间的推移而发生变化，必须要定期进行审视和评估。

这就是监控的用武之地，监控就是了解系统的最新情况。监控的信息源通常有以下几种：

❑ **日志**：在应用程序代码中明确记录相关日志信息（使用的库也可能会记录日志）。
❑ **指标**：收集有关系统的详细信息，例如 CPU、内存、磁盘使用率、磁盘 I/O、网络和自定义应用程序指标。
❑ **跟踪**：给请求附加 ID 以在多个微服务之间跟踪。

在本章中，我们将了解 Go-kit、Kubernetes 及其生态系统是如何支持所有相关用例的。

本章涵盖以下主题：

❑ Kubernetes 的自愈能力。
❑ Kubernetes 集群自动伸缩。
❑ 使用 Kubernetes 供应资源。
❑ 正确地优化性能。

❏ 日志。

❏ 在 Kubernetes 上收集指标。

❏ 警报。

❏ 分布式跟踪。

12.1　技术需求

在本章中，我们会将以下几个组件安装到集群中：

❏ Prometheus：指标监控和警报解决方案。

❏ Fluentd：集中式日志代理。

❏ Jaeger：分布式跟踪系统。

本章代码

代码分别放在两个 Git 代码仓库：

❏ 你可以在 https://github.com/PacktPublishing/Hands-On-Microservices-with-Kubernetes/ tree/master/Chapter12 中找到代码示例。

❏ 你可以在 https://github.com/the-gigi/delinkcious/releases/tag/v0.10 中找到更新的 Delinkcious 应用程序。

12.2　Kubernetes 的自愈能力

在由无数物理和虚拟组件组成的大型系统中，自愈是一个非常重要的属性，运行在大型 Kubernetes 集群上的基于微服务的系统就是一个很好的例子。组件可能会以多种方式发生故障。自愈可以保证整个系统不会出现故障，并且能够自动修复，即使这会导致它的运行能力暂时降低。这些可靠系统的组成部分如下：

❏ 冗余性

❏ 可观察性

❏ 自动恢复

一个基本假设前提是每个组件都可能发生故障，如机器崩溃、磁盘损坏、网络连接断开、配置不同步、新版本错误、第三方服务中断等。冗余意味着没有**单点故障**（Single Point Of Failures，SPOF）。你可以运行组件（例如节点和 Pod）的多个副本，将数据写入多个数据存储，并在多个数据中心、可用区或地区中部署系统，甚至可以在多个云平台上部署系统（尤其是使用 Kubernetes 时）。当然，冗余也是有限度的，全部冗余也非常昂贵。例如，在 AWS 和 GKE 上运行完整的冗余系统可能很奢侈，很少公司可以负担甚至需要它。

可观察性是当系统出错时可以检测到问题的能力。你必须监控系统并理解观察到的信号，以便检测异常情况，这是进行补救和恢复前的第一步。

理论上，并不需要自愈和恢复的自动化部分，可以让一组运维人员全天监控仪表板，并在他们发现问题时采取纠正措施。实际上，这种方法根本无法扩展。人类的反应、解释和行动相对迟缓，更不用说他们更容易出错。尽管如此，大多数自动化解决方案都是从手动流程开始的，随着重复手动干预的成本越来越明显，这些流程就会逐渐实现自动化。如果某些问题仅是小概率事件，那么可以通过人工干预的方式解决这些问题。

下面让我们讨论几种故障模式，看看 Kubernetes 是如何帮助完成自愈的。

12.2.1 容器故障

Kubernetes 中的容器都是在 Pod 内运行的。如果一个容器由于某种原因死掉了，Kubernetes 将会检测到并立即重启（默认情况下）。Kubernetes 的行为可以由 Pod 规约的 `restartPolicy` 文件控制，其可能的值为 `Always`(默认)、`OnFailure` 和 `Never`。注意，重新启动策略适用于 Pod 中的所有容器，你无法为每个容器指定重启策略。这种设计似乎有点考虑不周，因为一个 Pod 内可能有多个容器，它们需要不同的重启策略。

如果容器不断失败，它将进入 `CrashOff` 状态，通过向 API 网关引入一个故意的错误来了解这一点：

```python
import os
 from api_gateway_service.api import app
 def main():
     port = int(os.environ.get('PORT', 5000))
     login_url = 'http://localhost:{}/login'.format(port)
     print('If you run locally, browse to', login_url)
     host = '0.0.0.0'
     app.run(host=host, port=port)

 if __name__ == "__main__":
     raise RuntimeError('Failing on purpose to demonstrate
CrashLoopBackOff')
     main()
```

在执行 tilt up 后（参考第 11 章），我们可以看到 API 网关进入了 `CrashLoopBackOff` 状态。这意味着它不断失败，而 Kubernetes 也不断地重启它。回退部分是重启尝试之间的延迟，Kubernetes 使用指数回退延迟，从 10 秒开始，之后每次都加倍，直到最大延迟 5 分钟，如图 12-1 所示。

这种方法非常有用，因为如果故障是暂时的，那么 Kubernetes 会通过重新启动容器直到暂时性问题消失而自愈。但是，如果问题仍然存在，那么容器状态和错误日志就会出现，并提供可观察性供更高级别的恢复过程使用，或者最后由运维或开发人员处理。

12.2.2 节点故障

当一个节点发生故障时，该节点上的所有 Pod 将变得不可用，并且 Kubernetes 将调度它们到集群中的其他节点上运行。假设你设计的系统具有适当的冗余性，并且发生故障的节点不是一个单点故障，那么系统应该能够自动恢复。如果集群只有几个节点，那么节点的丢失可能会严重影响集群处理流量的能力。

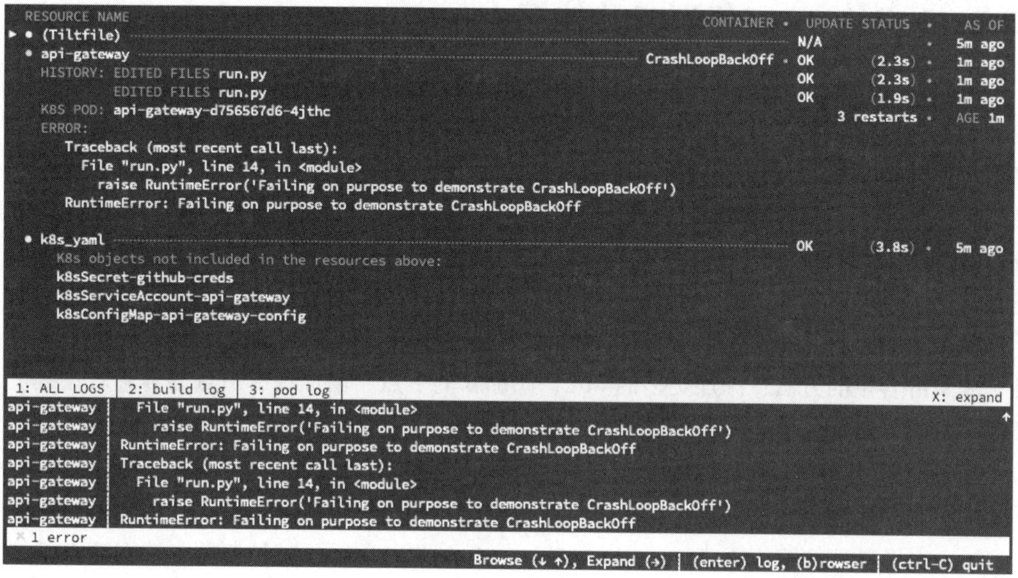

```
RESOURCE NAME                                              CONTAINER • UPDATE STATUS •      AS OF
▶ • (Tiltfile)                                                   N/A •                  •  5m ago
  • api-gateway                                       CrashLoopBackOff • OK             •  1m ago
    HISTORY: EDITED FILES run.py                                    OK        (2.3s) •  1m ago
             EDITED FILES run.py                                    OK        (2.3s) •  1m ago
    K8S POD: api-gateway-d756567d6-4jthc                           OK        (1.9s) •  1m ago
    ERROR:                                                 3 restarts •      AGE 1m
      Traceback (most recent call last):
        File "run.py", line 14, in <module>
          raise RuntimeError('Failing on purpose to demonstrate CrashLoopBackOff')
      RuntimeError: Failing on purpose to demonstrate CrashLoopBackOff

  • k8s_yaml                                                       OK        (3.8s) •  5m ago
    K8s objects not included in the resources above:
    k8sSecret-github-creds
    k8sServiceAccount-api-gateway
    k8sConfigMap-api-gateway-config


1: ALL LOGS   2: build log   3: pod log                                             X: expand
api-gateway  |   File "run.py", line 14, in <module>                                        ↑
api-gateway  |     raise RuntimeError('Failing on purpose to demonstrate CrashLoopBackOff')
api-gateway  | RuntimeError: Failing on purpose to demonstrate CrashLoopBackOff
api-gateway  | Traceback (most recent call last):
api-gateway  |   File "run.py", line 14, in <module>
api-gateway  |     raise RuntimeError('Failing on purpose to demonstrate CrashLoopBackOff')
api-gateway  | RuntimeError: Failing on purpose to demonstrate CrashLoopBackOff
✕ 1 error

                        Browse (↓ ↑), Expand (→)   (enter) log, (b)rowser  (ctrl-C) quit
```

图 12-1　容器进入 CrashLoopBackOff 状态

12.2.3　系统故障

有时，系统也会发生各种故障，其中一些故障包括：

❑ 整体网络故障（整个集群无法访问）

❑ 数据中心中断

❑ 可用区中断

❑ 地区中断

❑ 云提供商中断

在这些情况下，你的设计上可能没有包含冗余（成本效益不经济），结果是系统将关闭，用户将遇到中断。然而，重要的是不要丢失或破坏任何数据，并且能够在解决根本原因后立即恢复上线。如果对于你的组织而言，不惜一切代价保持在线状态最重要，那么 Kubernetes 会为你提供选择。这项工作是在 federation v2 项目下进行的（不推荐使用 v1，因为它遇到了太多问题。）

你将能够在不同的数据中心、不同的可用区、不同的地区甚至不同的云提供商中建立完整的 Kubernetes 集群，甚至是一组集群。你将能够将那些物理上分布的集群作为单个逻辑集群运行和管理，并希望在这些集群之间无缝地进行故障转移。

如果要实现这种集群级别的冗余，则可以考虑使用 gardener（https://gardener.cloud/）项目进行构建。

12.3　Kubernetes 集群自动伸缩

自动伸缩功能就是使系统能够适应需求。这可能意味着向部署中添加更多副本，扩展现有节点的容量，或者添加新节点。虽然扩展或者收缩集群并不算是故障，但是它遵循与自愈相同的模式。你可以将与需求不匹配的集群视为不健康的状态，如果集群资源供应不足，则可能会无法处理请求或等待很长时间，这会导致超时或性能下降。如果集群资源供应过多，那么你将为不需要的资源付费。在这两种情况下，即使 Pod 和服务本身已启动并正在运行，也可以将集群视为不健康的状态。

就像自愈一样，首先需要检测到是否需要扩展集群，然后才能采取正确的措施。有几种扩展集群容量的方法：添加更多的 Pod、添加新的节点、增加现有节点的容量。让我们仔细查看其中的一些细节。

12.3.1　Pod 水平自动伸缩

Pod 水平自动伸缩（Horizontal Pod Autoscaler，HPA）是一种控制器，旨在调整部署中 Pod 的数量，以匹配这些 Pod 上的负载。是否应按比例扩大（添加容器）或缩小（删除容器）不熟是基于指标的。开箱即用的 Pod 水平自动伸缩支持 CPU 利用率指标，也可以添加自定义指标。关于 Pod 水平自动伸缩，最酷的地方是它位于标准 Kubernetes 部署之上，并且仅调整其副本数，部署本身和 Pod 并不知道它们正在扩展。图 12-2 说明了 Pod 水平自动伸缩的工作原理。

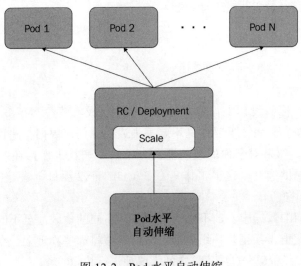

图 12-2　Pod 水平自动伸缩

使用 Pod 水平自动伸缩

我们可以使用 kubectl 进行自动扩展。由于 Pod 水平自动伸缩依赖于 Heapster 和指标服务器，因此我们需要使用 `minikube addons` 命令启用它们。我们已经启用了 Heapster，所以只要再启用指标服务器就好了：

```
$ minikube addons enable metrics-server
  metrics-server was successfully enabled
```

我们还必须在部署的 Pod 规约中指定 CPU 请求：

```
resources:
  requests:
    cpu: 100m
```

你可能还记得，资源请求就是 Kubernetes 承诺可以提供给容器的资源容量。这样，Pod 水平自动伸缩可以确保仅当它可以为新 Pod 提供请求的最少 CPU 时才启动新 Pod。

以下代码将导致社交图谱管理器消耗大量 CPU：

```
func wasteCPU() {
    fmt.Println("wasteCPU() here!")
    go func() {
        for {
            if rand.Int() % 8000 == 0 {
                time.Sleep(50 * time.Microsecond)
            }
        }
    }()
}
```

在这里，我们基于 50% 的 CPU 使用率将社交图谱管理器扩展到 1 到 5 个 Pod 之间：

```
$ kubectl autoscale deployment social-graph-manager --cpu-percent=50 --
min=1 --max=5
```

在部署了消耗 CPU 的代码后，CPU 利用率提高了，并且创建了越来越多的 Pod，直到最大值 5 个。图 12-3 是 Kubernetes 仪表板的截图，显示了 CPU、Pod 和 Pod 水平自动伸缩的信息。

让我们查看一下 Pod 水平自动伸缩本身：

```
$ kubectl get hpa
NAME      REFERENCE      TARGETS    MINPODS    MAXPODS    REPLICAS    AGE
social-graph-manager    Deployment/social-graph-manager    138%/50%    1
5       5        12h
```

如你所见，当前负载为 138%（明显多于 50%）的 CPU 利用率，这意味着需要多个 CPU 核。因此，社交图谱管理器将继续运行 5 个 Pod（允许的最大值）。

Pod 水平自动伸缩是一种通用机制，很久以来就是 Kubernetes 的一部分。它仅依赖于内部组件来收集指标，我们在此演示了默认的基于 CPU 的自动伸缩，但也可以配置为基于多个自定义指标来工作。现在，我们来查看下其他自动伸缩方法。

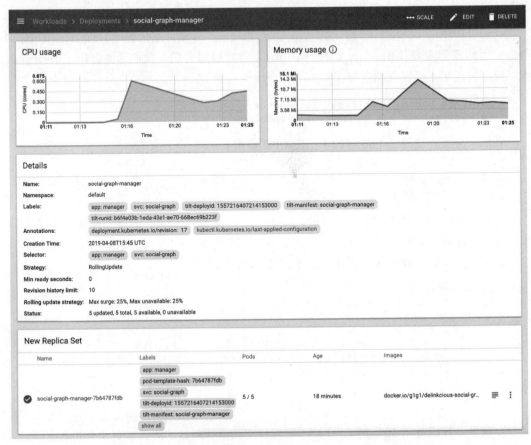

图 12-3　通过 Kubernetes 仪表板查看 Pod 水平自动伸缩

12.3.2　集群自动伸缩

　　Pod 自动伸缩功能是开发人员和运维人员的福音，他们无须再手动扩展服务或自己编写半自动的伸缩脚本，Kubernetes 提供了经过精心设计、实施和测试的强大解决方案。但是，集群容量的问题还有待解决。如果 Kubernetes 尝试向你的集群添加更多的 Pod，但集群正在以最大容量运行，则 Pod 水平自动伸缩将失败。另一方面，如果你为以防万一将集群过度供应，那么实际上你是在浪费金钱。

　　是时候来了解下集群自动伸缩（https://github.com/kubernetes/autoscaler/tree/master/cluster-autoscaler，CA）。

　　这是一个 Kubernetes 项目，从 Kubernetes 1.8 开始就已经正式发布。它适用于 AWS、GCP、Azure、AliCloud 和 BaiduCloud 等云提供商。EKS、GKE 和 AKS 为你提供了一个托管的控制平面（它们负责管理 Kubernetes 本身），集群自动伸缩则为你提供一个托管的数据平面。它将根据你的需求和配置从集群中添加或删除节点。

调整集群大小的触发条件是 Kubernetes 由于资源不足而无法调度 Pod，这与 Pod 水平自动伸缩配合使用时效果更好，它们结合在一起，可以为你提供真正具有弹性的 Kubernetes 集群，可以自动（在一定的范围内）增长和收缩以匹配当前负载。

集群自动伸缩本质上非常简单，它不关心集群为什么无法调度 Pod，只要无法调度 Pod，它就会在集群中添加节点。它将删除空节点以及可以将其 Pod 重新调度到其他节点上的节点。尽管如此，这并不是一个完全不思考的机制。

它知晓 Kubernetes 的概念，并会在决定增加或缩小集群时将它们考虑在内：

❏ Pod 中断预算。

❏ 总体资源限制。

❏ 亲和性和反亲和性。

❏ Pod 优先级和优先权。

例如，如果无法调度具有最佳优先级的 Pod，则集群自动伸缩将不会扩展集群。特别是，它不会删除具有以下一个或多个属性的节点：

❏ 使用本地存储。

❏ 包含 "cluster-autoscaler.kubernetes.io/scale-down-disabled": "true" 注释。

❏ 主机上 Pod 包含 "cluster-autoscaler.kubernetes.io/safe-to-evict": "false" 注释。

❏ 具有严格 PodDisruptionBudget 的节点。

添加节点的总时间通常少于 5 分钟。集群自动伸缩每十秒钟扫描一次未调度的 Pod，并在必要时立即置备新节点。但是，云提供商需要 3 至 4 分钟才能提供该节点并将其附加到集群。

接下来，让我们继续查看另一种自动伸缩形式：Pod 垂直自动伸缩。

12.3.3　Pod 垂直自动伸缩

垂直 Pod 自动伸缩（Vertical Pod Autoscaler，VPA）在 Kubernetes 1.15 处于 Beta 阶段，它承担了与自动伸缩有关的另一项任务：微调 CPU 和内存请求。

考虑这样一个 Pod，它并没有真正做很多工作，只需要 100 MB 的内存，但是它申请了 500 MB 内存资源请求。首先，这浪费了 400 MB 的内存，因为这些内存将始终分配给这个 Pod，但是它从未使用过。不仅如此，它的影响可能更大，由于这个 Pod 占据了更多资源，因此可能会阻碍其他 Pod 的调度。

Pod 垂直自动伸缩通过监控容器的实际 CPU 和内存使用情况，并自动调整其请求来解决问题，它同样要求安装指标服务器。

这很酷，Pod 垂直自动伸缩可在多种模式下工作：

❏ Initial：在创建容器时分配资源请求。

❑ Auto：在创建容器时分配资源请求，并在容器的生命周期内更新资源请求。

❑ Recreate：类似于 Auto，当需要更新其资源请求时，Pod 需要重启。

❑ UpdatedOff：不修改资源请求，但可以查看建议。

目前，Auto 像 Recreate 一样工作，在每次更改时重新启动 Pod。将来，它将使用热更新。让我们运行垂直自动伸缩，安装过程比较烦琐，需要克隆 Git 代码仓库并运行 Shell 脚本（该脚本会运行更多其他 Shell 脚本）：

```
$ git clone https://github.com/kubernetes/autoscaler.git
$ cd autoscaler/vertical-pod-autoscaler/hack/
$ ./vpa-up.sh
```

它安装了一个服务、两个 CRD 和三个 Pod：

```
$ kubectl -n kube-system get svc | grep vpa
vpa-webhook     ClusterIP   10.103.169.18     <none>        443/TCP

$ kubectl -n kube-system get po | grep vpa
vpa-admission-controller-68c748777d-92hbg 1/1   Running   0    72s
vpa-recommender-6fc8c67d85-shh8g          1/1   Running   0    77s
vpa-updater-786b96955c-8mcrc              1/1   Running   0    78s

$ kubectl get crd | grep vertical
verticalpodautoscalercheckpoints.autoscaling.k8s.io   2019-05-08T04:58:24Z
verticalpodautoscalers.autoscaling.k8s.io             2019-05-08T04:58:24Z
```

让我们为链接管理器部署创建一个垂直自动伸缩配置文件。我们将更新模式设置为 Off，这样它仅建议合适的 CPU 和内存请求值，而不会实际设置它们：

```
apiVersion: autoscaling.k8s.io/v1beta2
kind: VerticalPodAutoscaler
metadata:
  name: link-manager
spec:
  targetRef:
    apiVersion: "extensions/v1beta1"
    kind:       Deployment
    name:       link-manager
  updatePolicy:
    updateMode: "Off"
```

我们可以创建它并查看建议：

```
$ kubectl create -f link-manager-vpa.yaml
 verticalpodautoscaler.autoscaling.k8s.io/link-manager created

$ kubectl get vpa link-manager -o
jsonpath="{.status.recommendation.containerRecommendations[0].lowerBound}"
 map[cpu:25m memory:262144k]

$ kubectl get vpa link-manager -o
jsonpath="{.status.recommendation.containerRecommendations[0].target}"
 map[cpu:25m memory:262144k]
```

目前，我不建议让 Pod 垂直自动伸缩在你的系统上运行。它仍在不断变化，并存在一些严重的限制，其中最大的缺点是它不能与 Pod 水平自动伸缩同时运行。

如果要利用它来微调你的资源请求，一种有趣的方法是在模仿生产集群的测试集群上运行一段时间，关闭 Pod 水平自动伸缩，然后再看看它的效果如何。

12.4　使用 Kubernetes 供应资源

传统上，供应资源是运维或系统管理员的工作。但是，使用 DevOps 方法时，开发人员通常要承担自供应的任务。如果组织具有传统的 IT 部门，则他们通常会更加关注开发人员应具有的供应权限以及应设置的全局限制。在本节中，我们将从两种角度来研究资源供应问题。

12.4.1　应该提供哪些资源

区分 Kubernetes 资源和它们所依赖的基础设施资源非常重要。对于 Kubernetes 资源，使用 Kubernetes API 是必经之路。如何与 API 交互取决于你，但我建议首先生成 YAML 文件，再通过 `kubectl create` 或 `kubectl apply` 作为 CI/CD 流水线的一部分来运行它们。

像 `kubectl run` 和 `kubectl scale` 这样的命令对于集群的交互式探索和运行临时任务很有用，但它们与声明式基础设施即代码的方法有些背道而驰。

你可以直接访问 Kubernetes API 的 REST 端点，或使用某些高级编程语言（例如 Python）实现的客户端库。即使如此，你也可以考虑仅调用 kubectl。

让我们继续回到运行集群的基础设施层，它的主要资源是计算、内存和存储。节点结合了计算、内存和本地存储，共享存储是单独供应的，在云中，你可以使用预先供应好的云存储。这意味着你的主要关注点是为集群供应节点和外部存储。但这还不是全部，你还需要通过网络层连接所有这些节点，并考虑相应的权限。CNI 提供商负责处理 Kubernetes 集群中的网络，每个 Pod 都有自己 IP 的 flat 网络模型是 Kubernetes 的最佳特性之一，它为开发人员简化了许多事情。

权限和访问通常由 Kubernetes 上的**基于角色的访问控制**（Role-Based Access Control，RBAC）处理，正如我们在第 6 章中详细讨论的那样。

在我们努力实现自动供应的情况下，对资源施加合理的配额和限制是非常重要的。

12.4.2　定义容器限制

在 Kubernetes 上，我们可以定义每个容器的 CPU 和内存限制，这将确保容器的使用量不会超过限制。它有以下两个主要目的：

❑ 防止同一节点上的容器和 Pod 相互竞争。

❑ 通过了解 Pod 将使用的最大资源量，帮助 Kubernetes 以最高效的方式调度 Pod。

在第 6 章中，我们从安全角度研究了 Kubernetes 中的限制，重点强调控制爆炸半径。如果容器遭到破坏，则它可以利用的资源可能会超过为其配置的资源。

以下是为用户管理器服务设置 CPU 和内存限制的示例，它遵循了将资源限制和资源请求设置为相同值的最佳实践：

```
apiVersion: apps/v1
kind: Deployment
metadata:
  name: user-manager
  labels:
    svc: user
    app: manager
spec:
  replicas: 1
  selector:
    matchLabels:
      svc: user
      app: manager
  template:
    metadata:
      labels:
        svc: user
        app: manager
    spec:
      containers:
      - name: user-manager
        image: g1g1/delinkcious-user:0.3
        imagePullPolicy: Always
        ports:
        - containerPort: 7070
        resources:
          requests:
            memory: 64Mi
            cpu: 250m
          limits:
            memory: 64Mi
            cpu: 250m
```

设置容器限制非常有用，但是对于许多 Pod 或其他资源的分配失控的问题无济于事，这就需要资源配额来帮忙。

12.4.3 指定资源配额

Kubernetes 允许为每个命名空间指定配额。你可以设置不同类型的配额，例如，CPU、内存和各种对象的数量，包括持久卷声明。让我们为 Delinkcious 的默认名称空间设置一些配额：

```
apiVersion: v1
kind: List
items:
```

```
- apiVersion: v1
  kind: ResourceQuota
  metadata:
    name: awesome-quota
  spec:
    hard:
      cpu: "1000"
      memory: 200Gi
      pods: "100"
```

下面是应用配额的命令：

```
$ kubectl create -f resource-quota.yaml
resourcequota/awesome-quota created
```

现在，我们可以检查资源配额对象的实际使用情况，并将其与配额进行比较以了解差距：

```
$ kubectl get resourcequota awesome-quota -o yaml | grep status -A 8
status:
  hard:
    cpu: 1k
    memory: 200Gi
    pods: "100"
  used:
    cpu: 350m
    memory: 64Mi
    pods: "10"
```

显然，这个资源配额远远超出了当前集群的利用率。没关系，它不分配或预留任何资源，这只是意味着配额不是很严格。

资源配额还有更多细节和选项。对于具有某些特定条件或状态（Terminating、NotTerminating、BestEffort 和 NotBestEffort）的资源，资源配额是有一些范围的。有些资源配额特定于某些优先级类别。无论如何，你都可以细化并提供资源配额策略来控制集群中的资源分配，即使是配置错误或面对攻击。

至此，我们的基础资源已经使用了资源配额，可以继续进行实际的资源供应了。有几种方法可以做到这一点，但是对于复杂的系统，我们可能会采用到其中的很多甚至是全部方法。

12.4.4 手动供应

手动供应听起来像是一种反模式，但实际上在某些情况下它很有用。例如，如果要管理本地数据中心的集群，则必须配置物理服务器，并将设置好网络连接以及安装存储。另一个常见的用例是在开发期间，你希望开发自动供应，但是有一个交互式实验（可能不在生产环境中）。然而，即使在生产中，如果发现某些配置错误或其他问题，则可能需要通过手动供应一些资源来应对危机。

12.4.5　利用自动伸缩

在云上，强烈建议使用我们前面讨论的自动伸缩解决方案。Pod 水平自动伸缩是毋庸置疑要使用到的。如果集群要处理非常动态的工作负载，并且不想定期超额供应资源，那么集群自动伸缩也非常有用。Pod 垂直自动伸缩可能最适合资源微调的请求。

12.4.6　自定义自动供应

如果你有更复杂的需求，则随时可以自己动手实现自动供应。Kubernetes 鼓励运行自定义的控制器来监控不同的事件，并通过供应一些资源甚至在本地运行某些工具来响应，或者作为 CI/CD 流水线的一部分来运行，以检查集群状态并做出一些供应决策。

正确配置集群后，你应该开始考虑性能问题。性能问题很有趣，因为你需要考虑很多不同方面的权衡。

12.5　正确地优化性能

由于许多原因，性能非常重要，我们将很快对此进行深入研究。了解什么时候尝试并提高性能非常重要。我个人的指导原则是：让它工作，让它正确地工作，让它快速地工作。也就是说，首先，只要让系统执行它需要做的任何事情，无论它多么缓慢和笨拙。然后，梳理架构和代码。现在，你已经准备好处理性能问题，并考虑重构、更改和许多其他可能影响性能的因素。

但是性能改进前还有一件事要做，就是性能剖析和基准测试。试图在不测量要改进的内容的情况下提高性能，就像在不编写任何测试的情况下使代码正确运行一样。这不仅是徒劳的，而且，即使你确实幸运提高了性能，但是如果不进行测量，你又怎么知道是提高了呢？

让我们了解一些有关性能的知识。它让一切都变得复杂，但是，这通常是必要的。当性能影响用户体验或成本时，提高性能非常重要。但糟糕的是，改善用户体验通常需要付出一定的代价。找到最佳位置是困难的，不幸的是，最佳状态也不会保持不变，系统在发展，用户数量在增长，技术在变化，资源成本也在变化。例如，一家小型社交媒体创业公司业务还没有到建立自己的数据中心的阶段，但是像 Facebook 这样的社交媒体巨头现在正在设计自己的定制服务器，以提高性能并节省成本，规模的影响很大。

最重要的是，为了做出这些决定，你必须了解系统的工作方式，并能够度量每个组件以及对系统的更改产生的性能影响。

12.5.1　性能和用户体验

用户体验是关于可感知的性能的。单击按钮后，我可以多快在屏幕上看到漂亮的图片？显然，你可以提高系统的实际性能，购买更快的硬件、并行运行、改进算法、将依赖项升级到更新和性能更高的版本，等等。但是，通常，这更多的是关于更智能的架构，通过添加缓存、提供近似结果以及将工作推送给客户端来减少工作量等。还有像预取之类的方法，它们尝试在用户需要之前就进行工作以预测用户的需求。

用户体验决策可能会显著影响性能。考虑一个聊天程序，在该程序中，客户端每次点击时，对比一下每秒轮询服务器和每分钟只检查一次新消息。性能差距有 60 倍！这会带来完全不同的用户体验。

12.5.2 性能和高可用性

超时可能是系统上最糟糕的事情之一。超时意味着用户将无法及时获得结果。超时意味着做了很多工作，而现在却浪费了。你可能设置了重试逻辑，并且用户最终会得到他们的结果，但是性能会受到打击。当系统及其所有组件都高可用（以及不过载）时，你可以最大限度地减少超时的发生。如果系统非常冗余，甚至可以多次将相同的请求发送到不同的后端，只要其中一个响应，用户就可以得到结果。

另一方面，高可用和冗余的系统有时需要与所有（或至少一个）分片 / 后端同步，以确保获得最新的结果。当然，在高可用的系统上，插入或更新数据也更加复杂，并且通常需要更长的时间。如果冗余跨越多个可用区、地区或大洲，则响应时间将会增加几个数量级。

12.5.3 性能和成本

性能和成本之间存在非常有趣的关系。提高性能的方法有很多，其中一些可以降低成本，例如优化代码、压缩发送的数据或将计算推送到客户端。但是，其他提高性能的方法可能会增加成本，例如在功能更强大的硬件上运行、将数据复制到靠近客户端的多个位置以及预取未请求的数据。

这最终是一个商业决策。即使是双赢的性能改进，也并非总是具有高优先级，比如改进算法。例如，你可以花费大量时间来提出一种算法，它的运行速度比以前的算法快 10 倍。但是，在处理请求的整个时间中，计算时间可以忽略不计，因为它主要由访问数据库、序列化数据以及将其发送给客户端的时间决定。在这种情况下，你浪费了本来可以用于开发更有用的产品的时间，并且有可能破坏代码的稳定性、引入错误以及使代码变得难以理解。同样，良好的指标和性能分析将帮助确定系统中值得在性能和成本方面进行改进的热点。

12.5.4 性能和安全性

性能和安全性通常是矛盾的。安全性通常会推动整个集群内外的加密。安全会强调身份认证和授权，这些内容可能是必需的，但会带来系统性能开销。但是，安全性有时会通过提倡削减不必要的功能并减少系统的表面来间接帮助提高性能。这种产生更紧密系统的斯巴达式方法，使你可以专注于一个更小的目标以提高性能。通常，安全系统不会在没有仔细考虑的情况下任意添加可能损害性能的功能。

稍后，我们将探讨如何通过 Kubernetes 收集和使用指标，但首先让我们关注一下日志，这是监控系统的另一个支柱。

12.6　日志

日志是在系统运行期间记录消息的能力。日志消息通常具有结构性和时间戳，在尝试诊断问题并对系统进行故障排除时，它们通常是必不可少的。在进行故障分析和根本原因分析时，它们也至关重要。在大型分布式系统中记录日志的组件很多。收集、组织和筛选它们并非易事，但是首先，让我们考虑一下记录哪些信息有用。

12.6.1　日志应该记录什么

这是一个非常重要的问题。一种简单的方法是记录所有内容。永远不要记录太多数据，因为在试图找出系统出了什么问题时，很难预测将需要哪些数据。但是，所有内容到底指哪些内容呢？显然，你可以走得很远。例如，可以记录对代码中每个小功能的每次调用，包括所有参数以及当前状态，或记录每个网络调用的有效负载。有时，存在安全和合规限制使你无法记录某些数据，例如**受保护健康信息（Protected Health Information，PHI）**和**个人身份信息（Personally Identifiable Information，PII）**。你需要充分了解你的系统，才能确定相关的信息类型。一个好的起点是记录微服务之间以及微服务和第三方服务之间的所有传入请求和交互。

12.6.2　日志与错误报告

错误是一种特殊的信息。你的代码可以处理一些错误（例如，重试或某些替代方法）。但是，还有一些错误必须尽快处理，否则系统将部分或全部中断。但是，即使不是很紧急的错误有时也会记录很多信息。你可以像记录其他任何信息一样记录错误，但是将错误记录到专门的错误报告服务（如 Rollbar 或 Sentry）中通常是值得的。错误的关键信息之一就是堆栈跟踪，其中包括堆栈中每个帧的状态（局部变量）。对于生产系统，除记录日志外，我建议你使用专门的错误报告服务。

12.6.3　Go 日志接口

Delinkcious 主要是用 Go 实现的，所以让我们谈谈 Go 的日志。Go 有一个标准的 Logger 库，它是一个结构体而不是一个接口。它是可配置的，在创建时可以传递 io.Writer 对象。但是，Logger 结构体的方法很严格，不支持日志级别或结构化日志。此外，在某些情况下，只有一个输出写入这一事实可能是一个限制。下面是标准 Logger 的规范：

```
type Logger struct { ... } // Not an interface!

func New(out io.Writer, prefix string, flag int) *Logger

// flag controls date, time, µs, UTC, caller
// Log
func (l *Logger) Print(v ...interface{})
func (l *Logger) Printf(format string, v ...interface{})
func (l *Logger) Println(v ...interface{})

// Log and call os.Exit(1)
func (l *Logger) Fatal(v ...interface{})
func (l *Logger) Fatalf(format string, v ...interface{})
func (l *Logger) Fatalln(v ...interface{})

// Log and panic
func (l *Logger) Panic(v ...interface{})
func (l *Logger) Panicf(format string, v ...interface{})
func (l *Logger) Panicln(v ...interface{})

func (l *Logger) Output(calldepth int, s string) error
```

如果需要这些功能，则需要使用其他位于标准库 Logger 之上的库，可以参考以下几个软件包：

- ❑ glog：https://godoc.org/github.com/golang/glog
- ❑ logrus：https://github.com/Sirupsen/logrus
- ❑ loggo：https://godoc.org/github.com/juju/loggo
- ❑ log15：https://github.com/inconshreveable/log15

它们有着不同的接口和特性。但是，我们正在使用 Go-kit，它也有自己的日志功能。

12.6.4　使用 Go-kit 日志

Go-kit 具有迄今为止最简单的接口。关于日志，它只有一种方法 Log()，接受任何类型的键值列表：

```
type Logger interface {
 Log(keyvals ...interface{}) error
}
```

Go-kit 对如何记录消息没有要求。是否需要添加时间戳记？有日志记录级别吗？有哪些级别？所有这些问题的答案都取决于你。你将拥有一个完全通用的接口，并确定要记录的键值。

1. 使用 Go-kit 设置 logger

该接口是通用的，但是我们需要一个实际的 logger 对象来使用。Go-kit 支持多种 writer 对象和 logger 对象，它们可以立即生成熟悉的日志格式，如 JSON、logfmt 或 logrus。让我们用 JSON formatter 和同步 writer 设置一个 logger。可以从多个 Go 例程中安全使用同步 writer，并且 JSON formatter 会将键值格式化为 JSON 字符串。另外，我们可以添加一些默认字段，例如服务名称（日志消息的来源）和当前时间戳。由于我们可能想在多个服务中使用相同的 logger 规范，因此我们将其放在所有服务都可以使用的包中。最后还要添加一个 Fatal() 函数，该函数将转发到标准 log.Fatal() 函数。这使当前使用 Fatal() 的代码无须更改即可继续工作。下面是 Delinkcious 日志包，其中包含 logger 的工厂功能和 Fatal() 函数：

```
package log

import (
  kit_log "github.com/go-kit/kit/log"
  std_log "log"
  "os"
)

func NewLogger(service string) (logger kit_log.Logger) {
  w := kit_log.NewSyncWriter(os.Stderr)
  logger = kit_log.NewJSONLogger(w)
  logger = kit_log.With(logger, "service", service)
  logger = kit_log.With(logger, "timestamp", kit_log.DefaultTimestampUTC)
  logger = kit_log.With(logger, "called from", kit_log.DefaultCaller)

  return
}

func Fatal(v ... interface{}) {
  std_log.Fatal(v...)
}
```

writer 只需写入标准错误流，该错误流将被捕获并发送到 Kubernetes 上的容器日志中。下面将通过将 logger 附加到我们的链接服务进行实际操作说明。

2. 使用日志中间件

让我们考虑一下要在何处实例化 logger，然后在何处使用它并记录消息。这很重要，因为我们需要确保 logger 可用于代码中记录消息的所有位置。一种简单的方法是将 logger 参数添加到我们所有的接口，然后以这种方式传播 logger。但是，这是非常具有破坏性的，会破坏我们的对象模型。日志实际上是一种实现和操作细节，理想情况下，它不应出现在我们的对象模型类型或接口中。另外，它是 Go-kit 类型，到目前为止，我们设法让对象模型甚至域包完全不知道它们是由 Go-kit 包装的。SVC 目录下的 Delinkcious 服务是知道 Go-kit 的唯一代码部分。

让我们尝试保持这种方式。Go-kit 提供了中间件概念，允许我们能够以松耦合的方式链接多个中间件组件。服务的所有中间件组件都实现了服务接口，稍加推动即可使 Go-kit 依次调用它们。让我们从这个推动开始，它是一个接受 LinkManager 接口并返回 LinkManager 接口的函数类型：

```
type linkManagerMiddleware func(om.LinkManager) om.LinkManager
```

logging_middleware.go 文件具有一个名为 newLoggingMiddlware() 的工厂

函数，它接受一个 logger 对象并返回与 linkManagerMiddleware 匹配的函数。该函数依次实例化 loggingMiddelware 结构体，将其传递给链中的下一个组件和 logger：

```
// implement function to return ServiceMiddleware
func newLoggingMiddleware(logger log.Logger) linkManagerMiddleware {
  return func(next om.LinkManager) om.LinkManager {
    return loggingMiddleware{next, logger}
  }
}
```

这可能非常令人困惑，但是基本思想是能够链接任意的中间件组件，这些组件可以完成某些工作并让其余的计算继续进行。具有所有这些间接层的原因是 Go-kit 对我们的类型和接口一无所知，因此必须编写样板代码（正如之前提到的，所有这些都可以并且应该自动生成）来提供帮助。让我们研究 loggingMiddleware 结构体及其方法，结构体本身具有 linkManager 接口，它是链中的下一个组件和 logger 对象：

```
type loggingMiddleware struct {
  next om.LinkManager
  logger log.Logger
}
```

作为 LinkManager 中间件组件，它必须实现 LinkManager 接口方法。下面是 GetLinks() 的实现。它使用 logger 记录一些值，特别是方法名称（即 GetLinks）、请求对象、结果和持续时间。然后，它在链中的下一个组件上调用 GetLinks() 方法：

```
func (m loggingMiddleware) GetLinks(request om.GetLinksRequest) (result
om.GetLinksResult, err error) {
  defer func(begin time.Time) {
    m.logger.Log(
      "method", "GetLinks",
      "request", request,
      "result", result,
      "duration", time.Since(begin),
    )
  }(time.Now())
  result, err = m.next.GetLinks(request)
  return
}
```

为简单起见，其他方法只是调用链中的下一个组件而不执行任何操作：

```
func (m loggingMiddleware) AddLink(request om.AddLinkRequest) error {
  return m.next.AddLink(request)
}

func (m loggingMiddleware) UpdateLink(request om.UpdateLinkRequest) error {
  return m.next.UpdateLink(request)
}

func (m loggingMiddleware) DeleteLink(username string, url string) error {
  return m.next.DeleteLink(username, url)
}
```

中间件链的概念非常强大。中间件可以在将输入传递给下一个组件之前对其进行预处理，它可以立即返回而无须调用下一个组件，或者可以对来自下一个组件的结果进行后处理。

让我们看看运行冒烟测试时链接服务的日志输出。对于我们来说，它看起来有些混乱，但是所有必要的信息都在这里，有着清楚的标记，并在需要时可用于大规模的分析。它很容易通过 grep 或者 jq 之类的工具过滤以进行更深入的研究：

```
$ kubectl logs svc/link-manager
{"called from":"link_service.go:133","msg":"*** listening on
***","port":"8080","service":"link
manager","timestamp":"2019-05-13T02:44:42.588578835Z"}
{"called
from":"logging_middleware.go:25","duration":"1.526953ms","method":"GetLinks
","request":{"UrlRegex":"","TitleRegex":"","DescriptionRegex":"","Username"
:"Gigi
Sayfan","Tag":"","StartToken":""},"result":{"Links":[],"NextPageToken":""},
"service":"link manager","timestamp":"2019-05-13T02:45:05.302342532Z"}
{"called
from":"logging_middleware.go:25","duration":"591.148µs","method":"GetLinks"
,"request":{"UrlRegex":"","TitleRegex":"","DescriptionRegex":"","Username":
"Gigi
Sayfan","Tag":"","StartToken":""},"result":{"Links":[{"Url":"https://github
.com/the-gigi","Title":"Gigi on
Github","Description":"","Status":"pending","Tags":null,"CreatedAt":"2019-0
5-13T02:45:05.845411Z","UpdatedAt":"2019-05-13T02:45:05.845411Z"}],"NextPag
eToken":""},"service":"link
manager","timestamp":"2019-05-13T02:45:06.134842509Z"}
{"called
from":"logging_middleware.go:25","duration":"911.499µs","method":"GetLinks"
,"request":{"UrlRegex":"","TitleRegex":"","DescriptionRegex":"","Username":
"Gigi
Sayfan","Tag":"","StartToken":""},"result":{"Links":[{"Url":"https://github
.com/the-gigi","Title":"Gigi on
Github","Description":"","Status":"pending","Tags":null,"CreatedAt":"2019-0
5-13T02:45:05.845411Z","UpdatedAt":"2019-05-13T02:45:05.845411Z"}],"NextPag
eToken":""},"service":"link
manager","timestamp":"2019-05-13T02:45:09.438915897Z"}
```

感谢 Go-kit，我们有了一个强大而灵活的日志记录机制。但是，使用 kubectl logs 手动获取日志的方式是无法扩展的。对于现实中的系统，我们需要集中式日志管理。

12.6.5 使用 Kubernetes 集中管理日志

在 Kubernetes 中，容器会写入标准输出和标准错误流，Kubernetes 会使这些日志被使用（例如，通过 kubectl logs）。如果 Pod 崩溃了，甚至可以 kubectl logs -p 获取容器上一次运行的日志，但是，如果 Pod 进被重新调度，则对应的容器及其日志将消失。如果节点本身崩溃，也会丢失日志。即使所有日志对于具有大量服务的集群都是可用的，但筛选容器日志并尝试弄清系统状态也是一项艰巨的任务。这就需要集中管理日志，其想法是运行日志代理，既可以作为每个 Pod 中的 Sidecar 容器，也可以作为每个节点上设置的守护程序运行，监听所有日志，然后将它们实时发送到一个集中位置，以便对它们进行聚合、过滤和排序。当然，也可以直接在容器中发送日志到集中式日志服务。

最简单、最可靠的方法是使用 DaemonSet。集群管理员确保在每个节点上都安装了日志代理。无须更改你的 Pod 规约即可注入 Sidecar 容器，无须依赖特殊的库即可与远程日志服务进行通信，你的代码只需写入标准输出和标准错误就可以。你可能使用的大多数其他服务（例如 Web 服务器和数据库）也可以配置为写入标准输出和标准错误。

在 Kubernetes 上最受欢迎的日志代理之一是 Fluentd（https://www.fluentd.org），它也是 CNCF 的毕业项目。除非有更充分的理由使用其他日志代理，否则建议你使用 Fluentd。图 12-4 说明了 Fluentd 如何作为 DaemonSet 部署到 Kubernetes 中，并将其部署到每个节点中，拉取所有 Pod 的日志并将其发送到集中式日志管理系统。

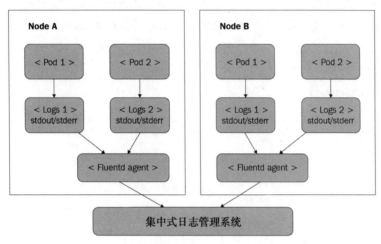

图 12-4　Fluentd

让我们谈谈日志管理系统。在开源世界中，ELK 堆栈——ElasticSearch、LogStash 和 Kibana 是非常流行的组合。ElasticSearch 存储日志并提供了多种将它们切片的方法，LogStash 是日志接收管道，而 Kibana 是功能强大的可视化解决方案。Fluentd 可以替换 LogStash 作为日志代理，从而得到 EFK 堆栈——ElasticSearch、Fluentd 和 Kibana 在 Kubernetes 上表现得非常好。通过 Helm chart 和 GitHub 代码仓库，可以一键将 EFK 安装到 Kubernetes 集群。但是，你还应该考虑集群外的日志服务。如前所述，日志对于故障排除和分析非常有用，但是如果集群出现问题，你可能在最需要日志时无法访问日志。Fluentd 可以与大量数据输出集成，你可以在 https://www.fluentd.org/dataoutput 查看完整列表。我们已经介绍了日志，下面该讨论一下指标了。

12.7　在 Kubernetes 上收集指标

指标是支持许多有趣用例（例如自愈、自动伸缩和警报）的关键组件。Kubernetes 作为一个分布式平台，提供了非常强大的指标相关的支持，并具有通用、灵活的指标 API。

Kubernetes 始终通过 cAdvisor（集成到 kube-proxy）和 Heapster（https://github. com/kubernetes-retired/heapster）。但是，在 Kubernetes 1.12 中 cAdvisor 被移除了，在 Kubernetes 1.13 中 Heapster 也被移除了。你仍然可以安装它们（就像我们之前使用 Heapster 附加组件在 minikube 上所做的一样），但是它们不再是 Kubernetes 的一部分，因此不推荐使用。在 Kubernetes 上执行指标的新方法是使用指标 API 和指标服务器（https:// github.com/kubernetes-incubator/metrics-server）。

12.7.1　Kubernetes 指标 API

Kubernetes 指标 API 非常通用，它支持节点和 Pod 指标以及自定义指标。指标具有用途字段、时间戳和窗口（收集指标的时间范围）。下面是节点指标的 API 定义：

```
// resource usage metrics of a node.
type NodeMetrics struct {
  metav1.TypeMeta
  metav1.ObjectMeta

  // The following fields define time interval from which metrics were
  // collected from the interval [Timestamp-Window, Timestamp].
  Timestamp metav1.Time
  Window metav1.Duration

  // The memory usage is the memory working set.
  Usage corev1.ResourceList
}

// NodeMetricsList is a list of NodeMetrics.
type NodeMetricsList struct {
  metav1.TypeMeta
  // Standard list metadata.
  // More info:
https://git.k8s.io/community/contributors/devel/api-conventions.md#types-ki
nds
  metav1.ListMeta

  // List of node metrics.
  Items []NodeMetrics
}
```

用涂字段类型为 `ResourceList`，但实际上是资源名称到数量的映射：

```
// ResourceList is a set of (resource name, quantity) pairs.
type ResourceList map[ResourceName]resource.Quantity
```

还有其他两个与指标相关的 API：外部指标 API 和自定义指标 API，它们旨在通过任意自定义指标或来自外部 Kubernetes 的指标（例如云提供商监控）扩展 Kubernetes 指标，你可以注释这些额外的指标将其用于自动伸缩。

12.7.2　Kubernetes 指标服务器

　　Kubernetes 指标服务器是 Heapster 和 cAdvisor 的替代品。它实现了指标 API，并提供了节点和 Pod 指标，各种自动伸缩和 Kubernetes 调度器本身都会尽可能利用这些指标。取决于你的 Kubernetes 发行版，指标服务器可能已经安装，也可能没有安装。如果需要安装，可以使用 Helm。例如，在 AWS EKS 上，必须使用以下命令安装指标服务器（可以选择任何命名空间）：

```
helm install stable/metrics-server \
 --name metrics-server \
 --version 2.0.4 \
 --namespace kube-system
```

　　通常，你不会直接与指标服务器交互，可以使用 `kubectl get --raw` 命令访问指标：

```
$ kubectl get --raw "/apis/metrics.k8s.io/v1beta1/nodes" | jq .
{
  "kind": "NodeMetricsList",
  "apiVersion": "metrics.k8s.io/v1beta1",
  "metadata": {
    "selfLink": "/apis/metrics.k8s.io/v1beta1/nodes"
  },
  "items": [
    {
      "metadata": {
        "name": "ip-192-168-13-100.ec2.internal",
        "selfLink":
"/apis/metrics.k8s.io/v1beta1/nodes/ip-192-168-13-100.ec2.internal",
        "creationTimestamp": "2019-05-17T20:05:29Z"
      },
      "timestamp": "2019-05-17T20:04:54Z",
      "window": "30s",
      "usage": {
      "cpu": "85887417n",
      "memory": "885828Ki"
      }
    }
  ]
}
```

　　另外，你可以使用非常有用的 `kubectl` 命令如 `kubectl top`，它可以使你快速了解节点或 Pod 的性能：

```
$ kubectl top nodes
NAME                          CPU(cores)  CPU%  MEMORY(bytes)  MEMORY%
ip-192-168-13-100.ec2.internal  85m        4%    863Mi          11%

$ kubectl top pods
NAME                             CPU(cores)  MEMORY(bytes)
api-gateway-795f7dcbdb-ml2tm      1m          23Mi
link-db-7445d6cbf7-2zs2m          1m          32Mi
link-manager-54968ff8cf-q94pj     0m          4Mi
nats-cluster-1                    1m          3Mi
nats-operator-55dfdc6868-fj5j2    2m          11Mi
news-manager-7f447f5c9f-c4pc4     0m          1Mi
```

```
news-manager-redis-0                     1m          1Mi
social-graph-db-7565b59467-dmdlw         1m          31Mi
social-graph-manager-64cdf589c7-4bjcn    0m          1Mi
user-db-0                                1m          32Mi
user-manager-699458447-6lwjq             1m          1Mi
```

注意，从 Kubernetes 1.15（撰写本书时的最新版本）开始，Kubernetes 仪表板尚未与指标服务器集成，它仍然需要 Heapster。但是，我相信你很快就会用到指标服务器。

指标服务器是用于 CPU 和内存的标准 Kubernetes 解决方案，但是，如果你想进一步考虑自定义指标，则有一个非常不错的选择：Prometheus。与 Kubernetes 的大多数情况不同，Prometheus 在所有其他免费和开源选项中遥遥领先。

12.7.3 使用 Prometheus

Prometheus（https://prometheus.io/）是一个开源项目，也是 CNCF 毕业项目（紧随 Kubernetes 的第二个毕业项目）。它是 Kubernetes 的指标收集解决方案事实上的标准，具有令人印象深刻的功能组合，在 Kubernetes 中有广泛的安装基础以及活跃的社区。其中一些突出的特性如下：

- ❑ 一个通用的多维数据模型，其中每个指标都建模为键值对的时间序列。
- ❑ 一种强大的查询语言 PromQL，可以生成报告、图形和表格。
- ❑ 内置的警报引擎，其中警报由 PromQL 查询定义和触发。
- ❑ 强大的可视化 Grafana、控制台模板语言等。
- ❑ 与 Kubernetes 以外的其他基础设施组件的众多集成。

你可以查看以下参考资料：

- ❑ **使用 Prometheus 监控 Kubernetes 部署**：https://supergiant.io/blog/monitoring-your-kubernetes-deployments-with-prometheus/。
- ❑ **使用自定义指标配置 Kubernetes 自动伸缩**：https://docs.bitnami.com/kubernetes/how-to/configure-autoscaling-custom-metrics/。

1. 将 Prometheus 部署到集群中

Prometheus 是一个大型项目，具有许多功能、选项和集成，部署和管理它不是一件容易的事。有几个项目可以给你提供帮助，其中 Prometheus operator（https://github.com/coreos/prometheus-operator）提供了一种使用 Kubernetes 资源深度配置 Prometheus 的方法。

Operator 概念（https://coreos.com/blog/introducing-operators.html）最早是由 CoreOS 于 2016 年提出的（CoreOS 被 RedHat 收购，后者又被 IBM 收购）。Kubernetes operator 是一个控制器，负责使用 Kubernetes CRD 管理集群内的有状态应用程序。实际上，operator 扩展了 Kubernetes API，以便在管理 Prometheus 等外部组件时提供无缝体验。实际上，Prometheus operator 是第一个 operator 实现（同时还有 Etcd operator），如图 12-5 所示。

kube-promethus（https://github.com/coreos/kube-prometheus）项目建立在 Prometheus operator 之上，并添加了以下内容：

❑ Grafana 可视化。

❑ 高可用的 Prometheus 集群。

❑ 高可用的 Alertmanager 集群。

❑ Kubernetes Metrics API 的适配器。

❑ 通过 Prometheus 节点导出器收集内核和操作
系统指标。

❑ 通过 kube-state-metrics 收集 Kubernetes
对象状态的各种指标。

图 12-5 Prometheus Operator

Prometheus operator 使你能够将 Prometheus 实例启动到 Kubernetes 命名空间中，对其
进行配置，并通过标签来定位目标服务。

现在，我们使用 Helm 来部署 Prometheus：

```
$ helm install --name prometheus stable/prometheus
 This will create service accounts, RBAC roles, RBAC bindings, deployments,
services and even a daemon set. In addition it will print the following
information to connect to different components:
```

ℹ 在集群中，可以通过以下 DNS 名称和 80 端口访问 Prometheus 服务器：prometheus-
server.default.svc.cluster.local。

运行以下命令来获取 Prometheus 服务器 URL：

```
  export POD_NAME=$(kubectl get pods --namespace default -l
"app=prometheus,component=server" -o jsonpath="{.items[0].metadata.name}")
  kubectl --namespace default port-forward $POD_NAME 9090
```

在集群中，可以通过以下 DNS 名称和 80 端口访问 Prometheus alertmanager：

prometheus-alertmanager.default.svc.cluster.local

运行以下命令来获取 Alertmanager URL：

```
export POD_NAME=$(kubectl get pods --namespace default -l
"app=prometheus,component=alertmanager" -o
jsonpath="{.items[0].metadata.name}")
  kubectl --namespace default port-forward $POD_NAME 9093
```

在集群中，可以通过以下 DNS 名称和 9091 端口访问 Prometheus pushgateway：

prometheus-pushgateway.default.svc.cluster.local

运行以下命令来获取 PushGateway URL：

```
  export POD_NAME=$(kubectl get pods --namespace default -l
"app=prometheus,component=pushgateway" -o
jsonpath="{.items[0].metadata.name}")
  kubectl --namespace default port-forward $POD_NAME 9091
```

让我们看看安装了哪些服务：

```
$ kubectl get svc -o name | grep prom
service/prometheus-alertmanager
service/prometheus-kube-state-metrics
service/prometheus-node-exporter
service/prometheus-pushgateway
service/prometheus-server
```

一切似乎并井有条。让我们按照说明查看 Prometheus Web 界面：

```
$ export POD_NAME=$(kubectl get pods --namespace default -l
"app=prometheus,component=server" -o jsonpath="{.items[0].metadata.name}")

$ kubectl port-forward $POD_NAME 9090
Forwarding from 127.0.0.1:9090 -> 9090
Forwarding from [::1]:9090 -> 9090
```

现在，我们可以浏览到 localhost:9090 并进行一些查看。让我们检查集群中的线程数量，如图 12-6 所示。

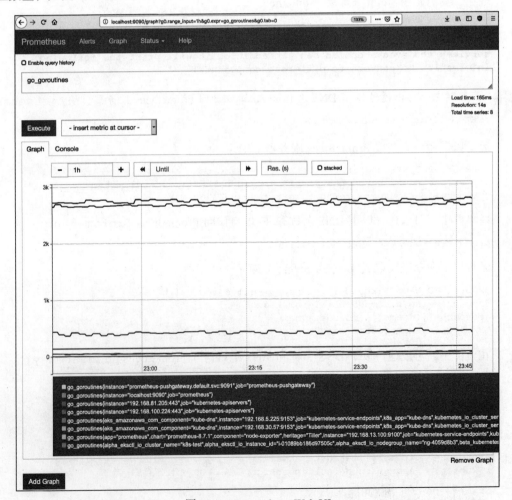

图 12-6　Prometheus Web UI

Prometheus 收集的指标数量让人有点头晕目眩，它有数百种不同的内置指标。在打开指标下拉菜单时，可以看到右侧的滚动条有多小，如图 12-7 所示。

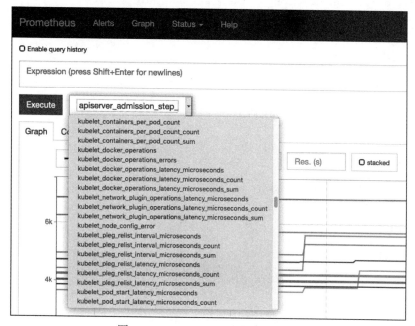

图 12-7　Prometheus 指标下拉菜单

指标远比你需要的多，但是每个指标对于某些特定的故障排除任务而言可能非常重要。

2. 记录来自 Delinkcious 的自定义指标

Prometheus 已经安装成功并开始自动收集标准指标，但我们也想记录一些自定义指标。Prometheus 采用拉取（pull）模式工作，想要提供指标的服务需要公开 /metrics 端点（也可以使用其 Push Gateway 将指标推送到 Prometheus）。让我们利用 Go-kit 的中间件概念，并添加一个类似于日志中间件的指标中间件。我们将利用 Prometheus 提供的 Go 客户端库。

客户端库提供了几种原语，例如计数、摘要、直方图和计量。为了理解如何记录 Go 服务的指标，我们将对链接服务的每个端点进行检测，以记录请求数（计数）以及所有请求的统计（摘要）。让我们从 pkg/metrics 库中提供的工厂函数开始，该库为 Prometheus Go 客户端提供了方便的包装器。Go-kit 在 Prometheus Go 客户端之上具有自己的抽象层，但是除非你计划切换到 statsd 之类的其他指标提供者，否则它不会提供很多价值。这对于 Delinkcious 不太适用，对于你的系统可能也不太适用。服务名称、指标名称和辅助字符串将在以后用于构造完全限定的指标名称：

```
package metrics

import (
    "github.com/prometheus/client_golang/prometheus"
```

```
  "github.com/prometheus/client_golang/prometheus/promauto"
)

func NewCounter(service string, name string, help string)
prometheus.Counter {
  opts := prometheus.CounterOpts{
    Namespace: "",
    Subsystem: service,
    Name: name,
    Help: help,
  }
  counter := promauto.NewCounter(opts)
  return counter
}

func NewSummary(service string, name string, help string)
prometheus.Summary {
  opts := prometheus.SummaryOpts{
    Namespace: "",
    Subsystem: service,
    Name: name,
    Help: help,
  }

  summary := promauto.NewSummary(opts)
  return summary
}
```

下一步是构造中间件。它看起来应该非常熟悉，因为它几乎与日志中间件相同。newMetricsMiddleware() 函数为每个端点创建一个计数和一个摘要指标，并将其作为之前定义的通用 linkManagerMiddleware 函数返回（该函数接受下一个中间件并返回以链接实现 om.LinkManager 接口的全部组件）：

```
package service

import (
  "github.com/prometheus/client_golang/prometheus"
  "github.com/the-gigi/delinkcious/pkg/metrics"
  om "github.com/the-gigi/delinkcious/pkg/object_model"
  "strings"
  "time"
)


// implement function to return ServiceMiddleware
func newMetricsMiddleware() linkManagerMiddleware {
  return func(next om.LinkManager) om.LinkManager {
    m := metricsMiddleware{next,
      map[string]prometheus.Counter{},
      map[string]prometheus.Summary{}}
    methodNames := []string{"GetLinks", "AddLink", "UpdateLink",
"DeleteLink"}
    for _, name := range methodNames {
      m.requestCounter[name] = metrics.NewCounter("link",
```

```
strings.ToLower(name)+"_count",
                                               "count # of requests")
    m.requestLatency[name] = metrics.NewSummary("link",
strings.ToLower(name)+"_summary",
                                               "request summary in
milliseconds")

  }
  return m
}
```

metricsMiddleware 结构体存储下一个中间件和两个映射。一个映射是方法名称到
Prometheus 计数的映射，而另一个映射是方法名称到 Prometheus 摘要的映射，LinkManager
接口方法使用它们来分别记录每种方法的指标：

```
type metricsMiddleware struct {
  next om.LinkManager
  requestCounter map[string]prometheus.Counter
  requestLatency map[string]prometheus.Summary
}
```

中间件方法使用执行操作的模式，在这里是记录指标，然后调用下一个组件。下面是
GetLinks() 方法：

```
func (m metricsMiddleware) GetLinks(request om.GetLinksRequest) (result
om.GetLinksResult, err error) {
  defer func(begin time.Time) {
    m.recordMetrics("GetLinks", begin)
  }(time.Now())
  result, err = m.next.GetLinks(request)
  return
}
```

实际的指标记录由 recordMetrics() 方法完成，该方法接收方法名称（此处
为 GetLinks）和开始时间。它被放到 GetLinks() 方法的末尾，这使得它可以计算
GetLinks() 方法本身的持续时间。它使用与方法名称匹配的映射中的计数和摘要：

```
func (m metricsMiddleware) recordMetrics(name string, begin time.Time) {
  m.requestCounter[name].Inc()
  durationMilliseconds := float64(time.Since(begin).Nanoseconds() *
1000000)
  m.requestLatency[name].Observe(durationMilliseconds)
}
```

至此，我们的指标中间件已经准备就绪，但是仍然需要将其连接到中间件链并将其公
开为 /metrics 端点。我们已经完成了所有准备工作，接下来只需要在链接服务的 Run()
方法中添加以下两行代码：

```
// Hook up the metrics middleware
svc = newMetricsMiddleware()(svc)

...
```

```
// Expose the metrics endpoint
r.Methods("GET").Path("/metrics").Handler(promhttp.Handler())
```

现在，可以查询 /metrics 端点并查看返回的指标。让我们运行三次冒烟测试，并查看 GetLinks() 和 AddLink() 方法的指标。正如预期的那样，每个冒烟测试调用一次 AddLink() 方法（总计三次），而每次测试调用 GetLinks() 方法三次，总计九次，我们还可以看到辅助字符串。此外，摘要分位数在处理大型数据集时非常有用：

```
$ http http://localhost:8080/metrics | grep 'link_get\|add'

# HELP link_addlink_count count # of requests
# TYPE link_addlink_count counter
link_addlink_count 3
# HELP link_addlink_summary request summary in milliseconds
# TYPE link_addlink_summary summary
link_addlink_summary{quantile="0.5"} 2.514194e+12
link_addlink_summary{quantile="0.9"} 2.565382e+12
link_addlink_summary{quantile="0.99"} 2.565382e+12
link_addlink_summary_sum 7.438251e+12
link_addlink_summary_count 3
# HELP link_getlinks_count count # of requests
# TYPE link_getlinks_count counter
link_getlinks_count 9
# HELP link_getlinks_summary request summary in milliseconds
# TYPE link_getlinks_summary summary
link_getlinks_summary{quantile="0.5"} 5.91539e+11
link_getlinks_summary{quantile="0.9"} 8.50423e+11
link_getlinks_summary{quantile="0.99"} 8.50423e+11
link_getlinks_summary_sum 5.710272e+12
link_getlinks_summary_count 9
```

自定义指标很棒。但是，除了查看大量数字、图表和直方图之外，指标的真正价值还在于告知自动化系统或报告系统状态的变化，这时就需要警报的地方。

12.8　警报

警报对于关键系统非常重要。你可以根据需要计划和构建弹性功能，但是你绝不会构建一个没有故障的系统。构建健壮而可靠的系统的正确心态是尝试最大限度地减少故障，但也要承认故障会发生。当确实发生故障时，需要快速检测并必须警告合适的人，以便他们可以调查并解决问题。注意是明确地提醒。如果你的系统具有自愈功能，那么你可能有兴趣查看有关系统自行修复的问题报告。这里先不考虑这些故障，因为系统的设计就是为了处理这些故障。例如，容器可以随意崩溃，kubelet 会重新启动它们。从 Kubernetes 的角度来看，容器崩溃不被认为是故障。如果你在容器内运行的应用程序并非旨在处理此类崩溃和重新启动，则你可能需要针对这种情况配置警报。

我想提出的主要观点是，故障是一个重要的词。许多被认为是故障，如进程用尽内存、服务器崩溃、磁盘损坏、网络中断或长时间中断以及数据中心宕机，等等。但是，如果你为此进行设计并采取缓解措施，则它们并不是系统的故障。系统将继续按设计运行，可能容量减少，但仍将运行。如果这些事件频繁发生，并且严重降低了系统的总吞吐量或用户体验，则可能需要调查根本原因并加以解决。这都是定义**服务级别目标（Service-Level Objective，SLO）和服务级别协议（Service-Level Agreement，SLA）**的一部分。只要仍在 SLA 中，即使多个组件出现故障并且服务不符合其 SLO，系统不算是出现故障。

12.8.1　拥抱组件故障

拥抱故障意味着认识到组件将在大型系统中始终出现故障，这种情况并不罕见。你希望尽可能减少组件故障，因为即使整个系统继续运行，每次故障都会带来各种损失。通过配备适当的冗余，大多数组件故障可以自动处理，或者情况变得不那么紧急。但是，系统一直在发展，并且大多数系统都不是每个组件故障都可以缓解。因此，理论上可以预防的组件故障依然可能会变成系统故障。例如，如果你将日志写入本地磁盘并且不轮转日志文件，那么最终你将耗尽磁盘空间（非常常见的故障），如果使用此磁盘的服务器正在运行一些没有冗余的关键组件，那么你将面临系统故障。

12.8.2　接受系统故障

因此，系统故障将会发生。即使是最大的云提供商，也会时不时地出现故障。有不同程度的系统故障，从一个非关键子系统的暂时性故障到整个系统的长时间停机，一直到大量数据丢失。一个极端的例子是，恶意攻击者将公司及其所有备份作为攻击目标，这甚至可能导致公司倒闭。这与安全性更相关，但是你最好了解所有系统故障。

处理系统故障的常用方法是冗余、备份和隔离。这些都是可靠的方法，但是都很昂贵，而且正如我们前面提到的那样，不能防止所有故障。在最大限度地降低系统故障的可能性和影响之后，下一步就是计划快速的灾难恢复。

12.8.3　考虑人为因素

现在，严格来说我们仍然属于人员响应实际事件的范围。一些关键系统可能会通过人们不断地观察系统状态，并准备采取行动来进行 24/7（不间断）实时监控。大多数公司都会根据各种触发条件来发出警报。注意，即使你对复杂的系统进行了 24/7 实时监控，你仍然需要向监控系统的人员发出警报，因为对于这样的系统，通常会有大量描述当前状态的数据和信息。

让我们看一下有效的、合理的警报计划的几个方面。

1. 警告与警报

让我们再次考虑磁盘空间不足的情况。随着时间的流逝，这种情况会变得越来越糟。随着越来越多的数据记录到日志文件中，磁盘空间逐渐减少。如果什么都不做，那么当应用程序开始发出奇怪的错误（通常是实际故障的下游）时，你会发现磁盘空间不足，然后必须将其追溯到源头。我曾经经历过同样的情况，过程很痛苦。更好的方法是定期检查磁盘空间，并在超过特定阈值（例如 95%）时发出警报。但是为什么一定要等到情况变得危机的时候呢？在这种情况逐渐恶化的情况下，最好尽早发现问题（例如 75%）并通过某种机制发出警告。这将使系统运维人员有足够的时间进行响应，而不会引起不必要的危机。

2. 考虑严重级别

不同的严重级别应得到不同的响应，不同的组织可以定义自己的级别。例如，PagerDuty 使用 1 到 5 的严重级别。我个人更喜欢警报的两个级别：凌晨 3 点叫我起床和可以等到早晨。我喜欢从实际角度考虑严重程度。对每个严重级别执行什么样的响应或跟进？如果你始终对严重性级别 3 到 5 执行相同的操作，那么将它们分类有什么意义呢？

你的情况可能有所不同，因此请确保考虑所有利益相关者，生产环境的事件一定要小心处理。

3. 确定警报渠道

警报通道与严重性级别紧密相关，让我们考虑以下选项：

- ❑ 叫醒值班工程师。
- ❑ 向公共频道发送即时消息。
- ❑ 电子邮件。

通常，同一事件将会广播到多个频道。显然，叫醒电话是最具干扰性的，即时消息（例如 slack）可能会作为通知弹出，但是必须有人在看。电子邮件通常在本质上更具信息性。合并多个通道是很常见的。例如，值班工程师收到叫醒电话，团队事件通道收到消息，小组经理收到电子邮件。

4. 处理噪音警报

警报噪音是个问题。如果警报太多（尤其是低优先级警报），则存在两个主要问题：

- ❑ 这会分散所有收到通知的人的注意力（尤其是可怜的工程师在半夜醒来）。
- ❑ 这可能会导致人们忽略警报。

许多低优先级警报会产生噪音，但是你又不想错过重要警报，因此调整警报是一项艺术，也是一个持续的过程。我建议阅读 Rob Ewaschuk（前 Google 网站可靠性工程师）的 *My Philosophy on Alerting*（https://docs.google.com/document/d/199PqyG3UsyXlwieHaqbGiWVa8eMWi8zzAn0YfcApr8Q/edit）。

12.8.4　使用 Prometheus 警报管理器

警报自然会产生指标。Prometheus 除了是出色的指标收集器之外，还提供了警报管理器。我们已经在整个 Prometheus 安装的过程中安装了它：

```
$ kubectl get svc prometheus-alertmanager
NAME                        TYPE        CLUSTER-IP   EXTERNAL-IP PORT(S) AGE
prometheus-alertmanager     ClusterIP   10.100.109.90 <none>     80/TCP  24h
```

我们不会配置任何警报，因为我不想因为 Delinkcious 的问题半夜被叫醒。

警报管理器的概念模型包括以下内容：

❑ 分组

❑ 集成

❑ 抑制

❑ 静默

分组处理将多个信号合并为一个通知。例如，如果你的许多服务使用 AWS S3 且发生故障，那么许多服务可能会触发警报。但是通过分组，你可以将警报管理器配置为仅发送一个通知。

集成是通知目标。警报管理器支持许多现成的目标，例如电子邮件、PagerDuty、Slack、HipChat、PushOver、OpsGenie、VictoOps 和微信。对于所有其他集成，建议使用通用 HTTP Webhook 集成。

抑制是一个有趣的概念，如果其他警报已经触发，则可以跳过发送警报通知的操作。这是分组的另一种方式，可以避免针对同一高级问题发送多个通知。

静默只是暂时使某些警报静音的一种机制。如果没有为分组规则和抑制规则很好地配置警报，或者即使某些有效警报不断触发，但你已经在处理这种情况并且此时不需要更多通知，则此功能很有用，你可以在 Web UI 中配置。

在 Prometheus 中配置警报

可以通过在 Prometheus 服务器配置文件中配置规则来引发警报。这些警报由警报管理器处理，警报管理器根据警报的配置决定如何处理它们。下面是一个例子：

```
groups:
- name: link-manager
  rules:
  - alert: SlowAddLink
    expr: link_addlink_summary{quantile="0.5"} > 5
    for: 1m
    labels:
      severity: critical
    annotations:
      description: the AddLink() method takes more than 5 seconds for more
than half of the request in the last minute
      summary: the AddLink() method takes too long
```

该规则具有一个表达式，如果为 true，则将触发警报。在一段时间（此处为 1 分钟）内必须满足条件，这样才能避免触发一次性异常（如果选择这样做），还有警报严重级别和一些注解。

在介绍了指标和警报后，让我们继续前进，看看警报触发并收到问题通知后该怎么办。

12.9　分布式跟踪

提醒你出错的通知可能与"网站好像有点问题"一样含糊，这对于故障排除、检测根本原因并进行修复来说不是很有用。对于基于微服务的架构尤其如此，在这种架构中，每个用户请求都会由大量微服务处理，并且每个组件都可能以奇怪的方式失败。以下几种方法可以帮助你缩小范围：

❑ 查看最近的部署和配置更改。

❑ 检查任何第三方依赖项是否都发生了故障。

❑ 如果根本原因尚未解决，考虑类似的问题。

如果幸运的话，你可以立即诊断出问题。但是，在调试大型分布式系统时，你实际上并不想依靠运气。系统性的方法要好得多，这就需要分布式跟踪。

我们将使用 Jaeger（https://www.jaegertracing.io/）分布式跟踪系统，这是另一个 CNCF 项目，最初是 Uber 开源的项目。Jaeger 可以帮助你解决以下问题：

❑ 分布式事务监控

❑ 性能和延迟优化

❑ 根本原因分析

❑ 服务依赖性分析

❑ 分布式上下文传播

在使用 Jaeger 之前，我们需要先将其安装到集群中。

12.9.1　安装 Jaeger

安装 Jaeger 的最佳方法是使用 Jaeger-operator，因此让我们先安装 operator：

```
$ kubectl create -f
https://raw.githubusercontent.com/jaegertracing/jaeger-operator/master/depl
oy/crds/jaegertracing_v1_jaeger_crd.yaml
customresourcedefinition.apiextensions.k8s.io/jaegers.jaegertracing.io
created
$ kubectl create -f
https://raw.githubusercontent.com/jaegertracing/jaeger-operator/master/depl
oy/service_account.yaml
serviceaccount/jaeger-operator created
$ kubectl create -f
https://raw.githubusercontent.com/jaegertracing/jaeger-operator/master/depl
oy/role.yaml
clusterrole.rbac.authorization.k8s.io/jaeger-operator created
$ kubectl create -f
https://raw.githubusercontent.com/jaegertracing/jaeger-operator/master/depl
oy/role_binding.yaml
clusterrolebinding.rbac.authorization.k8s.io/jaeger-operator created
$ kubectl create -f
https://raw.githubusercontent.com/jaegertracing/jaeger-operator/master/depl
oy/operator.yaml
deployment.apps/jaeger-operator created
```

安装完 operator 后，我们可以使用以下清单创建 Jaeger 实例：

```
apiVersion: jaegertracing.io/v1
kind: Jaeger
metadata:
  name: jaeger-in-memory
spec:
  agent:
    strategy: DaemonSet
```

这是一个简单的内存实例，你也可以创建由 Elasticsearch 和 Cassandra 存储数据的实例，如图 12-8 所示。

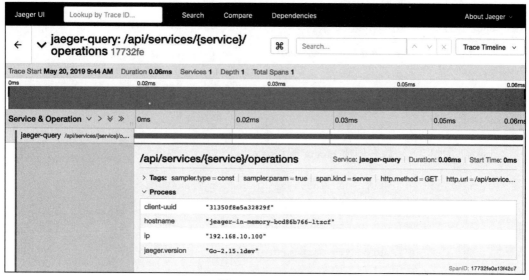

图 12-8　Jaeger UI

Jaeger 具有非常漂亮的 Web UI，可让你向下钻取和浏览分布式工作流。

12.9.2　将跟踪集成到服务中

这里有几个步骤，但是要点是你可以将跟踪视为另一种形式的中间件。核心抽象是跨度，一个请求跨多个微服务，你可以记录这些跨度并将日志与它们关联。

下面是跟踪中间件，它与日志中间件类似，不同之处在于它为 GetLinks() 方法启动了一个跨度而不是记录日志。和往常一样，有一个工厂函数返回一个 linkManagerMiddleware 函数，该函数调用链中的下一个中间件。工厂函数接受一个跟踪器，该跟踪器可以开始和完成一个跨度：

```
package service

import (
  "github.com/opentracing/opentracing-go"
```

```
    om "github.com/the-gigi/delinkcious/pkg/object_model"
)

func newTracingMiddleware(tracer opentracing.Tracer) linkManagerMiddleware
{
  return func(next om.LinkManager) om.LinkManager {
    return tracingMiddleware{next, tracer}
  }
}

type tracingMiddleware struct {
  next om.LinkManager
  tracer opentracing.Tracer
}

func (m tracingMiddleware) GetLinks(request om.GetLinksRequest) (result
om.GetLinksResult, err error) {
  defer func(span opentracing.Span) {
    span.Finish()
  }(m.tracer.StartSpan("GetLinks"))
  result, err = m.next.GetLinks(request)
  return
}
```

让我们添加以下函数来创建 Jaeger 跟踪器：

```
// createTracer returns an instance of Jaeger Tracer that samples
// 100% of traces and logs all spans to stdout.
func createTracer(service string) (opentracing.Tracer, io.Closer) {
  cfg := &jaegerconfig.Configuration{
    ServiceName: service,
    Sampler: &jargerconfig.SamplerConfig{
      Type: "const",
      Param: 1,
    },
    Reporter: &jaegerconfig.ReporterConfig{
      LogSpans: true,
    },
  }
  logger := jaegerconfig.Logger(jaeger.StdLogger)
  tracer, closer, err := cfg.NewTracer(logger)
  if err != nil {
    panic(fmt.Sprintf("ERROR: cannot create tracer: %v\n", err))
  }
  return tracer, closer
}
```

然后，Run() 函数创建一个新的跟踪器和一个跟踪中间件，并将其连接到中间件链：

```
// Create a tracer
 tracer, closer := createTracer("link-manager")
 defer closer.Close()

 ...
```

```
// Hook up the tracing middleware
svc = newTracingMiddleware(tracer)(svc)
```

运行冒烟测试后，我们可以在日志中搜索跨度报告。因为我们进行了三次冒烟测试并调用 `GetLinks()`，我们预计会有三个跨度：

```
$ kubectl logs svc/link-manager | grep span
2019/05/20 16:44:17 Reporting span 72bce473b1af5236:72bce473b1af5236:0:1
2019/05/20 16:44:18 Reporting span 6e9f45ce1bb0a071:6e9f45ce1bb0a071:0:1
2019/05/20 16:44:21 Reporting span 32dd9d1edc9e747a:32dd9d1edc9e747a:0:1
```

关于跟踪和 Jaeger 还有更多内容，我们只是简单开了个头，鼓励你阅读更多内容，进行试验并将其集成到你的系统中。

12.10　小结

在本章中，我们涵盖了许多主题，包括自愈、自动伸缩、日志、指标和分布式跟踪。监控分布式系统非常困难。仅安装和配置 Fluentd、Prometheus 和 Jaeger 等各种监控服务就不是一件容易的事。管理它们之间的交互，以及服务如何支持日志、检测和跟踪又增加了另一层复杂度。我们介绍了 Go-kit 的中间件概念，以及它是如何轻松地从核心业务逻辑中解耦并添加这些操作的。一旦完成了对这些系统的所有监控，就需要考虑一系列新的挑战——如何从所有数据中获得更多见解？如何将其集成到警报和事件响应过程中？如何不断提高对系统的理解并改善流程？这些都是你必须自己回答的难题，但是你可以在后面的扩展阅读部分中找到一些指导。

在下一章中，我们将介绍令人兴奋的服务网格和 Istio。服务网格是一项真正的创新，可以真正消除服务中的许多操作关注点，并使它们专注于其核心领域。但是，像 Istio 这样的服务网格覆盖了很多知识范围，需要克服陡峭的学习曲线。服务网格的优点是否可以弥补其增加的复杂性？让我们拭目以待。

12.11　扩展阅读

请参考以下链接，以了解有关本章内容的更多信息：

❑ Kubernetes 联邦：https://github.com/kubernetes-sigs/federation-v2。
❑ Kubernetes 自动扩展：https://github.com/kubernetes/autoscaler。
❑ 寻找日志接口：https://go-talks.appspot.com/github.com/ChrisHines/talks/structured-logging/structured-logging.slide#1。
❑ Gradener：https://gardener.cloud。
❑ Prometheus：https://prometheus.io/docs/introduction/overview/。

❑ Fluentd：https://www.fluentd.org/。

❑ 集群级别日志：https://kubernetes.io/docs/concepts/clusteradministration/logging/#cluster-level-logging-architectures。

❑ 监控最佳实践：https://docs.google.com/document/d/199PqyG3UsyXlwieHaqbGiWVa8eMWi8zzAn0YfcApr8Q/edit#。

❑ Jaeger：https://github.com/jaegertracing/jaeger。

第 13 章 *Chapter 13*

服务网格与 Istio

本章我们将讨论服务网格这个热门话题，然后会重点介绍 Istio。这是一个令人兴奋的话题，因为服务网格是一个真正的游戏规则改变者。它们将许多复杂的任务从服务中转移到独立的代理中，这是一个巨大的进步与成功，特别是在多语言环境中（不同的服务是用不同的编程语言实现的），或者如果你需要将一些遗留应用程序迁移到 Kubernetes 集群中。

我们将在本章介绍以下主题：

❑ 服务网格。

❑ Istio。

❑ 基于 Istio 构建 Delinkcious。

❑ Istio 的替代方案。

13.1 技术需求

在本章中，我们将主要演示 Istio 并选择使用 Google Kubernetes 引擎（GKE）服务，因为 Istio 可以作为插件在 GKE 上启用，不需要额外安装，这会带来以下两个好处：

❑ 节省安装时间。

❑ 它表明 Delinkcious 可以在云中运行，而不仅限于本地。

要安装 Istio，只需在 GKE 控制台中启用它，然后选择 mTLS 模式（即服务之间的相互认证）。这里选择 Permissive，意味着默认情况下不对集群内部的内部通信进行加密，并且服务将接受加密和非加密连接。你可以根据不同服务的情况进行配置，对于生产集群，我建议使用严格的 mTLS 模式，即其中所有连接都必须加密，如图 13-1 所示。

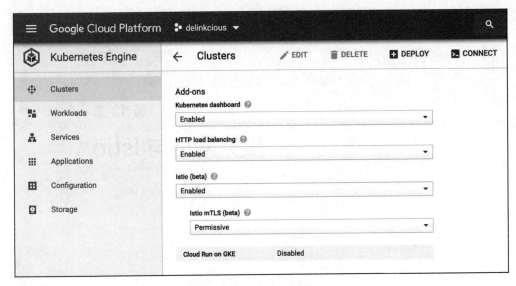

图 13-1　在 GKE 中启用 Istio

Istio 将安装在特有的 `istio-system` 命名空间中，如下所示：

```
$ kubectl -n istio-system get po

NAME READY STATUS RESTARTS AGE
istio-citadel-6995f7bd9-69qhw 1/1 Running 0 11h
istio-cleanup-secrets-6xkjx 0/1 Completed 0 11h
istio-egressgateway-57b96d87bd-8lld5 1/1 Running 0 11h
istio-galley-6d7dd498f6-pm8zz 1/1 Running 0 11h
istio-ingressgateway-ddd557db7-b4mqq 1/1 Running 0 11h
istio-pilot-5765d76b8c-19n5n 2/2 Running 0 11h
istio-policy-5b47b88467-tfq4b 2/2 Running 0 11h
istio-sidecar-injector-6b9fbbfcf6-vv2pt 1/1 Running 0 11h
istio-telemetry-65dcd9ff85-dxrhf 2/2 Running 0 11h
promsd-7b49dcb96c-cn49l 2/2 Running 1 11h
```

本章代码

你可以在 https://github.com/the-gigi/delinkcious/releases/tag/v0.11 中找到更新的 Delinkcious
应用程序。

13.2　服务网格

让我们首先回顾与单体架构相比微服务所面临的问题，了解服务网格如何能够帮助解
决这些问题，然后你会理解为什么它让我们感到如此兴奋。在我们设计和编写 Delinkcious
时，应用程序代码非常简单。我们跟踪用户、用户的链接以及用户的关注者 / 关注关系。
此外，我们还进行了一些链接检查，并将最新的链接存储在消息服务中。最后，我们通过

API 开放所有这些功能。

13.2.1　单体架构与微服务架构

在单体架构中实现所有上述功能将非常容易，部署、监控和调试 Delinkcious 单体组件也将非常简单。

但是，随着 Delinkcious 功能的不断发展和开发该功能的团队的发展，以及用户的不断增长，单体应用程序的弊端变得越来越明显。这就是为什么我们以基于微服务的方法开始这一旅程的原因。但是，在此过程中，我们必须编写大量代码、安装大量工具、配置许多与 Delinkcious 应用程序本身无关的组件。我们明智地选择了 Kubernetes 和 Go kit，将所有这些其他问题与 Delinkcious 域代码清楚地分离开，不过这也是一项艰苦的工作。

例如，如果安全性是高优先级，则需要对系统中的服务间调用进行认证和授权，我们在 Delinkcious 中通过引入链接服务和社交图谱服务之间的共享密钥来实现这一点。我们必须配置一个密钥，确保只有这两个服务可以访问它，并且添加代码以验证每次调用都来自正确的服务。如果有非常多的服务，那么维护（例如轮换密钥）以及迭代也并非易事。

另一个例子是分布式跟踪。在一个单体应用中，整个调用链可以通过堆栈跟踪捕获。而在 Delinkcious 中，你必须安装分布式跟踪服务（例如 Jaeger），并修改代码以进行记录。

单体架构的集中式日志管理很简单，因为应用本身已经是一个集中式的实体。

微服务确实带来了很多好处，但是它们很难管理和掌握。

13.2.2　使用共享库管理微服务的横切关注点

最常见的管理方法之一就是在一个库或一组库中实现所有这些关注点。所有微服务都包含或依赖于共享库，该共享库负责处理所有这些横切问题，例如配置、日志、密钥管理、跟踪、速率限制和容错。从理论上讲，这听起来不错，让服务处理应用程序领域内的事情，让共享库来处理共同的关注点。Netflix 的 Hystrix 是一个很好的例子，它是一个 Java 库，负责管理延迟和容错。Twitter 的 Finagle 是另一个很好的例子，它是一个 Scala 库（针对 JVM）。许多组织会使用此类库的集合，也经常编写自己的库。

但是，实际上，这种方法有严重的缺点。第一个问题是，作为一种编程语言库，它自然是以特定语言（例如，对于 Hystrix 而言是 Java）实现的。你的系统可能是具有多种语言的微服务（至少连 Delinkcious 都有 Go 和 Python 服务），用不同的编程语言实现微服务是其最大的优势之一。共享库（或多个共享库）严重阻碍了这一方面，这是因为最终你可能会选择以下几个不那么吸引人的选项：

❏ 限制所有微服务为同一种编程语言。

❏ 为每种编程语言维护跨语言共享库。

❏ 接受不同的服务将与集中式服务进行不同的交互（例如，不同的日志记录格式或缺少跟踪）。

所有这些选项都非常糟糕，但这还没有结束。假设你选择了上述选项的组合，这很可能包含大量的自定义代码，因为没有现成的库可以为你提供所需的一切。现在，你要更新共享代码库，但是由于所有或大多数服务都共享该服务，这意味着你必须对所有服务进行全面升级。但是，你可能无法立即关闭系统并立即升级所有服务。

所以，你应该以滚动更新的形式进行操作。即使是蓝绿部署，也无法跨多个服务立即完成更新。问题在于，共享代码通常与如何管理服务之间的共享密钥或身份认证有关。例如，如果服务 A 升级到共享库的新版本，而服务 B 仍然使用之前的老版本，则它们可能无法通信。这会导致服务中断，从而导致级联效应并影响许多其他服务。你可以找到一种向后兼容的方式引入更改的方法，但这更加困难且容易出错。

因此跨所有服务的共享库虽然很有用，但却很难管理。让我们看一看服务网格又是如何提供帮助的。

13.2.3　使用服务网格管理微服务的横切关注点

服务网格是一组智能代理和其他控制基础设施组件。代理部署在集群中的每个节点上，负责拦截服务之间的所有通信，并代表你做很多以前必须由服务（或服务使用的共享库）完成的工作。服务网格的一些职责如下：

- ❑ 通过重试和自动故障转移在服务之间可靠地传递请求。
- ❑ 延迟感知的负载均衡。
- ❑ 根据灵活和动态的路由规则路由请求（也称为流量整形）。
- ❑ 断路器截止时间。
- ❑ 服务到服务的认证和授权。
- ❑ 报告指标并支持分布式跟踪。

所有这些功能对于许多大型云原生应用程序来说都很重要，能从服务中分离它们将是一个巨大的胜利。像智能流量整形这样的功能，如果在没有服务网格的情况下，你需要构建专用且可靠的服务。

图 13-2 说明了如何将服务网格嵌入 Kubernetes 集群中。

服务网格是革命性的。接下来，让我们一起看看它们如何适配 Kubernetes。

13.2.4　理解 Kubernetes 与服务网格之间的关系

乍一看，服务网格听起来与 Kubernetes 本身非常相似。Kubernetes 将 kubelet 和 kube-proxy（kube 代理）部署到每个节点，服务网格将自己的代理部署到每个节点。Kubernetes 具有一个与 kubelet/kube-proxy 交互的控制平面，服务网格也有它自己的与网格代理交互的控制平面。

我喜欢将服务网格视为 Kubernetes 的补充。Kubernetes 主要负责 Pod 的调度并为其提供平面网络模型和服务发现，因此不同的 Pod 和服务可以相互通信，然后服务网格开始接管并以更精细的方式管理服务间通信。尽管服务网格和负载均衡和网络策略之间的职责有些许重叠，但是总的来说，它仍是 Kubernetes 强有力的补充。

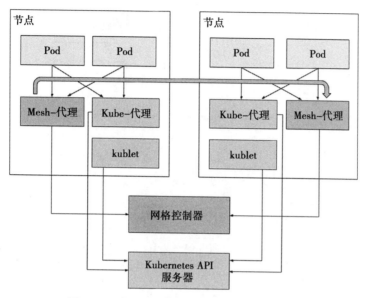

图 13-2　将服务网格嵌入 Kubernetes 集群中

同样重要的是，要意识到这两种惊人的技术并不相互依赖。显然，你可以在没有服务网格的情况下运行 Kubernetes 集群。此外，许多服务网格可以与其他非 Kubernetes 平台配合使用，例如 Mesos、Nomad、Cloud Foundry 和基于 Consul 的部署。

现在了解了服务网格是什么，接下来让我们看一个具体的例子。

13.3　Istio

Istio 是最初由 Google、IBM 和 Lyft 开发的服务网格技术。它于 2017 年中推出，之后便以火箭般的速度迅猛发展。它围绕 Envoy 代理进行构建，应用具有控制平面和数据平面的一致模型，其发展势头强劲，并且已经成为其他诸多项目的基础。当然，它是开源项目，也是**云原生计算基金会（Cloud Native Computing Foundation，CNCF）**项目的一员。在 Kubernetes 中，每个 Envoy 代理作为边车（Sidecar）容器注入网格内的每个 Pod 中。

下面让我们开始探索 Istio 架构，然后深入研究它提供的服务。

13.3.1　了解 Istio 架构

Istio 是一个提供大量功能的大型框架，由多个部分组成，它们之间以及与 Kubernetes 组件都有交互，其中大多数是间接的、不引人注意的。Istio 同样分为控制平面和数据平面，数据平面是代理（每个 Pod 一个）的集合，控制平面则是负责配置代理和收集遥测数据的组件集合。

图 13-3 说明了 Istio 的架构、它们之间的关系以及它们之间的信息交换。

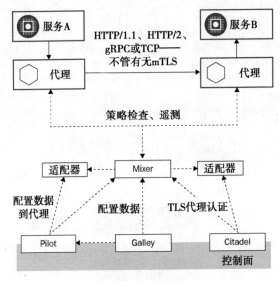

图 13-3　Istio 架构

让我们深入地研究每个组件，首先从 Envoy 代理开始。

1. Envoy

Envoy 是使用 C ++ 实现的高性能代理。它是由 Lyft 开发的，可以用作 Istio 的数据平面，但它也是一个独立的 CNCF 项目，可以单独使用。对于服务网格中的每个 Pod，Istio 会（自动或通过 `istioctl` CLI）注入一个 Envoy 的 Sidecar 容器来完成如下繁重的工作：

- ❏ Pod 之间的通信代理，如 HTTP、HTTP/2 和 gRPC。
- ❏ 高级负载均衡。
- ❏ mTLS 终止。
- ❏ HTTP/2 和 gRPC 代理。
- ❏ 服务健康检查。
- ❏ 为不健康的服务提供断路器。
- ❏ 基于百分比的流量整形。
- ❏ 注入故障进行测试。
- ❏ 详细的指标。

Envoy 是到目前为止 Istio 最重要的组成部分，其代理控制 Pod 所有的进出流量。然而，它的配置并不简单，这也是 Istio 控制平面处理的主要内容。

我们要介绍的下一个组件是 Pilot。

2. Pilot

Pilot 负责平台无关的服务发现、动态负载均衡和路由。它将高级路由规则和弹性设置从该平台自己的规则 API 转换为 Envoy 配置。该抽象层允许 Istio 在多个编排平台上运行，Pilot 获取所有特定于平台的信息，将其转换为 Envoy 数据平面配置格式，并使用 Envoy 数据平面 API 将其传播到每个 Envoy 代理。此外，Pilot 是无状态的。在 Kubernetes 中，所有配置都作为**自定义资源定义（Custom Resources Definition，CRD）**存储在 etcd 上。

3. Mixer

Mixer 负责抽象化指标收集和策略。在服务中，这些方面通过直接访问特定后端的 API 实现。这样的好处是可以减轻服务开发人员的负担，并将控制权交给配置 Istio 的操作人员。此外，它还能够使你无须更改代码即可轻松切换后端。Mixer 支持的后端类型包括：

❑ 日志

❑ 授权

❑ 配额

❑ 遥测

❑ 计费

Envoy 代理与 Mixer 之间的交互非常简单——在每个请求之前，代理都会调用 Mixer 进行前提条件检查，这可能会导致请求被拒绝。在每个请求之后，代理将指标报告给 Mixer。Mixer 还有一个适配器 API，便于对任意基础设施后端进行扩展，这也是其设计的主要思想。

4. Citadel

Citadel 负责 Istio 中的证书和密钥管理。它可与各种平台集成，并与其身份机制保持一致。例如，在 Kubernetes 中，它使用服务账户；在 AWS 上，它使用 AWS IAM 服务；在 GCP/GKE 上，它使用 GCP IAM。Istio PKI 建立在 Citadel 之上。Citadel 使用 SPIFEE 格式的 X.509 证书作为服务标识的载体。

以下 Citadel 在 Kubernetes 中的工作流程：

❑ Citadel 为现有服务账户创建证书和密钥对。

❑ Citadel 监控 Kubernetes API 服务器中是否有新服务账户，以向证书提供密钥对。

❑ Citadel 将证书和密钥存储为 Kubernetes 密钥。

❑ Kubernetes 将密钥挂载到与服务账户关联的每个新 Pod 中（这是 Kubernetes 的标准做法）。

❑ 证书过期后，Citadel 会自动轮转 Kubernetes 密钥。

❑ Pilot 生成安全的命名信息，将服务账户与 Istio 服务相关联。然后，Pilot 将命名信息传递给 Envoy 代理。

我们将介绍的最后一个组件是 Galley。

5. Gallery

Gallery 是一个相对简单的组件。它的工作是抽象出不同平台上的用户配置，为 Pilot 和 Mixer 提供这些配置。

现在你应该已经了解了 Istio 核心组件，接下来我们看看它是如何完成服务网格的职责的。首先，它最重要的功能是流量管理。

13.3.2　使用 Istio 管理流量

Istio 在集群内管理着服务之间通信的网络层，同时也管理如何将服务对外开放。它提供了许多功能，例如请求路由、负载均衡、自动重试和故障注入。让我们依次查看所有这些功能，先从路由请求开始。

1. 路由请求

Istio 通过 CRD 引入了它的虚拟服务。Istio 服务有版本的概念，这在 Kubernetes 服务中是没有的。同一个镜像可以部署为虚拟服务的不同版本，例如，你可以在生产环境或预生产环境上部署同一个服务的不同版本。Istio 允许配置规则来确定如何将流量路由到服务的不同版本。

其工作方式是，Pilot 将入站和出站规则发送到代理，然后确定请求应该被如何处理。你需要在 Kubernetes 中将规则定义为 CRD，以下是一个简单的示例，为 `link-manager` 服务定义了虚拟服务：

```
apiVersion: networking.istio.io/v1alpha3
kind: VirtualService
metadata:
 name: link-manager
spec:
  hosts:
  - link-manager # same as link-manager.default.svc.cluster.local
  http:
  - route:
    - destination:
        host: link-manager
```

让我们看一下 Istio 如何进行负载均衡。

2. 负载均衡

Istio 具有自己的独立于平台的服务发现，并为底层平台（例如 Kubernetes）提供了适配器。它依赖于底层平台管理的服务注册表，会删除不健康的实例以更新负载均衡池。目前它支持以下三种负载均衡算法：

- ❑ 轮巡
- ❑ 随机
- ❑ 加权最少要求

Envoy 还提供了一些其他算法，例如磁悬浮、环哈希和加权轮询，但 Istio 暂时还不支持。

Istio 还会定期执行健康状况检查，以验证资源池中的实例是否实际运行状况良好，如果它们没有通过配置的健康状况检查，则可以暂时将它们从负载均衡中移除。

你可以在 DestinationRule CRD 中通过目标规则配置负载均衡，如下所示：

```
apiVersion: networking.istio.io/v1alpha3
kind: DestinationRule
metadata:
  name: link-manager
spec:
  host: link-manager
  trafficPolicy:
    loadBalancer:
      simple: ROUND_ROBIN
```

你可以针对不同端口指定不同的算法，如下所示：

```
apiVersion: networking.istio.io/v1alpha3
kind: DestinationRule
metadata:
  name: link-manager
spec:
  host: link-manager
  trafficPolicy:
    portLevelSettings:
    - port:
        number: 80
      loadBalancer:
        simple: LEAST_CONN
    - port:
        number: 8080
      loadBalancer:
        simple: ROUND_ROBIN
```

现在，让我们看一下 Istio 如何自动处理故障。

3. 故障处理

Istio 提供了很多处理故障的机制，包括以下几种：

❑ 超时

❑ 重试（包括抖动和回退）

❑ 限速

❑ 健康检查

❑ 断路器

所有这些都可以通过 Istio CRD 进行配置。例如，以下代码演示了如何在 TCP 级别（也支持 HTTP）设置 link-manager 服务的连接限制和超时：

```
apiVersion: networking.istio.io/v1alpha3
kind: DestinationRule
metadata:
  name: link-manager
```

```
spec:
  host: link-manager
  trafficPolicy:
    connectionPool:
      tcp:
        maxConnections: 200
        connectTimeout: 45ms
        tcpKeepalive:
          time: 3600s
          interval: 75s
```

断路器是通过在给定时间段内显式检查应用程序错误（例如 5XX 的 HTTP 状态代码）来完成的，这是在 `outlierDetection` 部分中配置的。在下面的示例中，每 2 分钟检查 10 次连续错误。如果超过这个阈值，则实例将在 5 分钟的时间内从资源池中移除：

```
apiVersion: networking.istio.io/v1alpha3
kind: DestinationRule
metadata:
  name: link-manager
spec:
  host: link-manager
  trafficPolicy:
    outlierDetection:
      consecutiveErrors: 10
      interval: 2m
      baseEjectionTime: 5m
```

就 Kubernetes 而言，服务可能是正常的，因为容器正在运行。

Istio 提供了许多在操作级别上处理错误和故障的方法，这非常有帮助。在测试分布式系统时，测试某些组件失败时的行为非常重要，Istio 允许你特意注入故障来进行测试。

4. 注入故障进行测试

Istio 的故障处理机制不会神奇地修复错误。自动重试可以自动处理间歇性故障，但有些故障需要由应用程序甚至人工操作来处理。实际上，错误配置 Istio 故障处理本身就会导致故障，例如配置超时时间过短。可以通过人为注入故障的方式来测试系统在出现故障时的行为。Istio 可以注入两种类型的故障：中止和延迟。你可以在虚拟服务级别配置故障注入。

下面是一个示例，其中向 `link-manager` 服务 10% 的请求都添加了 5 秒的延迟，以模拟系统上的繁重负载：

```
apiVersion: networking.istio.io/v1alpha3
kind: VirtualService
metadata:
  name: link-manager
spec:
  hosts:
  - link-manager
  http:
  - fault:
      delay:
        percent: 10
        fixedDelay: 5s
```

在有压力和错误存在的情况下进行测试是一件好事，但是所有的测试都是不完整的，缺乏真实用户的反馈。因此当你部署新版本的服务时，你可能希望先将其部署到一小部分用户，或者让新版本处理一小部分请求。这就是金丝雀部署的作用所在。

5. 金丝雀部署

我们之前发现了如何在 Kubernetes 中执行金丝雀部署。如果想将 10% 的请求转移到我们的金丝雀版本，必须部署 9 个当前版本的 Pod 和 1 个金丝雀版本 Pod 来获得正确的比例。Kubernetes 的负载均衡与部署的 Pod 是紧耦合的，这并不理想。Istio 具有更好的负载均衡方法，因为它在网络级别上进行管理。你可以简单地配置两个版本的服务，并决定向每个版本发送请求的百分比，而不管每个版本有多少个 Pod 在运行。

在下面的示例中，Istio 将 95% 的流量发送到 v1 版本的服务，将剩下的 5% 流量发送到 v2 版本的服务：

```
apiVersion: networking.istio.io/v1alpha3
kind: VirtualService
metadata:
  name: link-service
spec:
  hosts:
    - reviews
  http:
  - route:
    - destination:
        host: link-service
        subset: v1
      weight: 95
    - destination:
        host: reviews
        subset: v2
      weight: 5
```

名为 v1 和 v2 的子集在基于标签的目标规则中定义。在这种情况下，标签分别是 version: v1 和 version: v2：

```
apiVersion: networking.istio.io/v1alpha3
 kind: DestinationRule
 metadata:
   name: link-manager
 spec:
   host: link-manager
   subsets:
   - name: v1
     labels:
       version: v1
   - name: v2
     labels:
       version: v2
```

以上是对 Istio 流量管理功能的比较全面的介绍，但是还有更多的内容有待发现。下面让我们将注意力转移到安全性上。

13.3.3 使用 Istio 保护集群

Istio 安全模型主要围绕这三个主题：身份、认证和授权。

1. 理解 Istio 身份

Istio 拥有自己的身份模型，该模型可以很好地表示用户、服务或服务组。在 Kubernetes 中，Istio 使用 Kubernetes 的服务账户来表示身份。Istio 使用其 PKI（通过 Citadel）为它管理的每个 Pod 创建一个强大的加密身份，并为每个服务账户创建一个 x.509 证书（采用 SPIFEE 格式）和一个密钥对，并将它们作为密钥注入到 Pod 中。Pilot 管理 DNS 服务名称和它们的身份之间的映射。当客户调用服务时，他们可以认证服务是否由允许的身份运行，并且进行恶意攻击检测。有了强大的身份，让我们看看如何使用 Istio 进行身份认证。

2. 使用 Istio 对用户进行认证

Istio 身份认证是基于策略的，目前有两种策略：命名空间策略和网格策略。命名空间策略适用于单个命名空间，网格策略则适用于整个集群。集群中只允许有一个 `MeshPolicy` 类型的网格策略，并且必须将其命名为 `default`。下面是要求所有服务使用 mTLS 的网格策略示例：

```
apiVersion: "authentication.istio.io/v1alpha1"
 kind: "MeshPolicy"
 metadata:
   name: "default"
 spec:
   peers:
   - mtls: {}
```

命名空间策略是 `Policy` 类型。如果没有指定命名空间，则它将应用于默认命名空间。每个命名空间只允许有一个策略，也必须将其命名为 `default`。以下策略使用目标选择器应用到 `api-gateway` 服务和链接服务的 8080 端口：

```
apiVersion: "authentication.istio.io/v1alpha1"
 kind: "Policy"
 metadata:
   name: "default"
   namespace: "some-ns"
 spec:
   targets:
   - name: api-gateway
   - name: link-manager
     ports:
     - number: 8080
```

这样做是为了避免产生歧义，策略的解析是从服务到命名空间再到网格。如果存在更严格的策略，则优先使用该策略。

Istio 可以通过 mTLS 提供对等身份认证，也可以通过 JWT 提供源认证。你可以通过 `peers` 部分配置对等身份认证，如下所示：

```
peers:
    - mtls: {}
```

你可以通过 origins 部分配置源，如下所示：

```
origins:
 - jwt:
      issuer: "https://accounts.google.com"
      jwksUri: "https://www.googleapis.com/oauth2/v3/certs"
      trigger_rules:
      - excluded_paths:
        - exact: /healthcheck
```

如上所示，你可以为特定路径配置源认证（通过路径 include 或 exclude）。在上面的示例中，/healthcheck 路径被排除不需要认证，这对于通常需要从负载均衡或远程监控服务调用的健康状况检查有意义。

默认情况下，如果配置存在对等部分，则使用对等认证。如果没有，则将不设置身份认证。要强制进行源认证，可以将以下内容添加到策略中：

```
principalBinding: USE_ORIGIN
```

我们已经了解了 Istio 如何对请求进行认证，接下来让我们看看它是如何进行授权的。

3. 使用 Istio 对请求进行授权

服务通常公开多个端点。服务 A 可能仅被允许调用服务 B 的特定端点，服务 A 必须首先通过服务 B 的身份认证，然后还必须对特定请求进行授权。Istio 通过扩展 Kubernetes **基于角色的访问控制（Role-Based Access Control，RBAC）**来支持此功能，Kubernetes 用它来授权对 API 服务器的请求。

需要注意的是，授权在默认情况下是关闭的。要想启用，你可以创建一个 ClusterRbac-Config 对象，其中的模式控制如何授权，如下所示：

❑ OFF 表示禁用授权（默认）。

❑ ON 表示对整个网格中的所有服务启用授权。

❑ ON_WITH_INCLUSION 表示已为所有包含的命名空间和服务启用授权。

❑ ON_WITH_EXCLUSION 表示为除排除的命名空间和服务之外的所有命名空间和服务启用授权。

下面是在 kubesystem 和 development 以外的所有命名空间上启用授权的示例：

```
apiVersion: "rbac.istio.io/v1alpha1"
 kind: ClusterRbacConfig
 metadata:
    name: default
 spec:
    mode: 'ON_WITH_EXCLUSION'
    exclusion:
      namespaces: ["kube-system", "development"]
```

实际的授权在服务级别上管理，这与 Kubernetes 的 RBAC 模型非常相似。在 Kubernetes 中有 `Role`、`ClusterRole`、`RoleBinding` 和 `ClusterRoleBinding`，而在 Istio 中是 `ServiceRole` 和 `ServiceRoleBinding`。

粒度的基本级别依次是 `namespace/service/path/method`。你可以使用通配符进行分组，例如，以下角色向默认命名空间中的所有 Delinkcious 管理器和 API 网关授予 GET 和 HEAD 访问权限：

```
apiVersion: "rbac.istio.io/v1alpha1"
 kind: ServiceRole
 metadata:
   name: full-access-reader
   namespace: default
 spec:
   rules:
   - services: ["*-manager", "api-gateway"]
     paths:
     methods: ["GET", "HEAD"]
```

然而，Istio 提供了更深入的约束和属性控制。你可以通过源命名空间或 IP、标签、请求标头和其他属性在规则中进行限制。

你可以参考 https://istio.io/docs/reference/config/authorization/constraints-and-properties/ 了解更多详细信息。

有了 `ServiceRole` 之后，需要将它与允许执行请求操作的各主题（例如服务账户或人工用户）关联起来，下面是 `ServiceRoleBinding` 示例：

```
apiVersion: "rbac.istio.io/v1alpha1"
 kind: ServiceRoleBinding
 metadata:
   name: test-binding-products
   namespace: default
 spec:
   subjects:
   - user: "service-account-delinkcious"
   - user: "istio-ingress-service-account"
     properties:
       request.auth.claims[email]: "the.gigi@gmail.com"
   roleRef:
     kind: ServiceRole
     name: "full-access-reader"
```

通过将主题中的用户设置为 *，可以将角色公开给经过身份认证或未经身份认证的用户。

关于 Istio 授权还有很多内容可以了解，你可以阅读以下参考主题：

❑ TCP 协议授权。

❑ 许可模式（实验性功能）。

❑ 调试授权问题。

❑ 通过 Envoy 过滤器授权。

在授权请求后，如果它没有通过策略检查，仍可能会被拒绝。

13.3.4　使用 Istio 实施策略

Istio 策略实施（policy enforcement）类似于 Kubernetes 中准入控制器的工作方式。在处理请求之前和之后，Mixer 可以配置调用一组适配器。在深入讨论之前，需要注意的是策略实施在默认情况下是禁用的。如果你使用 Helm 安装 Istio，则可以通过提供以下标志来启用它：

```
--set global.disablePolicyChecks=false.
```

在 GKE 上，它默认已经启用，可以通过下面的命令进行检查：

```
$ kubectl -n istio-system get cm istio -o jsonpath="{@.data.mesh}" | grep
disablePolicyChecks
disablePolicyChecks: false
```

如果结果为 `disablePolicyChecks: false`，则说明该功能已启用。否则，你需要通过编辑 Istio 的 ConfigMap 并将其设置为 false 来启用它。

一种常见的策略是速率限制。你可以通过设置配额对象，将它们绑定到特定服务并定义 Mixer 规则来实施速率限制。在 Istio 演示应用程序中可以找到一个很好的例子，网址为 https://raw.githubusercontent.com/istio/istio/release-1.1/samples/bookinfo/policy/mixer-rule-productpage-ratelimit.yaml。

你也可以通过创建 Mixer 适配器来添加自己的策略，目前有以下三种内置的适配器类型：

❑ 校验

❑ 配额

❑ 报告

这并不简单，你必须要实现一个 gRPC 服务来处理专用模板中指定的数据。现在，让我们看看 Istio 如何收集指标。

13.3.5　使用 Istio 收集指标

Istio 在处理每个请求之后会收集指标，指标将发送到 Mixer。Envoy 是指标的主要生产者，但你也可以根据需要添加自定义的指标。指标的配置模型基于多个 Istio 概念：属性、实例、模板、处理程序、规则和 Mixer 适配器。

下面是一个样本实例的演示，该实例对所有请求进行计数并将其报告为 `request-count` 指标：

```
apiVersion: config.istio.io/v1alpha2
 kind: instance
 metadata:
   name: request-count
   namespace: istio-system
```

```
  spec:
    compiledTemplate: metric
    params:
      value: "1" # count each request
      dimensions:
        reporter: conditional((context.reporter.kind | "inbound") ==
"outbound", "client", "server")
        source: source.workload.name | "unknown"
        destination: destination.workload.name | "unknown"
        message: '"counting requests..."'
      monitored_resource_type: '"UNSPECIFIED"'```
```

现在，我们可以配置 Prometheus 处理程序接收指标。Prometheus 是已编译过的适配器（它是 Mixer 的一部分），因此我们可以在规约中使用它。在 `spec | params | metrics` 部分设置了类型 COUNTER、**Prometheus** 指标名称 `request_count`，还有最重要的是我们刚刚定义的实例名称，它是指标的来源：

```
apiVersion: config.istio.io/v1alpha2
 kind: handler
 metadata:
   name: request-count-handler
   namespace: istio-system
 spec:
   compiledAdapter: prometheus
   params:
     metrics:
     - name: request_count # Prometheus metric name
       instance_name: request-count.instance.istio-system # Mixer instance
name (fully-qualified)
       kind: COUNTER
       label_names:
       - reporter
       - source
       - destination
       - message
```

最后，我们将这些内容通过一条规则整合在一起，如下所示：

```
apiVersion: config.istio.io/v1alpha2
 kind: rule
 metadata:
   name: prom-request-counter
   namespace: istio-system
 spec:
   actions:
   - handler: request-count-handler
     instances: [ request-count ]
```

如上所示，Istio 的功能非常强大，但是 Istio 是不是适用于所有情况呢？

13.3.6　什么时候应该避免使用 Istio

Istio 提供了很多价值，然而，这个价值不是没有代价的。Istio 的侵入性及其复杂性存

在一些显著的缺点。在使用 Istio 之前，你应该考虑以下内容：

- ❑ 在已经很复杂的 Kubernetes 基础上再增加其他概念和管理系统使学习曲线变得非常陡峭。
- ❑ 解决配置问题具有挑战性。
- ❑ 与其他项目的集成可能会导致部分集成不可用（例如，NATS 和 Telepresence）。
- ❑ 代理会增加延迟并消耗 CPU 和内存资源。

如果你刚开始使用 Kubernetes，我们建议你等到熟悉并掌握 Kubernetes 之后再考虑使用 Istio。

现在我们已经了解了 Istio 的功能和特性，那么接下来一起探索下我们的实例应用程序 Delinkcious 如何能从 Istio 中获益。

13.4　基于 Istio 构建 Delinkcious

借助 Istio，Delinkcious 可能会甩掉很多额外的包袱，将 Delinkcious 中的运维管理从服务或 Go kit 中间件迁移到 Istio 是一个好主意，为什么这么说呢？

原因是这通常与应用程序域无关。我们投入了大量工作来仔细分离关注点，并将 Delinkcious 应用程序域与它们的部署和管理方式隔离开来。但是，只要所有这些关注点还需要由微服务本身解决，那么每当我们希望进行运维管理时，就需要更改代码并重新构建。即使这其中有很多是数据驱动的，也很难排查故障和调试问题，因为当故障发生时，确定到底是域代码中的错误还是运维管理代码中的错误并不总是那么容易。

让我们来看一些 Istio 可以简化 Delinkcious 的具体例子。

13.4.1　简化服务间的认证

你可能还记得在第 6 章中，我们在 `link-manager` 服务和 `social-graph-manager` 服务之间创建了一个共享密钥：

```
$ kubectl get secret | grep mutual
link-mutual-auth                Opaque        1        9d
 social-graph-mutual-auth       Opaque        1        5d19h
```

它需要大量的协调工作才能对密钥进行编码，然后再将密钥挂载到容器中：

```
spec:
  containers:
  - name: link-manager
    image: g1g1/delinkcious-link:0.3
    imagePullPolicy: Always
    ports:
    - containerPort: 8080
    envFrom:
    - configMapRef:
```

```
            name: link-manager-config
        volumeMounts:
        - name: mutual-auth
          mountPath: /etc/delinkcious
          readOnly: true
      volumes:
      - name: mutual-auth
        secret:
          secretName: link-mutual-auth
```

然后，链接管理器必须通过 auth_util 包来获取密钥，并将其作为请求标头注入：

```
// encodeHTTPGenericRequest is a transport/http.EncodeRequestFunc that
 // JSON-encodes any request to the request body. Primarily useful in a
client.
 func encodeHTTPGenericRequest(_ context.Context, r *http.Request, request
interface{}) error {
    var buf bytes.Buffer
    if err := json.NewEncoder(&buf).Encode(request); err != nil {
        return err
    }
    r.Body = ioutil.NopCloser(&buf)

    if os.Getenv("DELINKCIOUS_MUTUAL_AUTH") != "false" {
        token := auth_util.GetToken(SERVICE_NAME)
        r.Header["Delinkcious-Caller-Token"] = []string{token}
    }

    return nil
}
```

最后，社交图谱管理器也必须知道上述内容，并会显式地检查调用者是否被允许操作：

```
func decodeGetFollowersRequest(_ context.Context, r *http.Request)
(interface{}, error){
    if os.Getenv("DELINKCIOUS_MUTUAL_AUTH") != "false" {
        token := r.Header["Delinkcious-Caller-Token"]
        if len(token) == 0 || token[0] == "" {
            return nil, errors.New("Missing caller token")
        }
        if !auth_util.HasCaller("link-manager", token[0]) {
         return nil, errors.New("Unauthorized caller")
        }
    }
...
}
```

然而，这项工作与服务本身毫无关系。想象一下，用数千个函数管理数百个微服务之间交互的访问是多么可怕的一件事情。这种方法不仅麻烦，还很容易出错，并且每当有交互需要添加或删除时，你都需要对两个服务的代码进行更改。

使用 Istio，我们可以将其完全转化为角色和角色绑定。下面是一个允许你调用 /following 端点的 GET 方法的角色：

```
apiVersion: "rbac.istio.io/v1alpha1"
 kind: ServiceRole
 metadata:
   name: get-following
   namespace: default
 spec:
   rules:
   - services: ["social-graph.default.svc.cluster.local"]
     paths: ["/following"]
     methods: ["GET"]
```

为了使得只有链接服务可以调用该方法，我们可以将角色作为主题用户绑定到 link-
manager 服务账户：

```
apiVersion: "rbac.istio.io/v1alpha1"
 kind: ServiceRoleBinding
 metadata:
   name: get-following
   namespace: default
 spec:
   subjects:
   - user: "cluster.local/ns/default/sa/link-manager"
   roleRef:
     kind: ServiceRole
     name: "get-following"
```

如果以后我们还要允许其他服务调用 /following 端点，则可以为该角色绑定添加更
多主题。社交服务本身不需要知道谁被允许调用其方法，调用者也不用再显式地提供任何
凭据，服务网格替我们完成了所有这些工作。

Istio 可以帮助 Delinkcious 的另一个领域是金丝雀部署。

13.4.2 优化金丝雀部署

在第 11 章中，我们使用 Kubernetes 部署和服务来完成金丝雀部署。为了将 10% 的流量
转移到金丝雀版本，我们将当前版本扩展为 9 个副本，并创建了金丝雀部署，其中 1 个副本
用于新版本。我们在两个部署中使用了相同的标签（svc：link 和 app：manager）。

部署的 link-manager 服务在所有 Pod 之间平均分配负载，从而实现 90/10 的拆分目标：

```
$ kubectl scale --replicas=9 deployment/green-link-manager
 deployment.extensions/green-link-manager scaled

 $ kubectl get po -l svc=link,app=manager
 NAME                                    READY  STATUS    RESTARTS  AGE
 green-link-manager-5874c6cd4f-2ldfn     1/1    Running   10        15h
 green-link-manager-5874c6cd4f-9csxz     1/1    Running   0         52s
 green-link-manager-5874c6cd4f-c5rqn     1/1    Running   0         52s
 green-link-manager-5874c6cd4f-mvm5v     1/1    Running   10        15h
 green-link-manager-5874c6cd4f-qn4zj     1/1    Running   0         52s
 green-link-manager-5874c6cd4f-r2jxf     1/1    Running   0         52s
 green-link-manager-5874c6cd4f-rtwsj     1/1    Running   0         52s
 green-link-manager-5874c6cd4f-sw27r     1/1    Running   0         52s
 green-link-manager-5874c6cd4f-vcj9s     1/1    Running   10        15h
 yellow-link-manager-67847d6b85-n97b5    1/1    Running   4         6m20s
```

这样做没有问题，但是它将金丝雀部署与部署扩展耦合在一起。这样做的代价可能会很昂贵，尤其是在你确信金丝雀版本没有问题前，很可能需要金丝雀部署运行很长一段时间。理想情况下，你无须创建更多的 Pod 即可将特定比例的流量转移到新版本。

Istio 利用子集概念完美地解决了流量整形问题。下面的示例虚拟服务将流量分成一个 v0.5 子集和另一个 canary 子集，它们以 90/10 的比例进行分配：

```
apiVersion: networking.istio.io/v1alpha3
 kind: VirtualService
 metadata:
   name: social-graph-manager
 spec:
   hosts:
     - social-graph-manager
   http:
   - route:
     - destination:
         host: social-graph-manager
         subset: v0.5
       weight: 90
     - destination:
         host: social-graph-manager
         subset: canary
       weight: 10
```

借助 Istio 的虚拟服务和子集进行金丝雀部署对 Delinkcious 来说非常有帮助。此外，Istio 也可以帮助应用程序做好日志管理和错误报告。

13.4.3　自动化的日志管理和错误报告

在带有 Istio 的 GKE 上运行 Delinkcious 时，你自动拥有了 Stackdriver 集成。Stackdriver 提供一站式的监控解决方案，包括指标、集中式日志管理、错误报告和分布式跟踪。图 13-4 是当你在 Stackdriver 日志查看器中搜索 link-manager 日志时的截图。

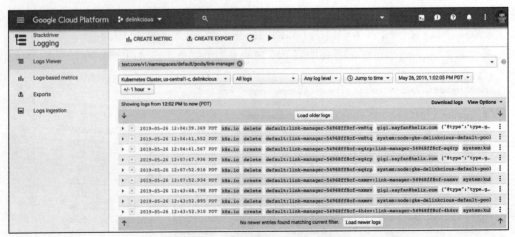

图 13-4　搜索 link-manager 日志

或者，你可以通过下拉列表按服务名称进行过滤，图 13-5 是指定 api-gateway 时的结果。

图 13-5　过滤 api-gateway 日志

你也可以查看错误报告的视图，如图 13-6 所示。

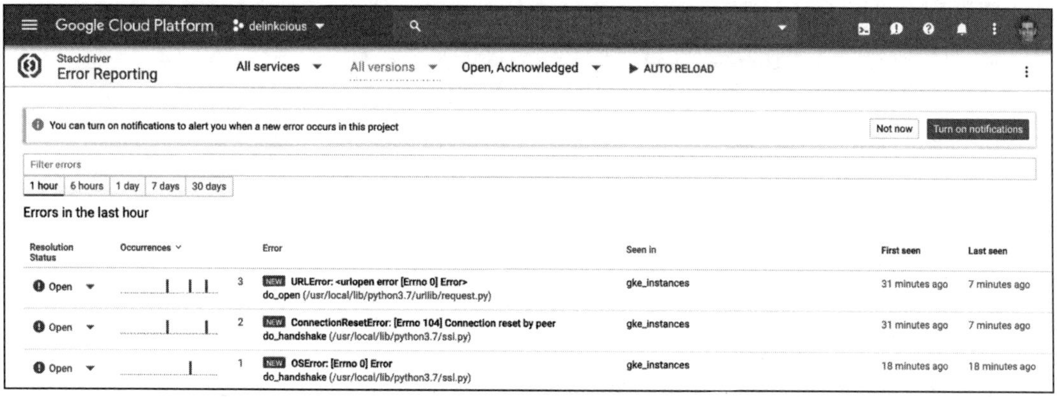

图 13-6　错误报告视图

你可以深入到任何错误并获得详细信息，这些信息将帮助你了解问题出在哪里以及如何解决，如图 13-7 所示。

虽然 Istio 提供了很多价值，比如对于 Stackdriver，你可以从它的自动配置中获益，但它并非到哪里都一帆风顺，它也有一些限制和边界。

图 13-7　错误报告的详细信息

13.4.4　兼容 NATS

在将 Istio 部署到 Delinkcious 集群中时，我发现其中一个限制：NATS 无法与 Istio 一起使用，因为它需要直接连接，并且在 Envoy 代理劫持通信时会中断。解决方案是防止 Istio 注入 Sidecar 容器，不对 NATS 进行管理。将 `NatsCluster` CRD 添加到 Pod 规约的以下注释中就可以了：`sidecar.istio.io/inject: "false"`：

```
apiVersion: nats.io/v1alpha2
 kind: NatsCluster
 metadata:
   name: nats-cluster
 spec:
   pod:
     # Disable istio on nats pods
     annotations:
       sidecar.istio.io/inject: "false"
   size: 1
   version: "1.4.0"
```

上面的代码是带有注释的完整的 `NatsCluster` 资源定义。

13.4.5　查看 Istio 足迹

Istio 在集群中部署了很多东西，所以让我们查看一下。幸运的是，Istio 控制平面被隔离在其自己的 `istio-system` 命名空间中，但是 CRD 是在整个集群范围内的：

```
$ kubectl get crd -l k8s-app=istio -o custom-columns="NAME:.metadata.name"

NAME
```

```
adapters.config.istio.io
apikeys.config.istio.io
attributemanifests.config.istio.io
authorizations.config.istio.io
bypasses.config.istio.io
checknothings.config.istio.io
circonuses.config.istio.io
deniers.config.istio.io
destinationrules.networking.istio.io
edges.config.istio.io
envoyfilters.networking.istio.io
fluentds.config.istio.io
gateways.networking.istio.io
handlers.config.istio.io
httpapispecbindings.config.istio.io
httpapispecs.config.istio.io
instances.config.istio.io
kubernetesenvs.config.istio.io
kuberneteses.config.istio.io
listcheckers.config.istio.io
listentries.config.istio.io
logentries.config.istio.io
memquotas.config.istio.io
metrics.config.istio.io
noops.config.istio.io
opas.config.istio.io
prometheuses.config.istio.io
quotas.config.istio.io
quotaspecbindings.config.istio.io
quotaspecs.config.istio.io
rbacconfigs.rbac.istio.io
rbacs.config.istio.io
redisquotas.config.istio.io
reportnothings.config.istio.io
rules.config.istio.io
servicecontrolreports.config.istio.io
servicecontrols.config.istio.io
serviceentries.networking.istio.io
servicerolebindings.rbac.istio.io
serviceroles.rbac.istio.io
signalfxs.config.istio.io
solarwindses.config.istio.io
stackdrivers.config.istio.io
statsds.config.istio.io
stdios.config.istio.io
templates.config.istio.io
tracespans.config.istio.io
virtualservices.networking.istio.io
```

除了所有这些 CRD，Istio 还将其所有组件安装到 Istio 命名空间中：

```
$ kubectl -n istio-system get all -o name
 pod/istio-citadel-6995f7bd9-7c7x9
 pod/istio-egressgateway-57b96d87bd-cnc2s
 pod/istio-galley-6d7dd498f6-b29sk
```

```
pod/istio-ingressgateway-ddd557db7-glwm2
pod/istio-pilot-5765d76b8c-d9hq7
pod/istio-policy-5b47b88467-x7pqf
pod/istio-sidecar-injector-6b9fbbfcf6-fhc4k
pod/istio-telemetry-65dcd9ff85-bkjtd
pod/promsd-7b49dcb96c-wrfs8
service/istio-citadel
service/istio-egressgateway
service/istio-galley
service/istio-ingressgateway
service/istio-pilot
service/istio-policy
service/istio-sidecar-injector
service/istio-telemetry
service/promsd
deployment.apps/istio-citadel
deployment.apps/istio-egressgateway
deployment.apps/istio-galley
deployment.apps/istio-ingressgateway
deployment.apps/istio-pilot
deployment.apps/istio-policy
deployment.apps/istio-sidecar-injector
deployment.apps/istio-telemetry
deployment.apps/promsd
replicaset.apps/istio-citadel-6995f7bd9
replicaset.apps/istio-egressgateway-57b96d87bd
replicaset.apps/istio-galley-6d7dd498f6
replicaset.apps/istio-ingressgateway-ddd557db7
replicaset.apps/istio-pilot-5765d76b8c
replicaset.apps/istio-policy-5b47b88467
replicaset.apps/istio-sidecar-injector-6b9fbbfcf6
replicaset.apps/istio-telemetry-65dcd9ff85
replicaset.apps/promsd-7b49dcb96c
horizontalpodautoscaler.autoscaling/istio-egressgateway
horizontalpodautoscaler.autoscaling/istio-ingressgateway
horizontalpodautoscaler.autoscaling/istio-pilot
horizontalpodautoscaler.autoscaling/istio-policy
horizontalpodautoscaler.autoscaling/istio-telemetry
```

最后，Istio 当然会将它的 Sidecar 代理安装到每个 Pod 中（除了我们禁用的 Nats）。如你所见，默认命名空间中的每个 Pod 都有两个容器（在 READY 列中显示为 2/2）。一个容器完成本职工作，另一个是 Istio 代理 Sidecar 容器：

```
$ kubectl get po
NAME READY STATUS RESTARTS AGE
api-gateway-5497d95c74-zlgnm 2/2 Running 0 4d11h
link-db-7445d6cbf7-wdfsb 2/2 Running 0 4d22h
link-manager-54968ff8cf-vtpqr 2/2 Running 1 4d13h
nats-cluster-1 1/1 Running 0 4d20h
nats-operator-55dfdc6868-2b57q 2/2 Running 3 4d22h
news-manager-7f447f5c9f-n2v2v 2/2 Running 1 4d20h
news-manager-redis-0 2/2 Running 0 4d22h
social-graph-db-7d8ffb877b-nrzxh 2/2 Running 0 4d11h
social-graph-manager-59b464456f-48lrn 2/2 Running 1 4d11h
trouble-64554479d-rjszv 2/2 Running 0 4d17h
```

```
user-db-0 2/2 Running 0 4d22h
user-manager-699458447-9h64n 2/2 Running 2 4d22h
```

如果你认为 Istio 太大、太复杂，那么你可能会考虑 Istio 的替代方案。

13.5　Istio 的替代方案

Istio 的发展势头很好，但它不一定是最适合你的服务网格技术。让我们看一些其他服务网格以及它们的特性。

13.5.1　Linkerd 2.0

Buoyant 公司在 2016 年创造了 Service Mesh（服务网格）一词，并推出了第一个服务网格技术——Linkerd。它基于 Twitter 的 Finagle，采用 Scala 语言编写。从那时起，Buoyant 开发了一个专门用于 Kubernetes 的新服务网格，称为 Conduit（采用 Rust 和 Go 实现），后来在 2018 年 7 月将其重命名为 Linkerd 2.0。像 Istio 一样，它也是 CNCF 项目。Linkerd 2.0 的 Sidecar 容器支持自动注入和手动注入两种模式。

由于其轻巧的设计和在 Rust 中对数据平面代理的更严格实现，以及在控制平面中更少的资源消耗，Linkerd 2.0 有望胜过 Istio。你可以参考以下资源以获取更多信息：

❑ **CPU 和内存**：https://istio.io/docs/concepts/performance-and-scalability/#cpu-and-memory。

❑ **Linkerd 2.0 和 Istio 性能基准测试**：https://medium.com/@ihcsim/linkerd-2-0-and-istio-performance-benchmark-df290101c2bb。

❑ **基准测试 Istio 和 Linkerd CPU**：https://medium.com/@michael_87395/benchmarking-istio-linkerd-cpu-c36287e32781。

Buoyant 是一家规模较小的公司，因此 Linkerd 2.0 在功能方面似乎略落后于 Istio。

13.5.2　Envoy

Istio 的数据平面是 Envoy，它负责所有繁重的工作。你可能会发现 Istio 控制平面过于复杂，很多人宁愿去掉这一层并构建自己的控制平面以直接与 Envoy 进行交互。这在某些特殊情况下很有用，例如，当你要使用 Envoy 提供的但 Istio 不支持的负载均衡算法时。

13.5.3　HashiCorp Consul

Consul 没有实现服务网格的所有功能，它主要提供服务发现、服务身份和 mTLS 授权。它不是针对 Kubernetes 设计的，暂时也不是 CNCF 项目。如果你已经使用过 Consul 或其他 HashiCorp 的产品，那么你可能更喜欢将其用作服务网格。

13.5.4　AWS App Mesh

如果你在 AWS 上运行基础设施，那么你应考虑使用 AWS App Mesh。这是一个特定于 AWS 的新项目，同样使用 Envoy 作为其数据平面。可以肯定地说，它能提供与 AWS IAM 网络和监控的最佳集成。目前还不清楚 AWS App Mesh 是否会成为 Kubernetes 更好的服务网格，或者它是否主要为 ECS（AWS 特有的容器编排解决方案）提供服务网格优势。

13.5.5　其他

还有一些其他服务网格技术，这里只会简单提及它们，如果你有兴趣，可以进一步进行研究。其中一些还有与 Istio 的某种形式的集成，但是由于它们不是开源的，因此并不好深入地理解它们的价值：

❑ Aspen Mesh
❑ Kong Mesh
❑ AVI Networks Universal Service Mesh

13.5.6　不使用服务网格

你完全可以不使用服务网格，而使用诸如 Go kit、Hystrix 或 Finagle 之类的库。你可能会失去一些专有服务网格带来的好处，但是如果你希望严格控制所有微服务，并且它们都使用相同的编程语言，那么使用库方法可能会更适合。它在概念上和操作上都更简单，并且将管理横切关注点的责任转移给了开发人员。

13.6　小结

在本章中，我们讨论了服务网格，并重点介绍了 Istio。Istio 是一个复杂的项目，它构建在 Kubernetes 之上，并使用代理创建了一个影子集群。Istio 具有出色的功能，它可以在非常细粒度的级别进行流量整形，还能提供复杂的认证和授权、实施高级策略、收集大量信息并帮助集群扩展。

我们介绍了 Istio 架构及其强大的功能，并探讨了 Delinkcious 如何从这些功能中获益。

然而，想用好 Istio 一点也不简单。它创建了大量的自定义资源，并以复杂的方式扩展了现有的 Kubernetes 资源（与 Kubernetes 服务对应的虚拟服务）。

我们还介绍了 Istio 的替代方案，包括 Linkerd 2.0、Envoy、AWS App Mesh 和 Consul。

此时，你应该对服务网格的好处以及 Istio 能给你的项目带来什么帮助有了一个很好的了解。至于是否应该立即将 Istio 集成到你的系统中，还是考虑替代方案之一，或者再观望一段时间，你可能还需要一些额外的阅读和实验，以便做出更明智的决策。

我相信服务网格尤其是 Istio 将会变得非常重要，并将成为大型 Kubernetes 集群的标准最佳实践。

　　在下一章（也是最后一章）中，我们将继续讨论微服务、Kubernetes 和其他新兴技术（如无服务器）的未来。

13.7　扩展阅读

　　你可以参考以下资源，以获取有关本章内容的更多信息：

- ❑ Istio：https://istio.io。
- ❑ Hystrix：https://github.com/Netflix/Hystrix。
- ❑ Finagle：https://twitter.github.io/finagle/。
- ❑ Envo：https://www.envoyproxy.io/。
- ❑ Spiffe：https://spiffe.io。
- ❑ Istio 配置：https://istio.io/docs/reference/config/。

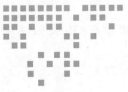

微服务和 Kubernetes 的未来

未来的软件系统将会变得更庞大、更复杂，能够处理更多的数据，并将对我们的世界产生更大的影响，你可以想象一下自动驾驶汽车和无处不在的机器人。然而，人们无法扩展处理复杂事务的能力。这意味着我们将必须采用分而治之的方法来构建那些复杂的软件系统。也就是说，基于微服务的架构将继续取代单体架构。然后，新的挑战将转移到如何协调所有这些微服务成为一个连贯的整体。这就是 Kubernetes 作为标准编排解决方案发挥作用的地方。

在本章中，我们将讨论微服务和 Kubernetes 的未来。我们会着眼于不久的将来，因为创新的步伐是惊人的，试图看得更远是徒劳的。从长远来看，人工智能可能会发展到大多数软件开发可以实现自动化的程度。那时，人们处理复杂事务的限制可能不再适用，人工智能开发的软件将不被人类理解。

因此，让我们远离遥远的未来，本着动手实战的精神，讨论可能在接下来的几年中将要涉及的新兴技术、标准和趋势，这可能也是你希望了解的内容。

本章将涵盖的主题包括一些微服务主题：

❑ 微服务与无服务器函数。

❑ 微服务、容器和编排。

❑ gRPC/gRPC-Web。

❑ HTTP/3。

❑ GraphQL。

我们还将讨论一些 Kubernetes 主题：

❑ Kubernetes 的可扩展性。

❑ 服务网格集成。

❑ Kubernetes 上的无服务器计算。

❑ Kubernetes 和 VM。

❑ 集群自动扩展。

❑ 使用 operator。

让我们先从微服务开始。

14.1　微服务的未来

微服务是当今构建现代大规模系统的主要方法。但是，它会一直保持作为大家的首选吗？让我们试着找出答案。

14.1.1　微服务与无服务器函数

关于微服务的未来，一个最大的问题是无服务器函数是否会使微服务过时。答案当然是否定的。无服务器函数可以带来诸多好处，但它也有一些严重的限制，比如冷启动问题和执行时间限制问题。当使用无服务器函数调用其他无服务器函数时，这些限制就会累积并凸显出来。如果你想应用带指数回退的重试逻辑，函数的执行时间限制将是个大问题。长期运行的服务可以保持本地状态和到数据存储的连接，并能够更快地响应请求。但是，对我来说，无服务器函数最大的问题是它们仅表示单个函数，这等同于服务的单个端点，而我发现封装一个完整领域的服务的抽象可以带来很多价值。如果你试图将带有 10 个方法的服务移植到无服务器函数，那么你将会遇到很多管理问题。

所有这 10 个函数都需要访问相同的数据存储，而且可能很多函数需要修改。所有函数都需要类似的访问、配置和凭据来访问各种依赖项。微服务仍将是大型云原生分布式系统的支柱。然而，大量的工作将被转移到无服务器函数上，这是非常有意义的。我们可能会看到一些仅由无服务器函数组成的系统，但是这些系统很可能将被强制做出让步。

再让我们看看微服务和容器之间的共生关系。

14.1.2　微服务、容器和编排

当你将单体架构分解为微服务架构时，或者你从头开始构建基于微服务的系统时，你最终会拥有大量的微服务，你需要打包、部署、升级和配置所有这些微服务。容器可以解决打包问题，没有容器，你将很难扩展基于微服务的系统。随着系统中微服务的数量不断增长，容器和调度需要有专门的解决方案，这就是 Kubernetes 最擅长的地方。分布式系统的未来是更多的微服务，它们被打包到更多的容器中，这需要 Kubernetes 对其进行管理。我们在这里说 Kubernetes，是因为在 2019 年 Kubernetes 已经赢得了容器编排大战。

微服务数量增长带来的另一个影响是它们需要通过网络相互通信。在单体架构中，大多数交互只是函数调用，而在微服务环境中，大量交互都需要访问端点或进行远程过程调

用。说到远程过程调用，让我们来聊聊 gRPC。

14.1.3　gRPC 和 gRPC-Web

gRPC 是 Google 开发的远程过程调用协议。多年来，行业内存在着许多 RPC 协议，我仍然记得使用 CORBA、DCOM 以及 Java RMI 的年代。让我们快进到现代 Web 应用程序，REST 击败了 SOAP，成了引领 Web API 领域的新技术。如今，gRPC 又击败了 REST。gRPC 提供了一个基于契约的模型，该模型具有强类型、高效的基于 protobuf 的有效负载，并且能够自动生成客户端代码，这个组合可以说非常强大。REST 最后的避难所是它的通用性，以及在浏览器中运行的 Web 应用程序调用带有 JSON 有效负载的 REST API 的便利性。

但是，这种优势正在逐渐消失。你始终可以将兼容 REST 的 gRPC 网关放在 gRPC 服务的前端，不过它只是一个临时搭配。gRPC-web 是一个成熟的 JavaScript 库，可以让 Web 应用程序简单地调用 gRPC 服务，更多内容请参考 https://github.com/grpc/grpc-web/tree/master/packages/grpc-web。

14.1.4　GraphQL

如果说 gRPC 是集群内的 REST 杀手，那么 GraphQL 就是边缘上的 REST 杀手。GraphQL 是一个高级范例，它能给前端开发人员很大的空间来自由发展他们的设计。它将前端的需求与后端严格的 API 分离开来，并完美地实现了 BFF（Backend For Frontend）模式，更多内容请参考 https://samnewman.io/patterns/architectural/bff/。

与 gRPC 契约类似，GraphQL 服务的结构化模式对于大型系统非常有吸引力。

此外，GraphQL 还解决了传统 REST API 中令人畏惧的 $N + 1$ 问题，即首先从 REST 端点获取一个包含 N 个资源的列表，然后必须再进行 N 次调用（每个资源一次），以获取列表中 N 个相关资源。

随着开发人员的体验不断升级，比如更加自在的环境、不断增长的意识、持续改进的工具和逐渐充实的学习材料，我期望 GraphQL 可以获得越来越多的关注。

14.1.5　HTTP/3

Web 是建立在 HTTP 之上的，这点是毫无疑问的。HTTP 协议的发展速度非常令人惊讶，让我们快速回顾一下：1991 年，Tim Berners-Lee 提出了 HTTP 0.9 来支持他的 World Wide Web（万维网）构想。1996 年，HTTP 工作组以 RFC 1945 发布了 HTTP 1.0，以支持 20 世纪 90 年代末的互联网繁荣。1997 年，HTTP 1.1 的第一个官方 RFC 2068 发布。1999 年，RFC 2616 对 HTTP 1.1 进行了大量的改进，并在接下来的 20 年里一直是主流标准。2015 年，HTTP/2 发布，基于 Google 的 SPDY 协议，所有主流浏览器都增加了对它的支持。

gRPC 建立在 HTTP/2 的基础上，它修复了 HTTP 之前版本的很多问题，并提供了以下特性：

❑ 二进制帧和压缩

❑ 多路复用（同一 TCP 连接上的多个请求）

❑ 更好的流量控制

❑ 服务器推送

这听起来太棒了，那么 HTTP/3 又会给我们带来什么惊喜呢？首先，它提供了与 HTTP/2 相同的特性集。然而，HTTP/2 是基于 TCP 的，TCP 是不支持流的，这意味着流是在 HTTP/2 级别实现的。而 HTTP/3 是基于 QUIC 协议，它是一种可靠版本的 UDP 传输协议。这些细节超出了本书的讨论范围，你需要知道的是 HTTP/3 将具有更好的性能，并且始终是安全的。

广泛采用 HTTP/3 可能还需要一段时间，因为许多企业在他们的网络上阻止或限制 UDP。然而，它的优势是非常吸引人的，而且与 REST API 相比，基于 HTTP/3 的 gRPC 在性能上拥有更大的优势。

这些是将来会影响微服务的主要趋势。接下来，让我们看看 Kubernetes 的未来会有怎样的发展。

14.2　Kubernetes 的未来

Kubernetes 仍将延续它的成功。我将做出一个大胆的预测：Kubernetes 将持续几十年。毋庸置疑，它是当前容器编排领域的领导者，但更重要的是，它是以一种超级可扩展的方式设计的。任何潜在的改进都可以构建在 Kubernetes 提供的优秀的构建块之上（例如服务网格），或者可以替换这些构建块（例如网络插件、存储插件和自定义调度器）。很难想象一个全新的平台会让 Kubernetes 过时，而不是对其进行改进和集成。

此外，Kubernetes 背后的行业发展势头、开放的开发环境，以及 CNCF 管理的方式都令人振奋。虽然它起源于 Google，但没有人认为它只是 Google 的项目，它被看作可以使所有人都受益的、真正的开源项目。

Kubernetes 全面满足了不同场景的需求，从在自己笔记本电脑上搭建 Kubernetes 的爱好者，到专业的开发人员，到本地或云中的测试，一直到需要为自己的本地数据中心提供认证和支持的大型企业。

对 Kubernetes 的唯一批评就是它的学习曲线比较陡峭。目前确实如此，但是它将变得越来越容易。市面上有很多好的学习资料。开发人员和运维人员也会不断积累经验。你可以很容易找到想要搜索的相关信息，而且开源社区也很大、很有活力。

很多人说，Kubernetes 很快就会变得无聊，变成一个看不见的基础设施层。我不同意这个观点。使用 Kubernetes 过程中确实会遇到一些困难，例如建立一个集群和在集群中安装许多附加软件，这将变得乏味，但我认为在未来 5 年内，我们将会看到很多创新来解决这些问题。

让我们深入研究 Kubernetes 中一些特定的技术和趋势。

14.2.1 Kubernetes 的可扩展性

这是一个简单的决定。Kubernetes 始终被设计为一个可扩展的平台。但是，一些扩展机制需要逐渐合并到 Kubernetes 主代码库中。Kubernetes 开发人员很早就认识到了这些限制，并全面引入了松耦合的机制来扩展 Kubernetes，并替换过去被认为是核心组件的部分。

1. 抽象容器运行时

Docker 曾经是 Kubernetes 唯一支持的容器运行时。然后，它为现已停用的 RKT 运行时添加了特殊支持。后来，它引入了**容器运行时接口**（Container Runtime Interface，CRI），这是一种可以通过标准接口集成任何容器运行时的方法。以下是一些实现 CRI 并可以在 Kubernetes 中使用的运行时：

- ❑ Docker（当然支持）
- ❑ CRI-O（支持所有 OCI 镜像）
- ❑ Containerd（于 2019 年 2 月从 CNCF 发布）
- ❑ Frakti（Kata Containers）
- ❑ PouchContainer（P2P 镜像分发，还提供基于 VM 的选项）

2. 抽象网络

Kubernetes 网络需要**容器网络接口**（Container Networking Interface，CNI）插件。这也是一个 CNCF 项目，在网络和网络安全领域进行了大量的创新。

你可以在 https://github.com/containernetworking/cni 找到一长串支持 CNI（Kubernetes 之外）的平台和一长串的插件列表。

我希望 CNI 可以保持网络解决方案的标准接口。Cilium 是一个非常有趣的项目，它利用**扩展的 Berkeley 封包过滤器**（extended Berkeley Packet Filter，eBPF）在 Linux 内核级别提供了高性能网络和安全性，可以抵消服务网格 Sidecar 代理的一些开销。

3. 抽象存储

Kubernetes 有一个基于卷和持久卷声明的抽象存储模型。它支持内置的（in-tree）大量存储解决方案，这意味着这些存储解决方案必须构建到 Kubernetes 代码库中。

在早期的 Kubernetes 1.2 版本中，Kubernetes 团队引入了一种特殊类型的插件，称为 FlexVolume，它为外部插件提供了接口。存储提供商可以提供自己的驱动程序来实现 FlexVolume 接口，并且可以作为存储层而不需要修改 Kubernetes 本身。但是，FlexVolume 方法仍然比较笨拙，它需要在每个节点上都安装特殊的驱动程序，在某些情况下，还需要在主节点上安装特殊的驱动程序。

在 Kubernetes 1.13 版本中，**容器存储接口**（Container Storage Interface，CSI）正式发布，并为实现外部存储插件提供了一个现代的基于 gRPC 的接口。很快，Kubernetes 也支持了通过 CSI 接入的块存储（在 Kubernetes 1.14 测试版中引入）。

图 14-1 说明了 CSI 在 Kubernetes 集群中的位置以及它如何巧妙地隔离存储提供商。

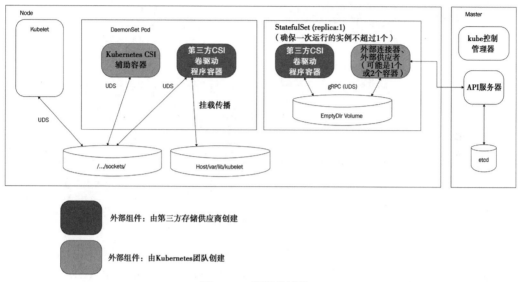

图 14-1　容器存储接口

Kubernetes 的发展趋势是用基于 CSI 的实现替换所有的内置和 FlexVolume 插件，这将使得核心 Kubernetes 代码库删除大量的功能。

4. 云提供商接口

Kubernetes 在云平台上已经取得了很多成功，例如 Google 的 GKE、微软的 AKS、亚马逊的 EKS、阿里巴巴的 AliCloud、IBM 的云 Kubernetes 服务、DigitalOcean 的 Kubernetes 服务、VMware 的 Cloud PKS，以及 Oracle 的 Kubernetes 容器引擎。

早期将 Kubernetes 集成到云平台需要大量的工作，包括定制多个 Kubernetes 控制平面组件，如 API 服务器、kubelet 和控制器管理器。

为了简化云提供商的工作，Kubernetes 引入了**云控制器管理器（Cloud Controller Manager，CCM）**。CCM 通过一组稳定的接口抽象出云提供商需要实现的所有内容。现在，Kubernetes 和云提供商之间的对接点已经正式形成，以后集成将会变得更加简单。

图 14-2 说明了 Kubernetes 集群与云平台主机之间的交互。

14.2.2　服务网格集成

我在第 13 章末尾提到过，服务网格非常重要，它们补充加强了 Kubernetes，增加了很多价值。Kubernetes 提供资源的管理和调度以及可扩展的 API，而服务网格提供管理集群中容器之间的网络通信层。

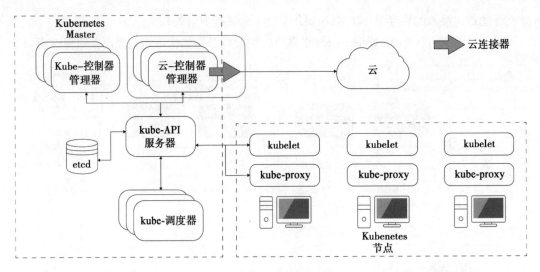

图 14-2　云控制器管理器

这种共生关系非常强大。在 GKE 上，只需单击一下鼠标就可以使用 Istio。我期望 Kubernetes 的大多数发行版都能提供 Istio 安装选项（或者在 EKS 中使用 AWS App Mesh），作为初始设置的一部分。

在这一点上，我希望有更多的解决方案将 Istio 作为标准组件，并在它的基础上进行构建。Kyma（https://kyma-project.io/）是一个值得关注的项目，该项目旨在轻松地安装大量最佳实践中的云原生组件。Kyma 选择了开放、可扩展的 Kubernetes，并添加一组集成良好的组件，如下所示：

- ❑ Helm
- ❑ Dex
- ❑ Istio
- ❑ Knative
- ❑ Prometheus
- ❑ Grafana
- ❑ Jeager
- ❑ Kubeless
- ❑ Loki
- ❑ Velero（前身是 Ark）
- ❑ Minio

14.2.3　Kubernetes 上的无服务器计算

正如我们在第 9 章中讨论的，无服务器计算目前非常流行。对于无服务器计算提供方来说，目前有很多解决方案，这里我们看看其中两个不同的解决方案：

❑ 函数即服务（Function as a Service，FaaS）

❑ 服务器即服务（Server as a Service，SaaS）

FaaS	SaaS
FaaS 意味着用户将上传函数，然后后台要么将其作为源代码打包到镜像中，要么使用预打包的镜像。然后，集群上开始进行调度，并等待函数运行完成。后台仍然需要管理和扩展集群中的节点，并确保有足够的容量来处理长时间运行的服务和功能	SaaS 意味着用户不需要创建和管理集群中的节点，集群会根据负载自动地扩展和收缩。Kubernetes 集群的 Cluster Autoscaler 提供了这种功能

显然，你可以单独使用，也可以混合使用，即同时运行 Cluster Autoscaler 和一些作为服务框架的函数，以同时获得两者的好处。

到目前为止，一切都很好。但是，Kubernetes 通常部署在公共云平台上，这些平台有自己的非 Kubernetes 解决方案来解决上述问题。例如，在 AWS 中有 Lambda（FasS）和 Fargate（SaaS）。Microsoft Azure 有 Azure Function 和使用虚拟 kubelet 的容器实例，你可以弹性地扩展 AKS 集群。Google 也有对应的 Cloud Function 和 Cloud Run。

看看公共云提供商如何将他们的产品与 Kubernetes 进行集成的，这将很有趣。Google 的 Cloud Run 构建在 Knative 之上，并且已经可以在你的 GKE 集群或 Google 的基础设施上运行（独立于 Kubernetes）。

我预测 Knative 将成为另一个标准组件，然后其他 FaaS 解决方案将其用作 Kubernetes 上的构建块，因为它非常便携并且受到 Kubernetes 主要参与者（如 Google 和 Pivotal）的支持。它从一开始就被设计为可插拔组件的松耦合组合，允许你按照自己的需要替换组件。

14.2.4　Kubernetes 和 VM

Kubernetes 最初是作为 Docker 容器的编排平台，内置了许多特定于 Docker 的假设。Kubernetes 1.3 增加了对 CoreOS rkt 的特殊支持，并开始了迈向运行时解耦的旅程。Kubernetes 1.5 引入了 CRI，其中 kubelet 通过 gRPC 与容器运行时引擎进行通信。CRI 在 Kubernetes 1.6 中成为稳定版本。

正如前面在讨论容器运行时抽象时提到的，CRI 为多种运行时实现打开了大门。其中一类运行时扩展是轻量级或微型 VM。这似乎有点适得其反，因为提出容器的最大动机之一是 VM 对于动态云应用程序来说太重量级了。

事实证明，容器在隔离方面并不是万无一失的。对于许多用例来说，安全性方面的考虑优先于其他任何方面。解决方案很简单，就是重新启用 VM，但是要更轻量一些。现在业界对于容器有了一些不错的经验，是时候开始设计下一代 VM，这些 VM 将在"铜墙铁壁"的隔离和高性能／资源消耗少之间找到最佳的选择。

以下是一些最著名的项目：

❑ gVisor

❑ Firecracker

❑ Kata Containers

1. gVisor

gVisor 是来自 Google 的一个开源项目，它是一个位于用户空间的内核沙箱。它公开了一个名为 runsc 的**开放容器计划**（Open Container Initiative，OCI）接口，还有一个可以直接与 Kubernetes 交互的 CRI 插件。gVisor 提供的保护并不全面，如果容器被破坏，那么用户内核和特殊的 secomp 策略提供了额外的安全层，但它不是完全的隔离。目前 Google AppEngine 在使用 gVisor。

2. Firecracker

Firecracker 是 AWS 的一个开源项目，它是一个使用 KVM 来管理微型 VM 的虚拟机监视器。它是专门为运行安全的多租户的容器和函数而设计的服务。它目前只能运行在 Intel CPU 上，但将来计划支持 AMD 和 ARM。

AWS Lambda 和 AWS Fargate 已经开始使用 Firecracker 了。目前，Firecracker 在 Kubernetes 上还不太容易使用，其计划是通过 containerd 提供容器集成，更多内容请参考链接 https://github.com/firecracker-microvm/firecracker-containerd/。

3. Kata Containers

这是另一个由 OpenStack **基本会**（OpenStack Foundation，OSF）管理的开源解决方案。它结合了英特尔的 Clear Containers 和 Hyper.sh 的 RunV 技术。它支持多个管理程序，比如 QEMU、NEMU，甚至是 Firecracker。Kata Containers 的目标是基于硬件虚拟化构建安全的容器运行时，以实现工作负载隔离。Kata Containers 已经可以通过 containerd 在 Kubernetes 上使用。

很难说这一切将如何改变。对于安全可靠的容器运行时，大家始终有着强烈的诉求。所有的项目要么已经可以在 Kubernetes 上使用，要么已经有了整合的计划。这可能是云计算领域最重要的改进之一——一种无形的改进。目前最主要的问题是，对于某些用例这些轻量级 VM 可能会引入太多的性能开销。

14.2.5　集群自动伸缩

如果你要应对的是波动的负载（可以肯定地说，几乎任何系统都是这样的），那么你可以使用以下三种选项：

❑ 过度配置集群。

❑ 尝试找到一个魔术般理想的集群规模，并处理中断、超时和性能降低的问题。

❑ 根据需求扩展和收缩集群。

让我们更详细地讨论上述选项：

❑ 选项 1 成本太高。你需要为资源付费，而它们大部分时间没有被充分利用。这个选项确实为你带来了片刻的安宁，但最终你还是会遇到需求的高峰，甚至峰值期间需求超出了你的容量。

❑ 选项 2 并不算是一个真正的选项。如果你选择过低或者过高地规划了容量，你可能会发现自己并没有什么解决办法。

❑ 选项 3 才是你想要的。集群的容量应该与你的工作负载相匹配，你始终可以满足 SLO 和 SLA，并且不需要为没有使用的资源付费。此外，试图手动地管理集群并没有太大意义。

你需要的解决方案一定是自动化的，这就是集群自动伸缩（Cluster Autoscaling）发挥作用的地方。我相信，对于大型集群来说集群自动伸缩将成为一个标准组件。当然，可能还有其他自定义控制器，它们也会根据自定义指标调整集群大小，或者调整节点之外的其他资源。

我期望所有的大型云提供商投资并解决当前所有与集群自动伸缩相关的问题，并确保集群自动伸缩在它们的平台上可以完美地运行。

Kubernetes 社区的另一个显著趋势是通过 Kubernetes Operator 管理复杂的组件，这已经成了一种最佳实践。

14.2.6　使用 Operator

Kubernetes Operator 是一种控制器，它封装了某些应用程序的操作知识。它可以管理安装、配置、更新、故障转移等。Operator 通常依赖 CRD 来保持自己的状态，并可以自动响应事件。提供对应的 Kubernetes Operator 正迅速成为发布新的、复杂的软件的方式。

Helm charts 可以很好地将软件安装到集群上（操作人员可能为此使用 Helm charts），但是仍有很多与复杂组件相关的管理工作，比如数据存储、监控解决方案、CI/CD 流水线、消息代理和无服务器框架。

这里的趋势非常明显：复杂的项目将提供 Operator 作为标准特性。

目前，有两个有趣的项目支持这一趋势。

OperatorHub（https://operatorhub.io/）是 Kubernetes Operator 的索引，你可以在其中找到打包好的软件并将它们安装到集群中。OperatorHub 由 RedHat（现在是 IBM 的一部分）、亚马逊、微软和 Google 创立。内容按照类别和提供者组织，用户可以很方便地搜索，图 14-3 为 OperatorHub 的界面。

Operator 非常有用，但是这需要非常了解 Kubernetes 的工作原理、控制器、Reconciliation 机制、如何创建 CRD 以及如何与 Kubernetes API 服务器交互的知识。这不是特别复杂，但也没那么简单。如果你想开发自己的 Operator，可以参考一个名为 Operator Framework（https://github.com/operator-framework）的项目。Operator Framework 提供了一个 SDK，使你可以轻松地构建你自己的 Operator。项目也提供了使用 Go 编写 Operator 的指南，以及通过 Ansible 或者 Helm 安装的介绍。

图 14-3　OperatorHub 界面

　　Operator 极大地降低了复杂性，但是如果你需要管理多个集群该怎么办呢？这就是集群联邦的用武之地。

14.2.7　集群联邦

　　管理单个大型 Kubernetes 集群已经很不简单，管理多个地理上分离的集群要困难得多。如果你尝试将多个集群视为一个大的逻辑集群就更加困难。高可用性、故障转移、负载均衡、安全性和延迟，你将面临许多挑战。

　　对于许多非常大型的系统，需要有多个集群。有时，对于较小的系统也是必要的。以下是一些多集群的用例：

❑ 本地 / 云的混合使用。

❑ 地理分布的冗余和可用性。

❑ 多提供商的冗余和可用性。

❑ 大型系统（节点数量超过单个 Kubernetes 集群可以处理的数量）。

　　Kubernetes 尝试通过 Kubernetes Federation V1 的提案和实现来解决该问题。但是它失败了，最后也没能正式发布。但是，随后又出现了 V2 版本，更多信息可以参考 https://github.com/kubernetes-sigs/federation-v2。

所有大型云提供商都提供用于本地 / 云的混合模型的产品，其中包括：

❑ Google Anthos

❑ GKE on-premises——AWS Outposts：Microsoft Azure Stack

此外，许多第三方 Kubernetes 解决方案提供跨云甚至裸机的多集群管理。这一领域前景最好的项目之一是 Gardener（https://gardener.cloud/），它允许你管理数千个集群。它通过创建一个 garden cluster 集群来管理 seed clusters 集群（作为自定义资源），这些 seed clusters 集群可以包含一些 shoot clusters 集群。

我认为这是一个自然发展的过程。一旦行业掌握了管理单个集群的技巧，那么掌握多集群的管理技术将成为下一个挑战。

14.3　小结

在本章中，我们讨论了微服务和 Kubernetes 接下来的发展方向。种种迹象表明，微服务和 Kubernetes 将继续成为设计、构建、发展和运行云原生、大规模、分布式系统的主要因素。这是个好消息。小型程序、脚本和移动应用程序并不会消失，但后端系统将变得庞大，能够处理更多的数据，并将覆盖我们生活中的方方面面。虚拟现实、传感器和人工智能等技术将需要处理和存储越来越多的数据。

在微服务领域的短期发展中，gRPC 将成为一种流行的服务间通信传输工具和公共接口。Web 客户端将能够通过用于 Web 的 gRPC 技术使用 gRPC。与 REST API 相比，GraphQL 是另一项重大改进。业界仍然需要一些时间来理解如何设计和构建基于微服务的架构，构建单个微服务非常简单，但建立一个协调的微服务系统是另一回事。容器和 Kubernetes 解决了基于微服务的架构存在的一些难题。服务网格等新技术将很快获得关注，无服务器计算帮助开发人员更快地部署和更新应用程序。容器和虚拟化的合并将带来更安全的系统。Operator 将把更大、更有用的构建块管理变成现实。集群联邦将成为可扩展系统的新领域。

此时，你应该对这些技术未来的发展有了自己的认识。这些知识将使你能够提前计划，并就当前要投资的技术以及哪些技术需要进一步成熟做出自己的评估。

简而言之，我们正处于一个激动人心的新时代的开端，我们将学习如何构建前所未有的规模的可靠系统。希望你能够继续努力，掌握这些惊人的技术，构建自己的系统，并为社区做出自己的贡献。

14.4　扩展阅读

以下阅读清单非常广泛，因为本章讨论了许多值得查看和跟进的新兴项目和技术：

❑ gRPC：https://grpc.io/。

❑ Frakti 运行时：https://github.com/kubernetes/frakti。

- ❑ Containerd：https://containerd.io/。
- ❑ Pouch Container：https://github.com/alibaba/pouch。
- ❑ Kata Containers：https://katacontainers.io/。
- ❑ Kubernetes 和云提供商：https://medium.com/@the.gigi/kubernetes-and-cloud-providers-b7a6227d3198。
- ❑ Kubernetes 扩展：https://www.youtube.com/watch?v=qVZnU8rXAEU。
- ❑ Azure Functions：https://azure.microsoft.com/en-us/services/functions/。
- ❑ Azure 容器实例：https://azure.microsoft.com/en-us/services/container-instances/。
- ❑ Google Cloud Run：https://cloud.google.com/blog/products/serverless/announcing-cloud-run-the-newest-member-of-our-serverless-compute-stack。
- ❑ gVisor：https://gvisor.dev/。
- ❑ Kata Firecracker：https://firecracker-microvm.github.io/。
- ❑ Gardener：https://gardener.cloud/。
- ❑ Operator 框架：https://github.com/operator-framework/operator-sdk。
- ❑ HTTP/3：https://http3-explained.haxx.se。